Intersection

Mathématique
Technico-sciences

2e cycle du secondaire
2e année

Manuel de l'élève **A**

Claude Boucher
Michel Coupal
Martine Jacques
Lynn Marotte

GRAFICOR
CHENELIÈRE ÉDUCATION

Intersection
Mathématique, 2e cycle du secondaire, 2e année
Technico-sciences

Claude Boucher, Michel Coupal, Martine Jacques, Lynn Marotte

© 2010 Chenelière Éducation inc.

Éditrice : Geneviève Gagné
Coordination : Marie Hébert, Carolina Navarrete
Révision linguistique : Nicole Blanchette
Correction d'épreuves : Yvan Dupuis
Conception graphique et couverture : Matteau Parent graphisme
   et communication inc. et Josée Brunelle
Infographie : Interscript, Matteau Parent graphisme et communication inc.,
   Linda Szefer et Henry Szefer
Illustrations techniques : Bertrand Lachance, Jacques Perrault,
   Michel Rouleau, Serge Rousseau
Impression : Imprimeries Transcontinental

Remerciements

Pour leur précieuse participation à la rédaction, nous tenons à remercier Jean-François Bernier, enseignant, C.S. de la Capitale, et Sylvain Richer, enseignant, C.S. des Trois-Lacs.

Un merci tout spécial à Emmanuel Duran pour sa collaboration à la partie *Outils technologiques*.

Nous tenons à remercier Hassane Squalli, professeur au département de didactique de l'Université de Sherbrooke, qui a agi à titre de consultant pour la réalisation de cet ouvrage.

Pour leur contribution et pour leurs commentaires avisés, nous tenons également à remercier Roberto Déraps, auteur pour la collection et enseignant, Collège Saint-Sacrement, Brahim Miloudi, auteur pour la collection et enseignant, C.S. de Montréal, et Eugen Pascu, enseignant, C.S. Marguerite-Bourgeoys.

GRAFICOR

CHENELIÈRE ÉDUCATION

7001, boul. Saint-Laurent
Montréal (Québec) Canada H2S 3E3
Téléphone : 514 273-1066
Télécopieur : 450 461-3834 / 1 888 460-3834
info@cheneliere.ca

ISBN 978-2-7652-1315-4

Dépôt légal : 1er trimestre 2010
Bibliothèque et Archives nationales du Québec
Bibliothèque et Archives Canada

Imprimé au Canada

1 2 3 4 5 ITIB 13 12 11 10 09

Nous reconnaissons l'aide financière du gouvernement du Canada par l'entremise du Programme d'aide au développement de l'industrie de l'édition (PADIÉ) pour nos activités d'édition.

Gouvernement du Québec – Programme de crédit d'impôt pour l'édition de livres – Gestion SODEC.

Membre du CERC

Membre de
l'Association nationale
des éditeurs de livres

ASSOCIATION
NATIONALE
DES ÉDITEURS
DE LIVRES

Table des matières

Organisation du manuel

Le début d'un chapitre

L'ouverture du chapitre te propose un court texte d'introduction qui porte sur le sujet à l'étude du chapitre et qui établit un lien avec un domaine général de formation.

Le domaine général de formation abordé dans le chapitre est précisé dans le survol.

Le survol te présente le contenu du chapitre en un coup d'œil.

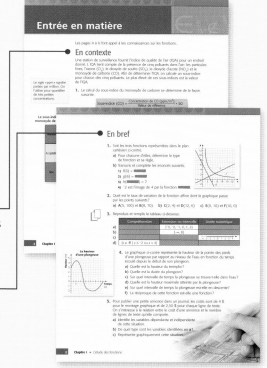

L'*Entrée en matière* fait appel à tes connaissances au moyen des situations et des questions de réactivation des rubriques *En contexte* et *En bref.* Ces connaissances te seront utiles pour aborder les concepts du chapitre.

L'ouverture du chapitre te présente aussi le contenu de formation à l'étude dans le chapitre.

Les sections

Chaque chapitre est composé de plusieurs sections qui portent sur le sujet à l'étude. L'ensemble des activités d'exploration proposées dans ces sections te permettent de développer tes compétences.

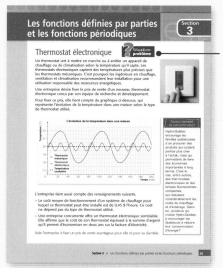

La situation de compétence t'amène à découvrir les concepts et les processus mathématiques qui seront approfondis dans la section, ainsi qu'à développer différentes stratégies de résolution de problèmes.

Les concepts et les processus à l'étude sont inscrits dans un encadré, au début de chaque activité d'exploration.

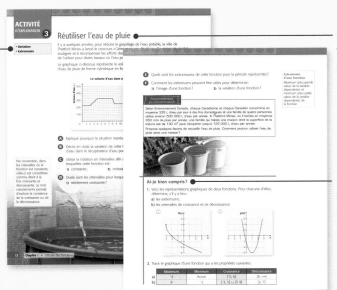

Chaque activité d'exploration te permet d'aborder certains concepts et processus à l'étude.

La rubrique *Ai-je bien compris?* te donne l'occasion de vérifier ta compréhension des concepts abordés au cours de l'activité d'exploration.

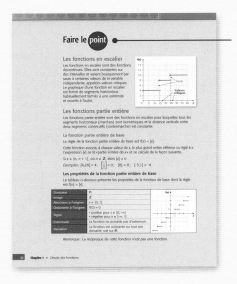

Les pages intitulées *Faire le point* présentent la synthèse des concepts et des processus abordés dans la section, avec des exemples clairs. Facilement repérables, ces pages peuvent t'être utiles lorsque tu veux te rappeler un sujet bien précis.

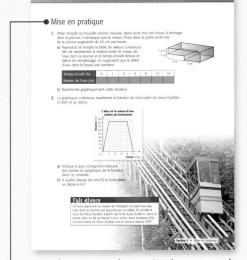

La *Mise en pratique* réunit un grand nombre d'exercices et de problèmes qui te permettent de réinvestir les concepts et les processus abordés dans la section.

La fin d'un chapitre

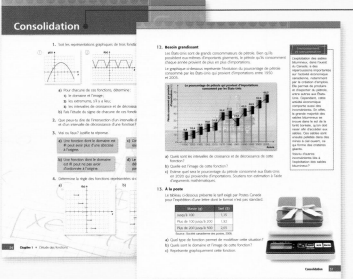

La *Consolidation* te propose une banque d'exercices et de problèmes supplémentaires qui te permettent de réinvestir les concepts et les processus abordés dans l'ensemble des sections du chapitre et de continuer à développer tes compétences.

Le dernier problème de la *Consolidation* met en contexte un métier et permet de développer une compétence liée à un domaine général de formation.

Dans *Le monde du travail,* on trouve une courte description d'un domaine d'emploi lié à la séquence *Technico-sciences.*

L'Intersection

L'*Intersection* te permet de réinvestir les apprentissages des chapitres précédents au moyen de situations riches, qui ciblent plus d'un champ mathématique à la fois.

La situation d'apprentissage et d'évaluation te permet de réinvestir certains concepts et processus abordés au cours des chapitres précédents.

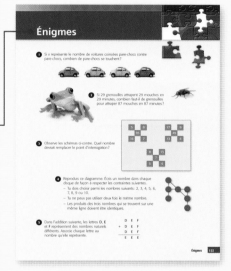

La page *Énigmes* présente des énigmes et des jeux mathématiques pour t'aider à développer ta logique mathématique.

Une banque de problèmes te permet de réinvestir les concepts et les processus des chapitres précédents et de continuer à développer tes compétences.

Les *Outils technologiques*

Ces pages te présentent les fonctions de base de certains outils technologiques.

Les rubriques

Pièges et astuces

Pour effectuer une double mise en évidence sur un polynôme à quatre termes, les coefficients des termes doivent être

Te présente une méthode de travail, des erreurs courantes et des stratégies de résolution de problèmes.

Fait divers

L'industrie canadienne du disque récompense les artistes en leur remettant un disque d'or lorsque 50 000 exemplaires d'un album ont été vendus, un

Relate une anecdote ou un fait intéressant lié au sujet à l'étude.

Point de repère

Al-Khawarizmi

Au IXe siècle, le mathématicien arabe Al-Khawarizmi faisait d'à réfé à

Te présente des personnages et des faits historiques liés à l'étude de la mathématique.

Médias

Autrefois, une personne qui assistait à un événement exceptionnel ne pouvait que rapporter l'événement

Te propose de l'information et des questions relatives à l'un des domaines généraux de formation suivants : santé et bien-être, orientation et entrepreneuriat, environnement et consommation, médias, vivre-ensemble et citoyenneté.

TIC

La calculatrice à affichage graphique permet, entre autres, de vérifier si deux expressions algébriques sont équivalentes.

Pour en savoir plus sur la calculatrice h

T'invite à mieux connaître l'une des technologies de l'information et de la communication (TIC) ou à l'utiliser dans la résolution d'un problème.

Double mise en évidence

Procédé qui permet de factoriser un polynôme en effectuant, d'abord, une simple mise en évidence sur des groupes de termes polynôme p

Te donne une définition qui vise à préciser un concept ou à faire un retour sur des savoirs à l'étude dans les années précédentes.
Le mot défini est en bleu dans le texte courant pour en faciliter le repérage.

Les pictogrammes

Résoudre une situation-problème.

Déployer un raisonnement mathématique.

Communiquer à l'aide du langage mathématique.

Au besoin, utiliser la fiche reproductible disponible.

Les concepts et les processus à l'étude

Le tableau suivant présente les concepts et les processus abordés dans le manuel A de la séquence *Technico-sciences* pour la 2e année du 2e cycle. Il facilite le repérage des concepts et des processus à l'étude par domaine mathématique, tant dans les activités d'exploration que dans les sections *Faire le point*.

Concepts et processus	Pages du manuel
Arithmétique et algèbre	
Addition et soustraction d'expressions rationnelles	AE : p. 96 et 97 FLP : p. 101
Division d'un polynôme par un binôme	AE : p. 77 FLP : p. 79
Double mise en évidence	AE : p. 84 et 85 FLP : p. 88
Factorisation de trinômes	AE : p. 84 et 85 FLP : p. 89
Factorisation d'une différence de carrés	AE : p. 86 et 87 FLP : p. 89
Factorisation d'un trinôme carré parfait	AE : p. 86 et 87 FLP : p. 89
Fonction définie par parties	AE : p. 40 à 42 FLP : p. 46
Fonction en escalier	AE : p. 24 et 25 FLP : p. 32
Fonction partie entière de base	AE : p. 24 et 25 FLP : p. 32
Fonction partie entière dont la règle est $f(x) = a[bx]$	AE : p. 29 à 31 FLP : p. 33 et 34
Fonction périodique	AE : p. 43 à 45 FLP : p. 48
Identités algébriques remarquables du second degré	AE : p. 74 et 75 FLP : p. 78
Inéquation du premier degré à deux variables	AE : p. 218 et 219 FLP : p. 227
Multiplication de polynômes	AE : p. 76 FLP : p. 78 et 79
Multiplication et division d'expressions rationnelles	AE : p. 98 FLP : p. 100
Notation fonctionnelle	AE : p. 8 et 9 FLP : p. 14
Propriétés d'une fonction : coordonnées à l'origine	AE : p. 10 et 11 FLP : p. 15
Propriétés d'une fonction : extremums	AE : p. 12 et 13 FLP : p. 16
Propriétés d'une fonction partie entière	AE : p. 29 à 31 FLP : p. 32
Propriétés d'une fonction : signe	AE : p. 10 et 11 FLP : p. 16
Propriétés d'une fonction : variation	AE : p. 12 et 13 FLP : p. 16
Recherche de la règle d'une fonction partie entière	AE : p. 29 à 31 FLP : p. 34
Règle d'une fonction définie par parties	AE : p. 40 à 42 FLP : p. 47
Résolution algébrique d'un système d'équations du premier degré à deux variables : méthode de comparaison	AE : p. 220 et 221 FLP : p. 229

Concepts et processus	Pages du manuel
Résolution algébrique d'un système d'équations du premier degré à deux variables : méthode de réduction	AE : p. 224 à 226 FLP : p. 230
Résolution algébrique d'un système d'équations du premier degré à deux variables : méthode de substitution	AE : p. 222 et 223 FLP : p. 230
Résolution graphique d'un système d'équations du premier degré à deux variables	AE : p. 220 et 221 FLP : p. 228 et 229
Rôle des paramètres multiplicatifs a et b dans la règle $f(x) = a[bx]$	AE : p. 26 à 28 FLP : p. 33 et 34
Simplification d'expressions rationnelles	AE : p. 94 et 95 FLP : p. 99
Géométrie	
Conditions minimales de similitude de triangles	AE : p. 144 à 147 FLP : p. 150 et 151
Conditions minimales d'isométrie de triangles	AE : p. 130 à 132 FLP : p. 135 et 136
Distance entre deux points	AE : p. 190 et 191 FLP : p. 196
Droites parallèles	AE : p. 208 et 209 FLP : p. 212
Droites perpendiculaires	AE : p. 208 et 209 FLP : p. 212
Équation d'une droite sous la forme fonctionnelle	AE : p. 204 et 205 FLP : p. 210
Équation d'une droite sous la forme générale	AE : p. 206 et 207 FLP : p. 210
Équation d'une droite sous la forme symétrique	AE : p. 204 et 205 FLP : p. 210
Hauteur relative à l'hypoténuse	AE : p. 160 FLP : p. 164
Médiatrice d'un segment de droite	AE : p. 208 et 209 FLP : p. 212
Pente	AE : p. 204 et 205 FLP : p. 210
Point de partage d'un segment	AE : p. 194 et 195 FLP : p. 197 et 198
Point milieu	AE : p. 192 et 193 FLP : p. 198
Relations métriques dans le triangle rectangle	AE : p. 161 à 163 FLP : p. 164 et 165
Triangles isométriques	AE : p. 130 à 132 FLP : p. 135
Triangles isométriques : recherche de mesures manquantes	AE : p. 133 et 134 FLP : p. 137
Triangles semblables	AE : p. 144 et 145 FLP : p. 150
Triangles semblables : recherche de mesures manquantes	AE : p. 148 et 149 FLP : p. 152

Abréviations : AE : Activité d'exploration   FLP : Faire le point

L'étude des fonctions

Aujourd'hui, chacun se sent concerné par la protection de l'environnement. Cependant, malgré cette bonne volonté générale, certains gestes contribuent encore à polluer la planète.

Les scientifiques mesurent la portée de ces gestes sur l'environnement à l'aide de concepts mathématiques comme la modélisation, l'étude des relations entre les variables et le rôle des paramètres d'une fonction.

Au quotidien, adoptes-tu des comportements écologiques? Nomme quelques mesures mises en place par certaines entreprises pour protéger l'environnement. As-tu des idées originales qui inciteraient les gens à faire quotidiennement des gestes bénéfiques pour la santé de la planète?

Survol

Environnement
et consommation

Contenu de formation

- Relation, fonction et réciproque
- Fonction partie entière, fonction périodique, fonction définie par parties et fonction en escalier
- Modélisation d'une situation à l'aide de registres de représentation : verbalement, algébriquement, graphiquement et à l'aide d'une table de valeurs
- Description des propriétés d'une fonction
- Interprétation des paramètres multiplicatifs

Les pages 4 à 6 font appel à tes connaissances sur les fonctions.

En contexte

Une station de surveillance fournit l'indice de qualité de l'air (IQA) pour un endroit donné. L'IQA tient compte de la présence de cinq polluants dans l'air : les particules fines, l'ozone (O_3), le dioxyde de soufre (SO_2), le dioxyde d'azote (NO_2) et le monoxyde de carbone (CO). Afin de déterminer l'IQA, on calcule un sous-indice pour chacun des cinq polluants. Le plus élevé de ces sous-indices est la valeur de l'IQA.

Le sigle «ppm» signifie parties par million. On l'utilise pour quantifier de très petites concentrations.

1. Le calcul du sous-indice du monoxyde de carbone se détermine de la façon suivante.

$$\text{Sous-indice (CO)} = \frac{\text{Concentration de CO (ppm/m}^3\text{)}}{\text{Valeur de référence}} \cdot 50$$

La valeur de référence d'un polluant est déterminée à partir de critères de protection de la santé humaine. Dans le cas du monoxyde de carbone, cette valeur est de 30 ppm de CO/m^3.

On s'intéresse au lien qui existe entre la concentration de monoxyde de carbone (ppm/m^3) et le sous-indice associé au monoxyde de carbone.

a) Représente graphiquement cette fonction.

b) La réciproque de cette fonction est-elle aussi une fonction ? Justifie ta réponse.

c) On considère que la qualité de l'air, relativement à un sous-indice, est acceptable si ce dernier est compris entre 25 et 50. Quelles concentrations de monoxyde de carbone, en ppm/m^3, satisfont à une bonne qualité de l'air pour ce sous-indice ?

Le sous-indice du monoxyde de carbone

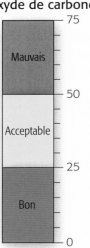

2. Les émissions de monoxyde de carbone sont grandement attribuables à la combustion des carburants fossiles, comme le pétrole, qui est une source d'énergie non renouvelable.

Des géologues pétroliers utilisent la fonction représentée ci-contre pour estimer les réserves mondiales de pétrole depuis 2005.

Selon ce modèle, en quelle année les réserves mondiales de pétrole seront-elles épuisées ?

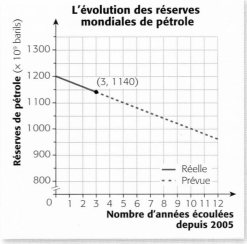

3. La station de surveillance de la qualité de l'air du centre-ville de Montréal est équipée d'une microbalance à élément conique oscillant qui permet de mesurer la concentration de particules fines dans l'air. Le processus est simple : il s'agit de comparer la masse d'un filtre avant son utilisation et après qu'il a emprisonné des particules en suspension.

Au cours d'une soirée de feux d'artifice, cette station enregistre une concentration alarmante de particules fines dans l'air.

Le graphique ci-contre représente l'évolution de la concentration du nombre de particules fines dans l'air, en microgrammes par mètre cube d'air (µg/m³), en fonction du temps. À 21 h, le nombre de particules fines respirables était de 10 µg/m³.

a) Pendant combien de temps la concentration de particules a-t-elle été à la hausse ?

b) Sur quel intervalle de temps la concentration a-t-elle été inférieure à 50 µg/m³ ?

c) Quelle a été la concentration maximale de particules atteinte au cours de cette soirée ?

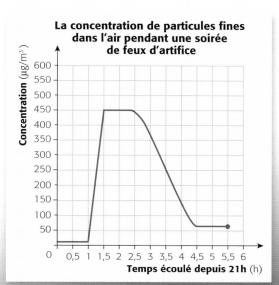

Microbalance à élément conique oscillant.

Un microgramme, noté µg, équivaut à 10^{-6} g.

En bref

1. Soit les trois fonctions représentées dans le plan cartésien ci-contre.

   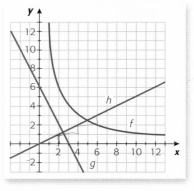

   a) Pour chacune d'elles, détermine le type de fonction et sa règle.

   b) Transcris et complète les énoncés suivants.

      1) $f(6) =$ ▬▬

      2) $g(6) =$ ▬▬

      3) $h(▬▬) = 7$

      4) $^-2$ est l'image de 4 par la fonction ▬▬.

2. Quel est le taux de variation de la fonction affine dont le graphique passe par les points suivants?

   a) A(5, 100) et B(8, 70)   b) C(2, 4) et D(12, 6)   c) E(0, 10) et F(10, 0)

3. Reproduis et remplis le tableau ci-dessous.

	Compréhension	Extension ou intervalle	Droite numérique
a)		$\{^-3, ^-2, ^-1, 0, 1, 2\}$	
b)		$]-\infty, 8]$	
c)			(droite numérique : de ⁻4 à 4, ⁻3 ouvert, 4 fermé)
d)	$\{x \in \mathbb{R} \mid x \leq \ ^-2 \text{ ou } x > 4\}$		

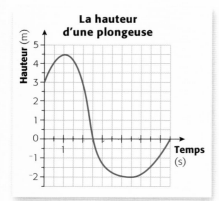

La hauteur d'une plongeuse

4. Le graphique ci-contre représente la hauteur de la pointe des pieds d'une plongeuse par rapport au niveau de l'eau en fonction du temps écoulé depuis le début de son plongeon.

   a) Quelle est la hauteur du tremplin?

   b) Quelle est la durée du plongeon?

   c) Sur quel intervalle de temps la plongeuse se trouve-t-elle dans l'eau?

   d) Quelle est la hauteur maximale atteinte par la plongeuse?

   e) Sur quel intervalle de temps la plongeuse est-elle en descente?

   f) La réciproque de cette fonction est-elle une fonction?

5. Pour publier une petite annonce dans un journal, les coûts sont de 4 $ pour le montage graphique et de 2,50 $ pour chaque ligne de texte. On s'intéresse à la relation entre le coût d'une annonce et le nombre de lignes de texte qu'elle comporte.

   a) Identifie les variables dépendante et indépendante de cette situation.

   b) De quel type sont les variables identifiées en **a**?

   c) Représente graphiquement cette situation.

Pratique, peu coûteux… et très polluant

Situation-**problème**

Voici des renseignements sur la distribution des sacs en plastique dans les commerces du Québec.

Introduit à la fin des années 1980 dans les épiceries en raison de son coût de production moins élevé que celui du sac en papier, le sac en plastique a vu sa popularité s'accroître de façon constante jusqu'au début du xxiᵉ siècle.

Le nombre de sacs en plastique distribués en un an a atteint un maximum d'environ 2,2 milliards en 2002 et il a été à peu près constant chaque année jusqu'en 2005, année où les sacs réutilisables sont apparus au comptoir de certains commerces.

Un sac réutilisable pourrait remplacer en moyenne trois sacs en plastique, trois fois par semaine. Cependant, les propriétaires de sacs réutilisables utilisent ces derniers pour seulement 25 % de leurs emplettes en moyenne.

Adapté de : RECYC-QUÉBEC, 2007.

Le graphique ci-contre présente l'évolution réelle du nombre de sacs réutilisables vendus au Québec depuis le début de l'année 2005 jusqu'en 2008, et l'évolution prévue à partir de 2008.

L'organisme Éco-op, œuvrant dans le domaine de la conservation de l'environnement et du développement durable, s'intéresse à l'évolution du nombre de sacs en plastique distribués annuellement au Québec entre 1990 et 2015.

À l'aide de ces données, Éco-op se donne pour objectif de réduire d'au moins 60 % le nombre de sacs en plastique distribués. L'organisme te confie la tâche de représenter graphiquement cette réduction et de déterminer le moment où l'objectif sera atteint. Éco-op te demande aussi de proposer une façon réaliste d'atteindre cet objectif plus rapidement.

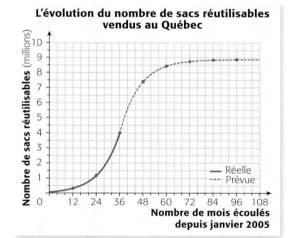

L'évolution du nombre de sacs réutilisables vendus au Québec

Environnement et consommation

Une grande proportion des matières plastiques, dont les polymères, font partie des matières résiduelles. Il existe un système de classification des polymères qui en facilite le tri pour la récupération. Une fois récupéré, le polyéthylène basse densité, qui est le plastique dont sont faits les sacs, sert à fabriquer de nouveaux sacs ou du bois synthétique.

Nomme un autre type de polymère que tu connais. Selon toi, ta municipalité récupère-t-elle tous les types de polymères ? Nomme un objet qui est fait à partir de polymère recyclé.

L'observation des baleines

• **Domaine et image**
• **Notation fonctionnelle**

De mai à octobre, plusieurs ports de l'estuaire et du golfe du Saint-Laurent offrent des excursions qui permettent d'observer jusqu'à 13 espèces de grands mammifères marins. En raison de ses sauts spectaculaires hors de l'eau, la baleine à bosse est un sujet privilégié pour les touristes qui souhaitent observer les baleines.

TIC

La calculatrice à affichage graphique facilite la représentation et l'analyse d'une fonction. Pour en savoir plus, consulte les pages 258 et 259 de ce manuel.

Quand une baleine à bosse saute, la hauteur $h(t)$, en mètres, qu'atteint le museau de la baleine par rapport au niveau de l'eau en fonction du temps écoulé t, en secondes, depuis sa sortie de l'eau peut être associée à la règle suivante : $h(t) = {}^-5(t - 1)^2 + 5$. Le graphique ci-contre illustre la fonction h au cours d'un saut.

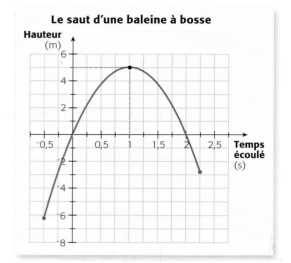

Le saut d'une baleine à bosse

A Pourquoi la hauteur est-elle notée $h(t)$?

B Que représente $h({}^-0,5)$? Détermine cette valeur.

Ensemble de départ

Ensemble de nombres ($\mathbb{N}$, $\mathbb{Z}$, $\mathbb{R}_+$, etc.) auquel appartiennent les valeurs que la variable indépendante peut prendre.

Ensemble d'arrivée

Ensemble de nombres ($\mathbb{N}$, $\mathbb{Z}$, $\mathbb{R}_+$, etc.) auquel appartiennent les valeurs que la variable dépendante peut prendre.

C Détermine l'**ensemble de départ** et l'**ensemble d'arrivée** de cette fonction.

On définit une fonction f en notation fonctionnelle en précisant ses ensembles de départ et d'arrivée et sa règle de correspondance. Cette notation se présente comme suit.

$$f: \text{Ensemble de départ} \to \text{Ensemble d'arrivée}$$
$$x \mapsto f(x) = \dots$$

D Définis la fonction h à l'aide de cette notation.

E Décris sous forme d'intervalles le domaine et l'image de cette fonction.

F Dans une fonction, qu'est-ce qui distingue le domaine de l'ensemble de départ et l'image de l'ensemble d'arrivée ?

Plusieurs excursions d'observation des baleines se font à bord de canots pneumatiques. Le graphique ci-contre présente le nombre de canots déployés par la compagnie Cétacé Tours en fonction du nombre de personnes qui participent à l'excursion. Le nombre de personnes ne peut pas être inférieur à 6.

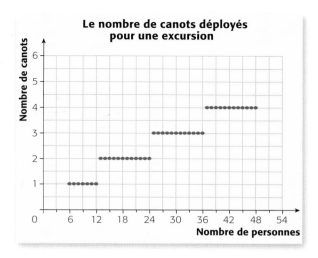

Le nombre de canots déployés pour une excursion

G Identifie les variables dépendante et indépendante de cette fonction et indique le type de chacune des variables.

H Explique pourquoi on ne peut pas décrire le domaine et l'image de cette fonction en utilisant la notation en intervalles.

I Décris en extension le domaine et l'image de cette fonction.

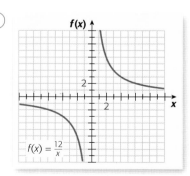

L'équipe du GREMM pose une balise télémétrique sur un rorqual commun.

Environnement et consommation

Le Groupe de recherche et d'éducation sur les mammifères marins (GREMM) à Tadoussac étudie les dangers de la pollution sonore causée par les moteurs des bateaux d'excursion sur l'ouïe des cétacés. Le GREMM a noté qu'une surdité temporaire chez une baleine a un impact très préoccupant. Cela peut l'empêcher de détecter une proie, d'échapper à un prédateur ou de retrouver des membres de son groupe.

Selon toi, quelles sont les autres sources de pollution sonore dans le fleuve Saint-Laurent? Nomme d'autres impacts, positifs ou négatifs, des excursions d'observation des baleines sur l'écosystème.

Ai-je bien compris?

Voici différentes représentations de trois fonctions.

①

La vidange d'une piscine

② Le périmètre d'un polygone régulier dont les côtés mesurent 3 cm en fonction de son nombre de côtés.

③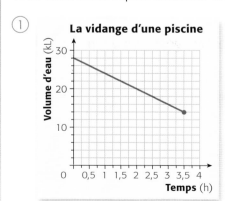

$$f(x) = \frac{12}{x}$$

a) Définis chaque fonction à l'aide de la notation fonctionnelle.

b) Utilise une notation appropriée pour décrire le domaine et l'image de chacune des fonctions.

• **Coordonnées à l'origine**
• **Signe**

La maison à énergie positive

Les systèmes de production d'énergie photovoltaïque convertissent l'énergie solaire en électricité. Ils constituent une source d'énergie fiable, efficiente et non polluante. Un tel système, installé sur une maison et relié à un réseau électrique, permet de réduire la consommation d'électricité provenant du réseau public. De plus, lorsque l'énergie produite par une résidence excède l'énergie que celle-ci consomme, l'excédent est retourné et facturé au réseau.

Un propriétaire a installé un système photovoltaïque sur sa maison 90 jours avant la fin de l'année. Il s'intéresse à l'excédent d'électricité que produira son système pour la prochaine année.

Le graphique ci-dessous présente l'excédent de la production d'électricité en kilowattheures (kWh) en fonction du nombre de jours écoulés depuis le début de l'année.

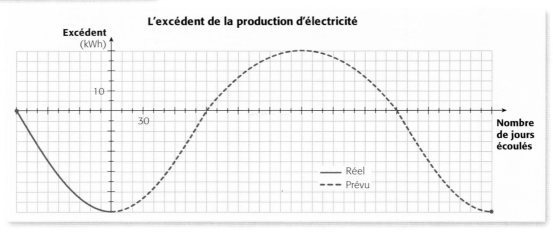

Ordonnée à l'origine (ou valeur initiale)

Valeur de la variable dépendante pour laquelle la valeur de la variable indépendante est zéro.

Abscisses à l'origine (ou zéros)

Valeurs de la variable indépendante pour lesquelles la valeur de la variable dépendante est zéro.

A Décris en mots l'évolution de l'excédent de production prévu pour la prochaine année.

B Détermine l'**ordonnée à l'origine** de cette fonction. Que représente cette valeur dans la situation?

C Détermine les **abscisses à l'origine** de cette fonction. Que représentent ces valeurs dans la situation?

D Utilise la notation en intervalles afin de décrire les valeurs de la variable indépendante pour lesquelles la fonction est :

1) positive ; **2)** négative.

Le nombre zéro est à la fois positif et négatif.

E Dans ce contexte, que représentent les intervalles donnés en **D** ?

Environnement et consommation

La production individuelle d'électricité est généralement favorable à l'environnement. En ce sens, la créativité des ingénieurs en environnement et des architectes a permis de développer une nouvelle tendance : la maison à énergie positive. Il s'agit d'un type de maison qui produit plus d'énergie que ce dont elle a besoin et qui retourne son surplus d'énergie dans un réseau électrique.

Selon toi, comment peut-on inciter les gens à apporter des modifications à leur demeure afin de réaliser des économies d'énergie ?

Ai-je bien compris ?

1. Soit la représentation graphique de la fonction *f*.

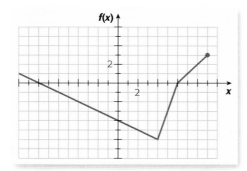

a) Détermine l'ordonnée à l'origine de cette fonction.

b) Détermine les abscisses à l'origine de cette fonction.

c) Fais l'étude du signe de cette fonction.

Faire l'étude du signe d'une fonction, c'est déterminer les intervalles pour lesquels une fonction est positive et les intervalles pour lesquels une fonction est négative.

2. Soit les règles suivantes.

① $f(x) = 5x - 45$ ② $g(x) = {}^-8x + 92$

a) Détermine l'ordonnée à l'origine de chaque fonction.

b) Détermine l'abscisse ou les abscisses à l'origine de chaque fonction.

c) Fais l'étude du signe de chaque fonction.

Pièges et astuces

Une simple esquisse du graphique d'une fonction en facilite l'analyse.

• **Variation**
• **Extremums**

Réutiliser l'eau de pluie

Il y a quelques années, pour réduire le gaspillage de l'eau potable, la ville de Thetford Mines a lancé le concours «Gérer mon eau de pluie». Ce concours visait à souligner et à récompenser les efforts des citoyens qui récupèrent l'eau de pluie afin de l'utiliser pour divers travaux où l'eau potable n'est pas nécessaire.

Le graphique ci-dessous représente le volume d'eau dans un récupérateur d'eau de pluie de forme cylindrique en fonction de l'heure de la journée.

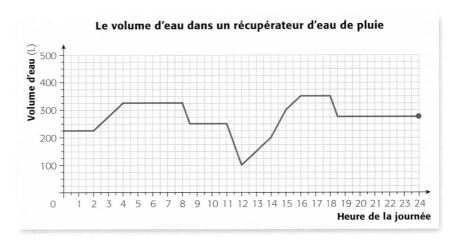

Le volume d'eau dans un récupérateur d'eau de pluie

A Explique pourquoi la situation représentée par le graphique est une fonction.

B Décris en mots la variation de cette fonction, c'est-à-dire l'évolution du volume d'eau dans le récupérateur d'eau pour la période représentée.

C Utilise la notation en intervalles afin d'exprimer les périodes de la journée pour lesquelles cette fonction est:

1) constante;   **2)** croissante;   **3)** décroissante.

D Quels sont les intervalles pour lesquels la fonction est:

1) strictement croissante?   **2)** strictement décroissante?

Par convention, dans les intervalles où la fonction est constante, celle-ci est considérée comme étant à la fois croissante et décroissante. Le mot «strictement» permet d'exclure la constance de la croissance ou de la décroisssance.

E Quels sont les **extremums** de cette fonction pour la période représentée ?

F Comment les extremums peuvent être utiles pour déterminer :
  1) l'image d'une fonction ? **2)** la variation d'une fonction ?

> **Extremums d'une fonction**
>
> Maximum (plus grande valeur de la variable dépendante) et minimum (plus petite valeur de la variable dépendante) de la fonction.

Environnement et consommation

Selon Environnement Canada, chaque Canadienne et chaque Canadien consomme en moyenne 335 L d'eau par jour à des fins domestiques et une famille de quatre personnes utilise environ 500 000 L d'eau par année. À Thetford Mines, où il tombe en moyenne 950 mm de pluie par année, une famille qui habite une maison dont la superficie de la toiture est de 130 m^2 peut récupérer jusqu'à 125 000 L d'eau par année.

Propose quelques façons de recueillir l'eau de pluie. Comment peut-on utiliser l'eau de pluie dans une maison ?

Ai-je bien compris ?

1. Voici les représentations graphiques de deux fonctions. Pour chacune d'elles, détermine, s'il y a lieu :
   a) les extremums ;
   b) les intervalles de croissance et de décroissance.

① 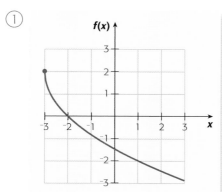 ②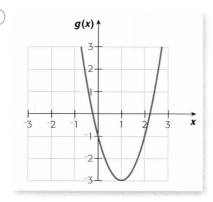

2. Trace le graphique d'une fonction qui a les propriétés suivantes.

	Maximum	Minimum	Croissance	Décroissance
a)	⁻4	Aucun	[⁻5, 6]	[6, +∞[
b)	8	⁻2	[⁻3, 5] ∪ [7, 9]	[2, 7]

Faire le  point

La fonction

Une fonction est une relation pour laquelle tout élément de l'ensemble de départ est associé à au plus un élément de l'ensemble d'arrivée.

> S'il n'y a pas de contexte, on considère généralement que les ensembles de départ et d'arrivée sont $\mathbb{R}$.

Le type des variables d'une situation détermine les ensembles de départ et d'arrivée de la fonction. Ces ensembles sont généralement des sous-ensembles des nombres réels tels que $\mathbb{N}$, $\mathbb{Z}$, $\mathbb{R}_+$, etc.

La notation fonctionnelle

La notation fonctionnelle sert à définir une fonction en précisant ses ensembles de départ et d'arrivée ainsi que sa règle de correspondance.

Voici les éléments qui constituent la notation fonctionnelle.

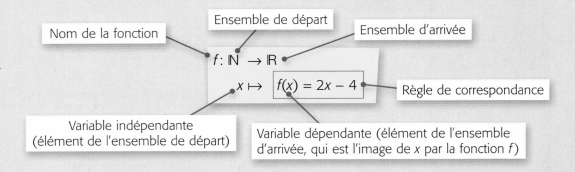

Cette notation se lit ainsi : « Fonction f de $\mathbb{N}$ vers $\mathbb{R}$ qui, à un élément x appartenant à $\mathbb{N}$, fait correspondre un élément appartenant à $\mathbb{R}$ qu'on note $f(x)$. »

Exemple :

Une voiture roule à une vitesse constante de 90 km/h. On peut définir la relation entre la distance parcourue $d(t)$, en kilomètres, et le temps de parcours t, en heures, de la façon suivante.

$$d : \mathbb{R}_+ \rightarrow \mathbb{R}_+$$
$$t \mapsto d(t) = 90t$$

$d(1,5)$ désigne la distance parcourue en 1,5 h

$d(1,5) = 90 \cdot 1,5 = 135$

La distance parcourue en 1,5 h est de 135 km.

Les propriétés d'une fonction

Décrire les propriétés d'une fonction, c'est en faire l'analyse. Les propriétés sont définies dans les tableaux qui figurent au bas de la page. Chacune d'elles est accompagnée d'un exemple qui réfère à la fonction f représentée ci-dessous.

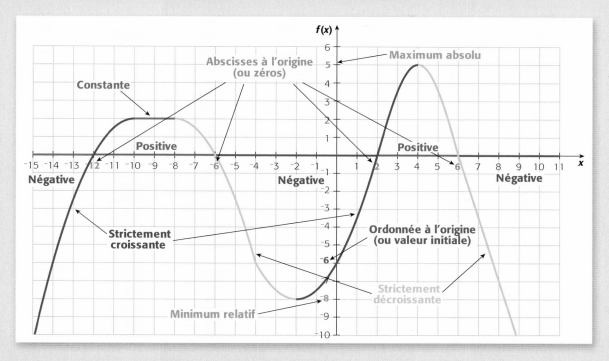

Le domaine et l'image

Propriété	Définition	*Exemple*
Domaine	Ensemble des valeurs que prend la variable indépendante.	Dom $f = \mathbb{R}$
Image	Ensemble des valeurs que prend la variable dépendante.	Ima $f =]{-\infty}, 5]$

Les coordonnées à l'origine

Propriété	Définition	*Exemple*
Abscisses à l'origine (ou zéros)	Valeurs de la variable indépendante pour lesquelles la valeur de la variable dépendante est zéro.	Les abscisses à l'origine de la fonction f sont $\{{}^-12, {}^-6, 2, 6\}$.
Ordonnée à l'origine (ou valeur initiale)	Valeur de la variable dépendante pour laquelle la valeur de la variable indépendante est zéro.	$f(0) = {}^-6$ L'ordonnée à l'origine de la fonction f est ${}^-6$.

Remarque : Une fonction peut n'avoir aucun zéro, en avoir un ou en avoir plusieurs.

Le signe

Propriété	Définition	Exemple
Positive	Sous-ensemble(s) du domaine pour lequel (lesquels) les valeurs de la variable dépendante sont positives.	La fonction f est positive pour $x \in [^-12, ^-6] \cup [2, 6]$.
Négative	Sous-ensemble(s) du domaine pour lequel (lesquels) les valeurs de la variable dépendante sont négatives.	La fonction f est négative pour $x \in]{-\infty}, ^-12] \cup [^-6, 2] \cup [6, +\infty[$.

Remarque : Par convention, aux zéros, la fonction est considérée comme à la fois positive et négative. Pour exclure les zéros, il faut préciser, selon le cas, que la fonction est strictement positive ou strictement négative.

Exemple : La fonction f est *strictement* positive pour $x \in]{-12}, ^-6[\cup]2, 6[$.

La variation

Propriété	Définition	Exemple
Croissance	Intervalle(s) du domaine sur lequel (lesquels) la fonction ne diminue jamais.	La fonction f est croissante pour $x \in]{-\infty}, ^-8] \cup [^-2, 4]$.
Décroissance	Intervalle(s) du domaine sur lequel (lesquels) la fonction n'augmente jamais.	La fonction f est décroissante pour $x \in [^-10, ^-2] \cup [4, +\infty[$.
Constance	Intervalle(s) du domaine sur lequel (lesquels) la fonction ne subit aucune variation (variation nulle).	La fonction f est constante pour $x \in [^-10, ^-8]$.

Remarque : Par convention, sur un intervalle où la fonction est constante, celle-ci est à la fois croissante et décroissante. Pour exclure la constance, il faut préciser selon le cas que la fonction est strictement croissante ou strictement décroissante.

Exemple : La fonction f est *strictement* croissante pour $x \in]{-\infty}, ^-10] \cup [^-2, 4]$.

Les extremums

Propriété	Définition	Exemple
Maximum (absolu)	Valeur la plus élevée de la fonction sur tout son domaine.	Max $f = 5$
Minimum (absolu)	Valeur la moins élevée de la fonction sur tout son domaine.	La fonction f n'a pas de minimum.

Remarque : On dit qu'une fonction possède un maximum ou un minimum *relatif* en x_1 si, pour tout x de part et d'autre de x_1, on a selon le cas $f(x_1) \geq f(x)$ ou $f(x_1) \leq f(x)$.

Exemple : Pour la fonction f, $^-8$ est un minimum relatif.

Mise en pratique

1. Soit les variables suivantes.

① La température extérieure

③ Le nombre de téléviseurs dans un foyer

② Le nombre de passagers d'un autobus

④ La durée d'un appel téléphonique

Pour chaque variable, précise :

a) son type (variable discrète ou continue) ;

b) l'ensemble de nombres auquel appartiennent les valeurs qu'elle peut prendre.

2. Voici des variables entre lesquelles il existe une relation.

① Le nombre de chaises et le nombre de tables dans un restaurant

③ Le nombre d'élèves présents dans une école et le temps requis pour évacuer cette école

② Le nombre de kilomètres parcourus par une voiture et le nombre de changements d'huile effectués

④ L'âge d'un arbre et son diamètre

Pour chaque relation :

a) détermine la variable indépendante et la variable dépendante ;

b) indique ce que devraient être les ensembles de départ et d'arrivée.

3. Associe chacun des graphiques ci-dessous à la règle correspondante. Détermine ensuite le domaine et l'image de chacune de ces fonctions.

a)
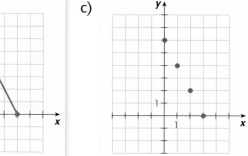

c)
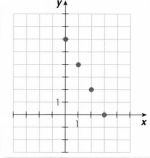

① $f : \mathbb{N} \to \mathbb{Z}$
$x \mapsto f(x) = {}^-2x + 6$

② $g : \mathbb{R}^* \to \mathbb{R}_+$
$x \mapsto g(x) = {}^-2x + 6$

b)
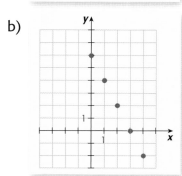

d)
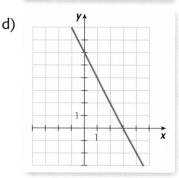

③ $h : \mathbb{R} \to \mathbb{R}$
$x \mapsto h(x) = {}^-2x + 6$

④ $i : \mathbb{N} \to \mathbb{N}$
$x \mapsto i(x) = {}^-2x + 6$

4. Jonathan est préposé au stationnement dans un grand hôtel. Il a un salaire de base de 9 $/h et reçoit en moyenne 2 $ de pourboire pour chaque voiture qu'il gare. Il s'intéresse au revenu qu'il obtient pour une heure de travail en fonction du nombre de voitures garées pendant ce temps.

a) Identifie les variables en jeu dans cette fonction.

b) À l'aide de la notation fonctionnelle, définis cette fonction.

c) Détermine le domaine et l'image de cette fonction.

5. Voici les représentations graphiques de deux fonctions.

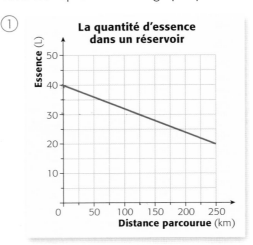

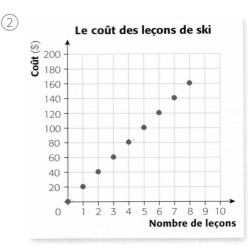

a) Définis chaque fonction en notation fonctionnelle.

b) Détermine le domaine et l'image de chacune de ces fonctions.

6. Le graphique ci-contre représente le temps qu'il faut pour effectuer le trajet de Québec à Longueuil selon la vitesse constante à laquelle roule une voiture.

a) Définis cette fonction à l'aide de la notation fonctionnelle.

b) Détermine le domaine et l'image de cette fonction :

1) sans tenir compte des restrictions de vitesse ;

2) en tenant compte des vitesses permises sur les autoroutes au Québec.

7. Un baromètre est un instrument qui mesure la pression atmosphérique. Une pression à la baisse s'appelle une «dépression» et annonce souvent qu'il pleuvra. Une branche de noisetier agit comme un baromètre naturel en se courbant selon la pression atmosphérique. On lui attribue donc la propriété d'annoncer la pluie lorsque son extrémité pointe vers le bas, ou le beau temps, lorsqu'elle pointe vers le haut.

Le graphique ci-dessous présente la hauteur de l'extrémité de la branche de noisetier par rapport à l'horizontale sur une période de 96 heures, et ce, à partir de midi le 1er septembre.

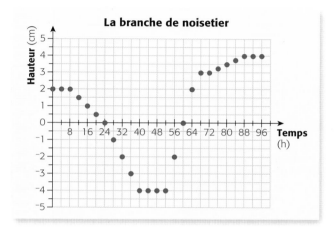

a) Pour la fonction représentée, détermine :

1) les ensembles de départ et d'arrivée ;

2) le domaine et l'image ;

3) l'ordonnée à l'origine ;

4) les abscisses à l'origine ;

5) les extremums ;

6) les valeurs du domaine pour lesquelles la fonction est :

    I) négative ;   II) positive.

b) Dans le présent contexte, à quoi correspond chacune des réponses données en **a** ?

c) Si on considère qu'il commence à pleuvoir six heures après le moment où la branche a été à au moins 2 cm sous sa position horizontale, à quel moment la pluie a-t-elle débuté ?

Fait divers

Pour construire un baromètre naturel, il faut couper une branche de noisetier au printemps, alors que la sève monte dans l'arbre. On lui retire son écorce et on la fixe dehors, perpendiculairement au mur de la maison. Traditionnellement, les branches de noisetier étaient aussi utilisées par les sourciers pour repérer les veines d'eau dans le sol. Il semble que la branche en Y se courbe à proximité de l'endroit où il y a de l'eau dans le sol.

8. Trace le graphique d'une fonction qui a les propriétés suivantes.

	Domaine	Image	Abscisses à l'origine	Ordonnée à l'origine	Signe de la fonction	
					positive	négative
a)	[⁻3, +∞[	[⁻4, +∞[	⁻2	3	[⁻2, +∞[	[⁻3, ⁻2]
b)	ℝ	[⁻7, +∞[	⁻5, 3	⁻6	]⁻∞, ⁻5] ∪ [3, +∞[	[⁻5, 3]
c)	[⁻8, +∞[	]⁻∞, 5]	⁻8, 4, 7	⁻3	[4, 7]	[⁻8, 4] ∪ [7, +∞[

9. L'entreprise Éco-solutions vend des produits ménagers écologiques, faits à partir d'éléments naturels. Le graphique ci-dessous illustre l'évolution des profits de l'entreprise depuis sa mise sur pied il y a trois ans.

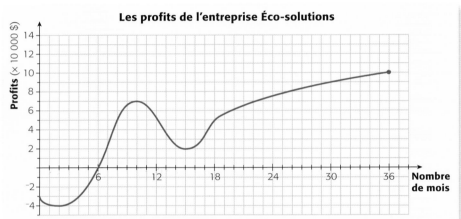

Détermine :

a) le domaine et l'image de cette fonction ;

b) l'ordonnée à l'origine de cette fonction ;

c) l'abscisse ou les abscisses à l'origine de cette fonction ;

d) les valeurs du domaine pour lesquelles la fonction est :

    1) positive ;   **2)** négative ;

e) les extremums de la fonction ;

f) les minimum et maximum relatifs de cette fonction ;

g) les intervalles de croissance et de décroissance de cette fonction.

10. Voici plusieurs propriétés de deux fonctions.

	Domaine	Image	Abscisses à l'origine	Ordonnée à l'origine	Maximum absolu	Minimum absolu	Croissance	Décroissance
①	$\mathbb{R}$	$\mathbb{R}$	$^-4$	9	Aucun	Aucun	$]-\infty, 2] \cup [5, +\infty[$	$[2, 8]$
②	$[^-20, +\infty[$	$[^-3, +\infty[$	$[^-12, ^-8]$ et 6	$^-3$	Aucun	$^-3$	$[^-12, ^-8] \cup [0, +\infty[$	$[^-20, 0]$

a) Trace une représentation graphique possible pour chacune de ces fonctions.

b) Détermine les intervalles du domaine pour lesquels la fonction est :

    1) positive ;   **2)** négative.

11. Fais l'analyse complète de la fonction représentée ci-contre.

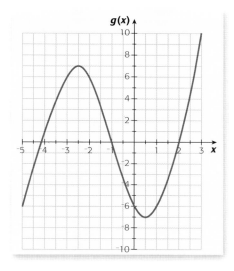

12. Une expérience consiste à chauffer de l'eau à l'état solide et à enregistrer sa température sur une période de 15 minutes. Le graphique ci-contre représente la température de l'eau en fonction du temps écoulé depuis le début de l'expérience.

a) Décris cette fonction en mots.

b) Fais l'analyse complète de cette fonction.

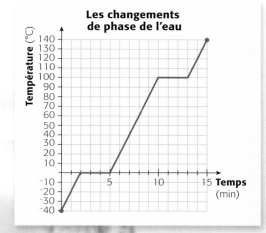

Les changements de phase de l'eau

Point de repère

Nicolas Oresme

On attribue la première définition du concept de fonction à l'évêque français Nicolas Oresme (v. 1320-1382). Il décrivait les lois de la nature comme des lois où on trouve un lien de dépendance entre certaines quantités. Reconnu comme un des principaux fondateurs des sciences modernes, ce grand penseur, surnommé «le Einstein du XIVe siècle», était à la fois économiste, mathématicien, physicien, astronome, philosophe, traducteur, psychologue, musicologue, théologien, évêque et conseiller du roi Charles V de France.

13. En juillet 2007, la huitième étape de la 94e édition du Tour de France s'étendait de Le Grand-Bornand à Tignes. Le graphique ci-dessous présente le profil de cette étape de 165 km.

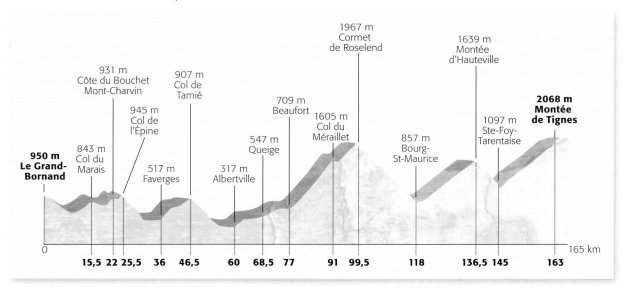

a) Quelle est:

  1) l'altitude maximale de cette étape?

  2) l'altitude minimale de cette étape?

b) Sur quels intervalles de la piste l'altitude est-elle:

  1) croissante?   **2)** décroissante?

c) Indique, s'il y a lieu, les minimum et maximum relatifs.

Fait divers

Chaque année, en juillet, a lieu le Tour de France, la plus célèbre course d'endurance de vélo au monde. Cette course se déroule en plusieurs étapes. Bien que les cyclistes fassent la compétition en équipe, des distinctions individuelles sont remises aux coureurs. Après chacune des étapes, on remet le maillot jaune au meneur du classement général de la course, le maillot vert au meilleur sprinteur, le maillot à pois rouges au plus talentueux grimpeur et un maillot blanc au meilleur coureur de 25 ans ou moins.

De brillantes économies ?

Situation d'application

Une lampe fluorescente compacte (LFC) consomme jusqu'à 75 % moins d'énergie pour fournir la même luminosité qu'une ampoule incandescente traditionnelle. Par ailleurs, la durée de vie moyenne d'une LFC est d'environ 8 000 heures, soit 8 fois plus que celle d'une ampoule incandescente.
Le gouvernement fédéral envisage d'adopter un règlement pour interdire la vente d'ampoules incandescentes, car ces dernières ne respectent pas ses normes d'efficacité énergétique. Au Québec, le principal fournisseur d'électricité favorise aussi l'achat de LFC en offrant jusqu'à 25 $ de remise au moment de l'achat. Le graphique ci-contre représente la relation entre la remise offerte par le fournisseur et la somme dépensée pour l'achat de ce type d'ampoules.

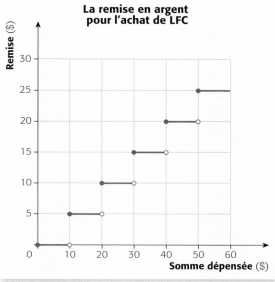

Les 18 ampoules incandescentes de 100 W installées dans les corridors d'un immeuble à logements sont allumées en tout temps. Le propriétaire de l'immeuble songe à remplacer progressivement toutes ces ampoules par des LFC de 25 W, sachant que la luminosité demeurera la même. Il a payé chaque ampoule incandescente 0,45 $, et il considère l'idée d'acheter des LFC au prix unitaire de 4,20 $.

Sachant que l'électricité coûte 0,06 $ par kilowattheure (c'est-à-dire 6 ¢ pour une dépense énergétique de 1 000 W pendant une durée d'une heure), détermine si le remplacement des ampoules permettrait au propriétaire de réaliser des économies. Fais-en la démonstration.

Environnement et consommation

Les solutions de remplacement écologiques comportent parfois de petits désavantages. Vois-tu des désavantages au fait de passer de l'éclairage aux ampoules incandescentes à l'éclairage aux lampes fluorescentes compactes ? Si oui, crois-tu que les avantages l'emportent sur les désavantages ?

Choix de réponses?

- **Fonction en escalier**
- **Fonction partie entière de base**

Lorsqu'on répond à un questionnaire, certaines questions nous amènent naturellement à transformer la réponse exacte en une réponse adaptée au contexte.

Un CLSC réalise une étude afin d'offrir divers services aux familles du quartier ayant au moins deux enfants, dont un en bas âge. Voici un extrait d'un questionnaire, rempli par madame Salem.

1 – Combien avez-vous d'enfants? _____4_____

2 – Quel âge a le plus jeune de vos enfants? _13 semaines_

3 – Quel âge aura le plus vieux de vos enfants à son prochain anniversaire? _8 ans_

4 – Quel âge avez-vous? _34 ans_

5 – Combien d'heures vos enfants se font-ils garder en une semaine? _10 heures_

A Pour quelle(s) question(s) madame Salem:
 1) a-t-elle donné la réponse exacte?
 2) a-t-elle probablement arrondi la réponse exacte?
 3) a-t-elle transformé la réponse exacte autrement qu'en l'arrondissant?

B Pour chaque question, détermine, s'il y a lieu, l'intervalle dans lequel peut se trouver la réponse exacte que madame Salem a transformée pour remplir le questionnaire.

Le graphique ci-dessous représente la relation entre la réponse donnée à la question **2** et l'âge exact du plus jeune enfant de la famille.

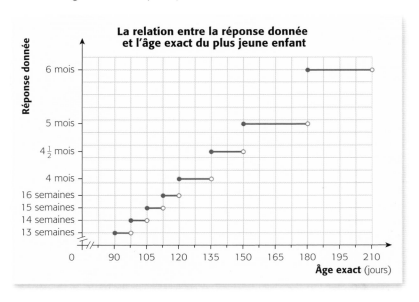

C Décris le graphique et fais l'analyse complète de la fonction.

D Pour quelles autres questions la relation entre la réponse donnée et la réponse exacte peut-elle être modélisée par une **fonction en escalier**?

E À quelle question le graphique ci-contre peut-il être associé?

F Trace le graphique de la relation entre les réponses données et les réponses exactes:
1) de la question 4 du questionnaire;
2) de la question 5 du questionnaire.

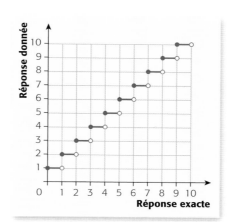

Réponse exacte

G Pour chacune des fonctions représentées en **F**, détermine:
1) le domaine; 2) l'image.

H Parmi les fonctions que tu as représentées en **F**, laquelle correspond à la **fonction partie entière de base**?

I En quoi la représentation graphique de la fonction partie entière de base se distingue-t-elle de la fonction en escalier présentée à la page précédente?

J Soit $f(x) = [x]$. Détermine:
1) $f(3,4)$ 2) $f\left(\dfrac{12}{5}\right)$ 3) $f(9)$ 4) $f(^-2,1)$ 5) $f(\pi)$

> **Fonction en escalier**
> Fonction discontinue dont le graphique est formé de segments horizontaux.

> **TIC**
> Tu trouveras [x] dans le menu NUM de ta calculatrice à affichage graphique ainsi que dans le catalogue des fonctions du logiciel traceur de courbes. Pour en savoir plus, consulte les pages 260 et 268 de ce manuel.

> **Fonction partie entière de base**
> Fonction définie de ℝ vers ℤ dont la règle est $f(x) = [x]$, où $[x]$ signifie le «plus grand entier inférieur ou égal à x».

Ai-je bien compris?

1. Voici les représentations graphiques de trois fonctions.

①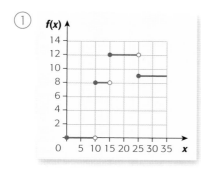

②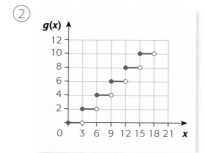

③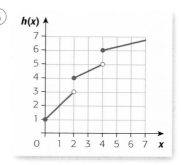

a) Quels sont le domaine et l'image de chaque fonction?

b) Parmi ces graphiques, lequel ou lesquels représentent une fonction en escalier?

2. Soit $f(x) = [x]$. Détermine:

a) 1) $f(7,13)$ 2) $f\left(\dfrac{27}{5}\right)$ 3) $f(0)$ 4) $f(5)$ 5) $f(^-\pi)$

b) les valeurs de x pour lesquelles:

1) $f(x) = 0$ 2) $f(x) = 2,8$ 3) $f(x) = 6$ 4) $f(x) = ^-3$

Allonger ou rétrécir ?

Voici la représentation graphique de la fonction partie entière de base. Elle est constituée de segments horizontaux isométriques. À l'image d'un escalier, on peut y observer des «marches» et des «contremarches».

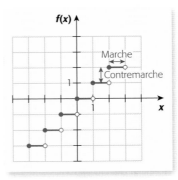

Voici les représentations graphiques de deux fonctions partie entière dont la règle est de la forme $f(x) = a[x]$.

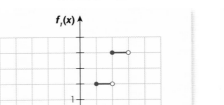

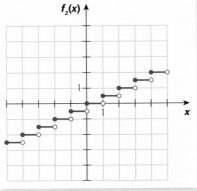

A Quelle relation existe-t-il entre la valeur du paramètre a et :

1) la largeur de la marche ?

2) la hauteur de la contremarche ?

B Représente graphiquement la fonction partie entière dont la règle est $f_3(x) = 3[x]$.

La règle d'une fonction partie entière peut aussi comprendre un paramètre b qui, contrairement au paramètre a, multiplie la variable indépendante avant de déterminer la partie entière. La règle est alors de la forme $f(x) = [bx]$.

C Représente graphiquement les fonctions dont les règles sont les suivantes.

1) $f_4(x) = [2x]$ **2)** $f_5(x) = \left[\dfrac{1}{2}x\right]$

D Quelle relation existe-t-il entre la valeur du paramètre b et :

  1) la largeur de la marche ?

  2) la hauteur de la contremarche ?

E Dans la règle $f(x) = a[bx]$, explique pourquoi la valeur du paramètre a ou du paramètre b ne peut pas être zéro.

F Représente graphiquement la fonction partie entière dont la règle est $f_6(x) = 3\left[\dfrac{1}{2}x\right]$.

La modification de la valeur des paramètres multiplicatifs a et b provoque des changements d'échelle qui, pour la fonction partie entière, se traduisent graphiquement par une variation de la largeur de la marche ou de la hauteur de la contremarche.

G Parmi les types de changements d'échelle suivants, indique ceux qui permettent d'obtenir, à partir de la courbe représentant la fonction de base, la courbe tracée ci-contre.

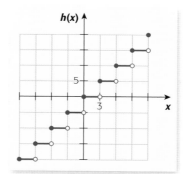

  ①   Rétrécissement horizontal

  ②   Allongement vertical

  ③   Rétrécissement vertical

  ④   Allongement horizontal

H Reproduis et remplis les tableaux ci-dessous afin de décrire l'influence de la valeur d'un paramètre sur l'allure de la courbe.

Paramètre a	Type de changement d'échelle		Paramètre b	Type de changement d'échelle
a > 1			b > 1	
0 < a < 1			0 < b < 1	

Vincent a tracé les fonctions suivantes à l'aide d'un logiciel traceur de courbes afin de déterminer l'influence du signe de a et de b sur le graphique de la fonction partie entière de base.

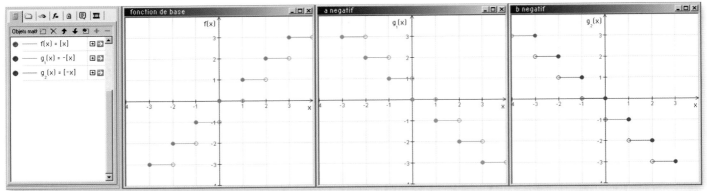

I À partir du graphique de la fonction de base, quelle transformation permet d'obtenir :

1) le graphique de g_1 ? **2)** le graphique de g_2 ?

J Représente graphiquement la fonction dont la règle est $g_3(x) = {}^-[{}^-x]$.

K Décris le lien qui existe entre le signe des paramètres a et b et :

1) la variation, c'est-à-dire la croissance ou la décroissance d'une fonction partie entière ;

2) l'orientation des segments (●—○ ou ○—●).

Ai-je bien compris ?

1. Voici les règles de trois fonctions.

① $f(x) = \left[\dfrac{1}{3}x\right]$  ② $g(x) = {}^-3[x]$ ③ $h(x) = 2[{}^-x]$

a) Pour chacune de ces règles, détermine la valeur des paramètres a et b.

b) Représente graphiquement ces fonctions.

2. Quel type de changement d'échelle permet d'obtenir la courbe bleue à partir de la courbe rouge ?

a)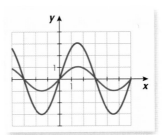

b)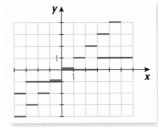

Incitation à consommer

Certaines entreprises émettent des cartes de points de fidélité qu'elles offrent à leur clientèle. Lorsqu'un achat est effectué dans un des commerces affiliés à l'entreprise, la cliente ou le client obtient des points à échanger contre des bons-cadeaux ou des objets variés sur présentation de la carte.

- **Fonction partie entière dont la règle est $f(x) = a[bx]$**
- **Recherche de la règle**
- **Propriétés**

Voici la description des programmes de points de fidélité offerts par quatre entreprises.

Programme ①	Programme ②	Programme ③	Programme ④
1 point de fidélité offert pour chaque tranche de 1 $ d'achat	5 points de fidélité offerts pour chaque tranche de 1 $ d'achat	1 point de fidélité offert pour chaque tranche de 20 $ d'achat	10 points de fidélité offerts pour chaque tranche de 100 $ d'achat

A Pour chacun de ces programmes, détermine le nombre de points de fidélité offerts pour un achat de :

1) 5,75 $
2) 19,99 $
3) 42,58 $
4) 96,28 $
5) 163,50 $
6) 312,49 $

Le graphique ci-contre représente le nombre de points de fidélité offerts en fonction du montant de l'achat pour le programme ①.

B Est-ce que cette représentation graphique est celle de la fonction partie entière de base ? Justifie ta réponse.

C Fais l'analyse complète de la fonction associée au programme ①.

D Représente graphiquement le nombre de points de fidélité offerts en fonction du montant de l'achat pour chacun des trois autres programmes.

E Quels changements d'échelle permettent d'obtenir chacun des graphiques tracés en **D** à partir du graphique du programme ① ?

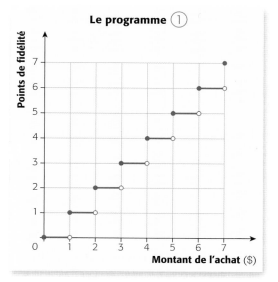

Le programme ①

Points de fidélité / Montant de l'achat ($)

Chacun des programmes de points de fidélité peut être décrit par une règle de la forme $g(x) = a[bx]$.

F Pour chacun des programmes, détermine:

1) la valeur des paramètres a et b;

2) la règle du nombre de points de fidélité offerts en fonction du montant de l'achat.

G Vérifie les règles déterminées en **F** à l'aide du nombre de points de fidélité calculés pour chacun des montants énumérés en **A**.

Soit le programme de points de fidélité suivant.

Programme ⑤

Montant de l'achat ($)	Nombre de points
[0, 10[	0
[10, 20[	20
[20, 30[	40
[30, 40[	60
...	...

H Fais la description de ce programme de points de fidélité.

I Quelle est la règle de la fonction qui modélise ce programme?

J Représente graphiquement la réciproque de la fonction dont tu as déterminée la règle en **I**.

K La réciproque tracée en **J** est-elle une fonction? Justifie ta réponse.

Environnement et consommation

Tout article produit ou consommé comporte un coût environnemental. Selon la hiérarchie des 3RV (réduction à la source, réemploi, recyclage et valorisation), la meilleure façon de limiter l'utilisation des ressources non renouvelables est de réduire la surconsommation. Crois-tu que les programmes comme ceux des points de fidélité incitent les gens à la surconsommation? Quelle est ta définition de «surconsommation»? Donne quelques exemples.

Ai-je bien compris?

1. Associe chacun des graphiques ci-dessous à la règle correspondante.

a)
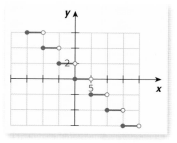

c)
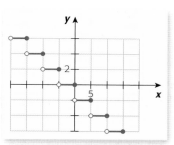

b)
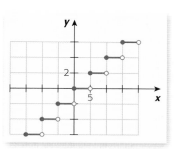

d)
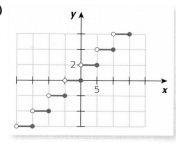

① $y = 2[0,2x]$ ② $y = 2[^-0,2x]$ ③ $y = ^-2[^-0,2x]$ ④ $y = ^-2[0,2x]$

2. Voici les représentations graphiques de deux fonctions.

①
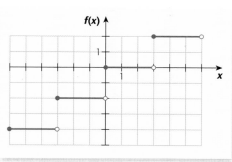

②
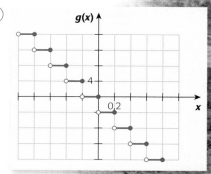

a) Détermine la règle de chacune de ces fonctions.

b) Fais l'analyse complète de ces fonctions.

Faire le point

Les fonctions en escalier

Les fonctions en escalier sont des fonctions discontinues. Elles sont constantes sur des intervalles et, à certaines valeurs de la variable indépendante appelées valeurs critiques, les valeurs de la fonction varient brusquement par sauts. Le graphique d'une fonction en escalier est formé de segments horizontaux habituellement fermés à une extrémité et ouverts à l'autre.

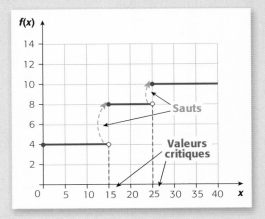

Les fonctions partie entière

Les fonctions partie entière sont des fonctions en escalier pour lesquelles tous les segments horizontaux (marches) sont isométriques et la distance verticale entre deux segments consécutifs (contremarche) est constante.

La fonction partie entière de base

La règle de la fonction partie entière de base est $f(x) = [x]$.

Cette fonction associe, à chaque valeur de x, le plus grand entier inférieur ou égal à x. L'expression $[x]$ se lit «partie entière de x» et se calcule de la façon suivante.

Si $x \in [n, n + 1[$, où $n \in \mathbb{Z}$, alors $[x] = n$

Exemples : $[4,28] = 4$; $\left[\dfrac{1}{2}\right] = 0$; $[8] = 8$; $[{}^-3,1] = {}^-4$

Les propriétés de la fonction partie entière de base

Le tableau ci-dessous présente les propriétés de la fonction de base dont la règle est $f(x) = [x]$.

Domaine	$\mathbb{R}$
Image	$\mathbb{Z}$
Abscisses à l'origine	$x \in [0, 1[$
Ordonnée à l'origine	$f(0) = 0$
Signe	• positive pour $x \in [0, +\infty[$ • négative pour $x \in]-\infty, 1[$
Extremum	La fonction ne possède pas d'extremum.
Variation	La fonction est croissante sur tout son domaine, soit sur $\mathbb{R}$.

Remarque : La réciproque de cette fonction n'est pas une fonction.

La fonction partie entière dont la règle est $f(x) = a[bx]$

Les paramètres multiplicatifs a et b transforment la règle d'une fonction de base et provoquent une modification de sa représentation graphique.

Le rôle des paramètres multiplicatifs a et b

Le rôle du paramètre a

Le paramètre a, dont la valeur est différente de 1, provoque un changement d'échelle vertical. Pour la fonction partie entière, cette modification est telle que $|a|$ correspond à la distance verticale entre deux segments consécutifs (contremarche).

Le tableau suivant décrit l'influence du paramètre a sur l'allure du graphique.

$|a| > 1$	$0 < |a| < 1$	*Exemple*
Allongement vertical	Rétrécissement vertical	$f_1(x) = \frac{1}{2}[x] \qquad f_2(x) = 2[x]$

> L'expression $|a|$ se lit « valeur absolue de a » et désigne la valeur positive de a. Par exemple, la valeur absolue de $^-3$ est 3 et la valeur absolue de 7 est 7.

De plus, si le paramètre a est négatif, il provoque une réflexion par rapport à l'axe des x.

Le rôle du paramètre b

Le paramètre b, dont la valeur est différente de 1, provoque un changement d'échelle horizontal. Pour la fonction partie entière, cette modification est telle que $\left|\frac{1}{b}\right|$ correspond à la largeur de chacun des segments (marche).

Le tableau suivant décrit l'influence du paramètre b sur l'allure de la courbe.

$|b| > 1$	$0 < |b| < 1$	*Exemple*
Rétrécissement horizontal	Allongement horizontal	$f_1(x) = \left[\frac{1}{2}x\right] \qquad f_2(x) = [2x]$

De plus, si le paramètre b est négatif, il provoque une réflexion par rapport à l'axe des y.

L'influence des paramètres a et b sur la variation de la fonction

Le signe des paramètres a et b détermine la variation de la fonction (croissance ou décroissance) ainsi que l'orientation des segments (●─○ ou ○─●). Le tableau ci-dessous illustre les quatre cas possibles à l'aide d'un exemple.

La fonction est :
- croissante
  si a · b > 0;
- décroissante
  si a · b < 0.

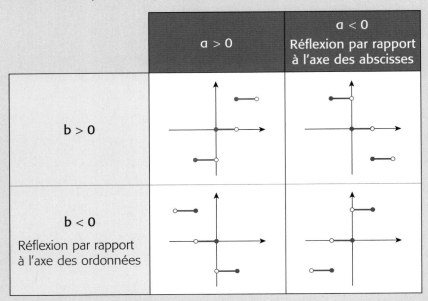

La recherche de la règle

Le tableau ci-dessous présente les étapes à suivre pour déterminer la règle d'une fonction partie entière à partir de sa représentation graphique.

Étape	Exemple	
1. Déterminer le signe de a et de b à partir de la variation de la fonction et de l'orientation des segments.	a · b < 0, car la fonction est décroissante b > 0, car le segment est ouvert à droite donc a < 0	(graphique g(x))
2. Déterminer la valeur de a (la hauteur de la contremarche est |a|).	a = ⁻3	
3. Déterminer la valeur de b (la largeur de la marche est $\left\|\frac{1}{b}\right\|$).	$\frac{1}{b} = 5$ $b = \frac{1}{5} = 0{,}2$	
La règle de la fonction est $g(x) = {}^{-}3[0{,}2x]$.		

Mise en pratique

1. Calcule la valeur de :

a) $[2,3]$

c) $[6]$

e) $[^-0,0012]$

b) $[2,99]$

d) $[^-4,19]$

f) $\left[\dfrac{8}{7}\right]$

2. Associe tes réponses aux questions suivantes avec les opérations mathématiques ci-dessous.

> Tronquer un nombre, c'est couper son développement décimal à un certain nombre de chiffres après la virgule.

a) Combien d'heures as-tu consacrées à tes travaux scolaires cette semaine ?

b) Pendant combien de minutes complètes as-tu parlé au téléphone aujourd'hui ?

c) Quelle heure est-il ?

① Partie entière   ② Arrondi   ③ Troncature

3. L'affiche ci-contre indique les droits d'entrée au Musée des sciences.

Musée des sciences
Droits d'entrée

Enfant de 12 ans et moins (accompagné d'un adulte)	Gratuit
Personne de 65 ans et plus	7,50 $
Adulte	15,00 $

a) Représente graphiquement le droit d'entrée en fonction de l'âge d'une personne.

b) Quelle est l'image de cette fonction ?

4. Vrai ou faux ? Justifie tes réponses.

a) L'image d'une fonction en escalier peut être $\mathbb{R}$.

b) Le domaine d'une fonction en escalier peut être $\mathbb{N}$.

5. Le «comité vert» d'une entreprise doit mettre en place des mesures qui visent à favoriser les gestes écologiques dans son milieu de travail. Le comité désire entre autres promouvoir le covoiturage. Il demande donc à chaque membre du personnel d'indiquer le nombre de kilomètres qui sépare sa résidence de l'entreprise.

a) Représente graphiquement la relation entre la valeur exacte de la distance et la réponse que donne une personne si on lui demande d'arrondir cette distance :

1) à l'unité supérieure ;   **2)** à l'unité inférieure.

b) Entre ces trois fonctions, indique la ou les propriétés qui diffèrent.

Environnement et consommation

Certaines grandes villes permettent aux voitures ayant à bord au moins deux ou trois passagers de rouler sur les voies réservées aux autobus et aux taxis. Ainsi, en guise de récompense pour leurs efforts visant à moins polluer, les covoitureurs passent moins de temps dans les bouchons de circulation. Au Québec, cette incitation au covoiturage n'est pas encore très répandue. Selon toi, quelles autres stratégies pourrait-on envisager pour encourager les gestes «verts» ?

6. Voici la description de primes offertes dans différents commerces.

① Un rabais de 10 $ par tranche de 50 $ d'achat

② Deux billets de cinéma par tranche de 100 $ d'achat

③ Un point de fidélité par tranche de 20 $ d'achat

a) Pour chacun des commerces, représente graphiquement la prime offerte en fonction du montant de l'achat.

b) Détermine la règle de chacune des fonctions représentées en **a**.

7. a) Associe chacune des règles ci-dessous avec le graphique correspondant.

① $g_1(x) = [2x]$

③ $g_3(x) = {}^-2[x]$

⑤ $g_5(x) = 2[{}^-x]$

② $g_2(x) = 2[x]$

④ $g_4(x) = [{}^-2x]$

Ⓐ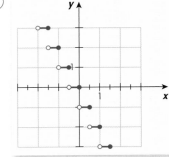

Ⓓ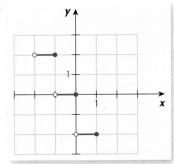

Ⓑ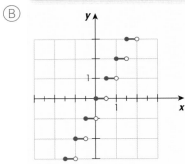

Ⓔ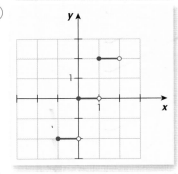

Ⓒ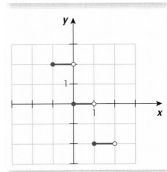

Ⓕ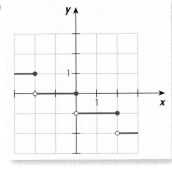

b) Détermine la règle du graphique qui n'a pas été associé en **a**.

8. Pour chacune des fonctions représentées ci-dessous :

a) détermine la règle ;

b) fais l'analyse complète de la fonction.

①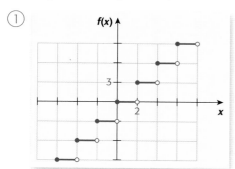

②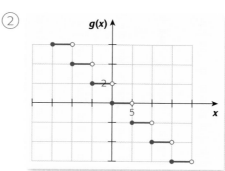

③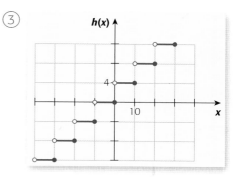

9. Voici les règles de trois fonctions.

① $g(x) = {}^-2[x]$ ② $j(x) = 3[{}^-0,5x]$ ③ $k(x) = 10[2x]$

a) Pour chacune de ces fonctions, indique les valeurs des paramètres a et b.

b) Pour chacune de ces fonctions, détermine :

1) si la fonction est croissante ou décroissante ;

3) la largeur de la « marche » ;

2) l'orientation des segments ;

4) la hauteur de la « contremarche ».

10. Voici les règles de deux fonctions.

① $g_1(x) = {}^-8\left[\dfrac{x}{5}\right]$ ② $g_2(x) = 2[{}^-x]$

a) Représente graphiquement chacune de ces fonctions.

b) Fais l'analyse complète de ces fonctions.

11. Marie est vendeuse dans une boutique de vêtements. En plus de son salaire de base, elle reçoit une commission qui varie selon la règle :

$f(x) = 100\left[\dfrac{x}{1000}\right]$, où x représente le montant de ses ventes en dollars.

a) Cette semaine, Marie a vendu pour 2 555 $ de vêtements. Quel est le montant de sa commission ?

b) Pour quels montants de ventes Marie gagnera-t-elle une commission d'exactement 500 $ en une semaine ?

12. Quelle est ma règle?

- Je suis une fonction partie entière croissante.
- Mon domaine est $\mathbb{R}$ et mon image est $\{\dots, ^-6, ^-3, 0, 3, 6, \dots\}$.
- Je suis négative pour $x \in \,]^-\infty, 0]$ et positive pour $x \in \,]^-1, +\infty[$.
- Mes abscisses à l'origine sont les valeurs comprises dans l'intervalle $]^-1, 0]$.

13. On peut comparer le courant électrique à une conduite d'eau dont le débit correspond à l'intensité du courant mesurée en ampères. L'intensité nécessaire pour faire fonctionner un appareil électrique dépend du type d'appareil. Par exemple, un séchoir à cheveux nécessite un courant de 10 ampères pour fonctionner adéquatement, tandis qu'une cuisinière nécessite un courant de 32 ampères. Ces appareils sont alimentés par des câbles électriques dont le diamètre varie selon l'intensité du courant nécessaire au bon fonctionnement de l'appareil. En Amérique du Nord, on appelle *American Wire Gauge* (AWG) le système de classification des câbles selon leur calibre, c'est-à-dire leur grosseur.

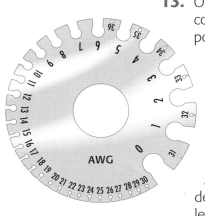

Afin de respecter les besoins énergétiques d'un appareil, on recommande de déterminer le calibre du câble selon l'ampérage nécessaire, comme le montre le tableau suivant.

Fait divers

AWG est le sigle de *American Wire Gauge*. Il s'agit d'un système utilisé depuis 1857, principalement au Canada et aux États-Unis, qui permet de classer les câbles selon leur diamètre. En Europe, on classe les câbles selon l'aire du disque correspondant à une coupe transversale du câble. On appelle cette mesure la « section » du câble.

Ampérage maximal (ampères)	Calibre AWG	Diamètre du câble (mm)
15	14	1,6
20	12	2,1
30	10	2,6
40	8	3,3

a) Quel calibre AWG doit avoir le câble utilisé pour alimenter:
   1) le séchoir à cheveux qui nécessite un courant de 10 ampères?
   2) la cuisinière qui nécessite un courant de 32 ampères?

b) Quel type de fonction modélise la relation entre:
   1) le calibre AWG du câble et l'ampérage?
   2) le diamètre du câble, en millimètres, et l'ampérage?

c) Pour chacune des relations nommées en **b**, précise si la fonction est croissante ou décroissante. Dans le contexte, comment expliques-tu tes réponses?

d) Représente graphiquement la fonction qui modélise la relation entre le calibre AWG du câble et l'ampérage maximal.

e) Un appareil électrique fonctionne normalement lorsqu'il est alimenté par un câble 10 AWG. Quels sont les ampérages que peut nécessiter cet appareil?

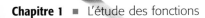

Les fonctions définies par parties et les fonctions périodiques

Thermostat électronique

Situation-
problème

Un thermostat sert à mettre en marche ou à arrêter un appareil de chauffage ou de climatisation selon la température qu'il capte. Les thermostats électroniques captent des températures plus précises que les thermostats mécaniques. C'est pourquoi les ingénieurs en chauffage, ventilation et climatisation recommandent leur installation pour une utilisation responsable des ressources énergétiques.

Une entreprise désire fixer le prix de vente d'un nouveau thermostat électronique conçu par son équipe de recherche et développement.

Pour fixer ce prix, elle tient compte du graphique ci-dessous, qui représente l'évolution de la température dans une maison selon le type de thermostat utilisé.

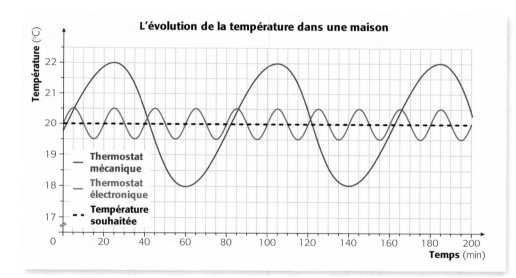

Environnement et consommation

Hydro-Québec encourage les familles québécoises à se procurer des produits qui coûtent parfois plus cher à l'achat, mais qui permettent de faire des économies importantes à long terme. C'est le cas, entre autres, des thermostats électroniques et des lampes fluorescentes compactes, qui réduisent considérablement les coûts de chauffage et d'éclairage. Selon toi, qu'est-ce qui motive Hydro-Québec à encourager les Québécois à réduire leur consommation d'énergie?

L'entreprise tient aussi compte des renseignements suivants.

– Le coût moyen de fonctionnement d'un système de chauffage pour lequel ce thermostat peut être installé est de 0,45 $ l'heure. Ce coût ne dépend pas du type de thermostat utilisé.

– Une entreprise concurrente offre un thermostat électronique semblable. Elle affirme que le coût de son thermostat équivaut à la somme d'argent qu'il permet d'économiser en deux ans sur la facture d'électricité.

Aide l'entreprise à fixer un prix de vente avantageux pour elle et pour sa clientèle.

• Fonction définie
  par parties
• Règle d'une fonction
  définie par parties

Déploiement contrôlé

Le rôle des ingénieurs en sécurité automobile consiste à rendre plus efficaces et plus sécuritaires des dispositifs comme le coussin gonflable. Pour éviter des blessures à la tête et au cou causées par un coussin qui se gonfle inutilement, les ingénieurs ont développé des senseurs capables d'évaluer plusieurs paramètres avant d'enclencher le gonflement du coussin à la suite d'une collision. Ils ont également conçu des évents qui permettent au coussin de se dégonfler lentement une fois que la tête de l'occupante ou de l'occupant l'a heurté de façon à ce que l'impact soit le moins violent possible.

Voici un graphique où sont représentées les quatre phases du déploiement d'un coussin gonflable à partir du moment de la collision.

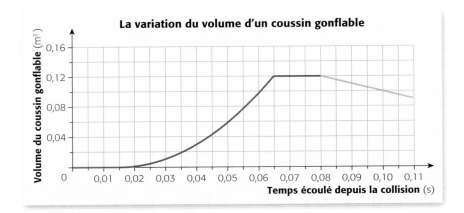

A Combien de temps après la collision:
  1) les senseurs ont-ils déclenché le gonflement du coussin?
  2) la tête de l'occupante ou de l'occupant a-t-elle heurté le coussin gonflable?

B Dans ce contexte, à quoi correspond la partie du graphique représentée:
  1) en rouge?   **2)** en vert?   **3)** en bleu?   **4)** en orangé?

C Combien de temps le gonflement du coussin dure-t-il?

D Selon toi, la situation représentée dans le plan cartésien peut-elle être décrite à l'aide d'un seul modèle fonctionnel? Justifie ta réponse.

Voici les règles et les modèles fonctionnels associés à chaque phase du gonflement d'un coussin.

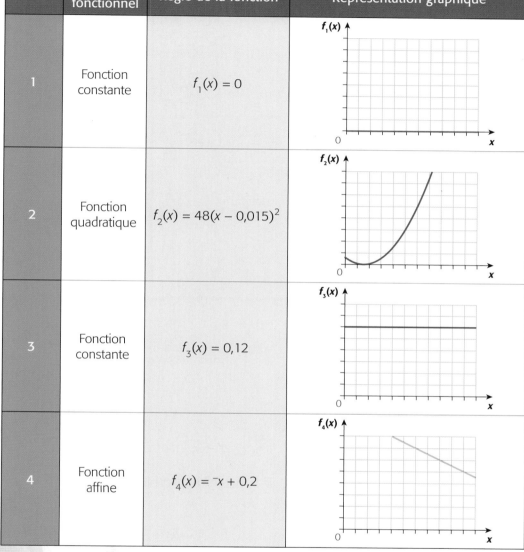

Phase	Modèle fonctionnel	Règle de la fonction	Représentation graphique
1	Fonction constante	$f_1(x) = 0$	
2	Fonction quadratique	$f_2(x) = 48(x - 0{,}015)^2$	
3	Fonction constante	$f_3(x) = 0{,}12$	
4	Fonction affine	$f_4(x) = {}^-x + 0{,}2$	

Les **fonctions définies par parties** permettent de décrire plusieurs situations qui ne peuvent être décrites à l'aide d'un seul modèle fonctionnel.

> **Fonction définie par parties**
>
> Fonction dont la règle s'exprime comme un ensemble de règles définies sur différents intervalles de son domaine.

E Complète l'écriture de la règle de la fonction définie par parties qui décrit le volume du coussin gonflable $f(x)$ en fonction du temps écoulé x depuis la collision.

$$f(x) = \begin{cases} 0 & \text{pour } 0 \leq x < \rule{1cm}{0.3cm} \\ 48(x - 0{,}015)^2 & \text{pour } \rule{1cm}{0.3cm} \leq x < \rule{1cm}{0.3cm} \\ \rule{1cm}{0.3cm} & \text{pour } \rule{1cm}{0.3cm} \leq x < \rule{1cm}{0.3cm} \\ \rule{1cm}{0.3cm} & \text{pour } x \geq 0{,}08 \end{cases}$$

F Fais l'analyse complète de la fonction f.

Voici la représentation graphique d'une fonction définie par parties.

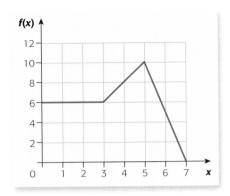

G Quel type de fonction sert à modéliser chacune des parties de cette fonction?

H Quel est le taux de variation de chaque partie de cette fonction?

I Quelle est la règle de cette fonction?

Ai-je bien compris?

1. Soit la représentation graphique de la fonction suivante.

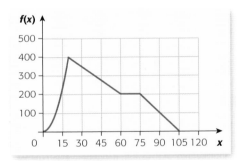

Indique:
a) le nombre de parties qu'elle comporte;
b) l'intervalle sur lequel est définie chaque partie de la fonction.

2. Le graphique ci-contre représente la vitesse d'une voiture en fonction du temps écoulé depuis le début de son trajet.
   a) Quelles sont les valeurs du domaine qui délimitent chaque partie de la fonction?
   b) Sur quels intervalles le taux de variation est-il négatif? À quoi cela correspond-il dans le contexte ?

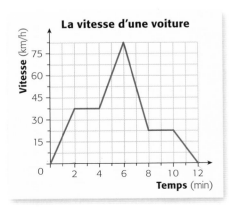

La vitesse d'une voiture

Mesurer le temps

Les cadrans solaires, inventés il y a plus de 5 000 ans, sont les premières horloges à avoir permis de mesurer de façon assez précise des fractions de journée. Avant cette invention, on mesurait le temps en observant certains cycles naturels, comme les lunes, les jours ou le cycle des saisons.

Le fonctionnement du cadran solaire est simple : l'ombre d'un bâton, appelé «gnomon», se déplace et pointe l'heure du jour à mesure que la Terre tourne sur elle-même.

Toutes les heures, Marianne a pris les mesures de l'angle que forme l'ombre du gnomon avec la verticale sur un cadran solaire où l'ombre du gnomon à midi est verticale. Voici la représentation graphique de son expérience.

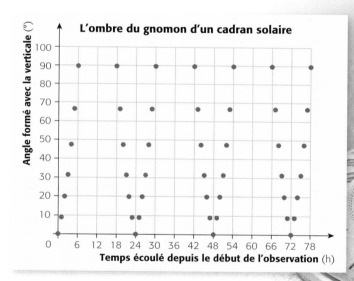

A À quelle heure Marianne a-t-elle commencé à recueillir les données relatives à son expérience?

B Explique pourquoi la **période** de cette fonction n'est pas 12 heures.

C Quelle est la période de cette fonction? À quoi correspond-elle dans ce contexte?

D À quoi correspondent les intervalles de croissance de la fonction dans ce contexte?

E Quels sont les extremums de cette fonction? À quoi correspondent-ils dans ce contexte?

> **Période**
>
> Différence entre les abscisses des couples marquant le début et la fin d'un cycle d'une fonction périodique.

Les montres analogiques rappellent le mouvement de l'ombre du gnomon d'un cadran solaire tout en mesurant le temps de façon très précise.

Voici la représentation graphique de la mesure de l'angle formé par l'aiguille des secondes d'une montre analogique avec la position qu'elle occupe à midi en fonction du temps.

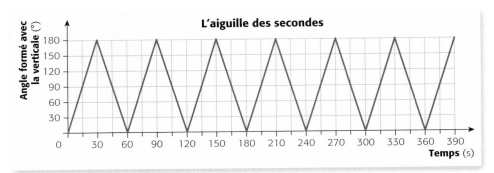

F Pourquoi peut-on affirmer que la fonction qui modélise cette situation est une fonction périodique?

G Quelle est l'image de cette fonction? Que représente-t-elle dans ce contexte?

H Quelle est la période de cette fonction? Que représente-t-elle dans ce contexte?

I Quels sont les extremums de cette fonction?

Fait divers

Le fonctionnement d'une montre analogique est essentiellement basé sur la transmission de la force contenue dans un ressort au système complexe d'engrenages qui constitue le mécanisme de la montre.

Un instrument analogique est un instrument qui rappelle le phénomène qu'il modélise. Contrairement à une montre numérique, une montre analogique modélise en quelque sorte le mouvement sur lequel la mesure du temps repose, c'est-à-dire le mouvement de la Terre.

J Si les intervalles de croissance de la fonction sont représentés ainsi :
[0, 30] ∪ [60, 90] ∪ [120, 150] ∪ … ∪ [360, 390] … , de quelle façon représente-t-on les intervalles de décroissance de cette fonction ?

K En considérant que le graphique de la page précédente représente plutôt la position de l'aiguille des heures, détermine la période ainsi que les intervalles de croissance et de décroissance de la fonction.

L Est-ce que la réciproque de la fonction qui modélise cette situation est une fonction ? Explique ta réponse.

Ai-je bien compris ?

1. Indique la période et fais l'analyse complète des fonctions périodiques suivantes.

a)

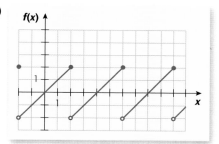

b)

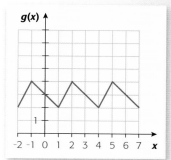

2. Lequel des graphiques ci-dessous peut représenter la relation réciproque d'une fonction périodique ?

①

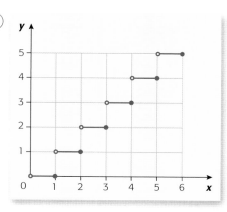

②

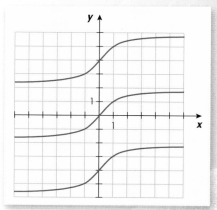

Faire le point

Les fonctions définies par parties

Une fonction définie par parties est une fonction dont la règle s'exprime comme un ensemble de règles définies sur différents intervalles de son domaine.

Les fonctions définies par parties permettent de modéliser des situations ou des phénomènes qui ne peuvent être modélisés à l'aide d'un seul type de fonction.

Exemple : Voici la représentation graphique de l'altitude d'un parachutiste, en mètres, en fonction du temps écoulé, en secondes, depuis qu'il a sauté de l'avion.

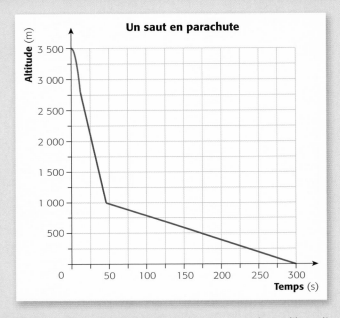

Cette situation compte trois parties distinctes : le saut en chute libre, l'ouverture du parachute et la descente contrôlée vers le sol.

Une fonction définie par parties permet de modéliser cette situation.

Le tableau ci-dessous présente les propriétés de cette fonction.

Domaine	[0, 300]
Image	[0, 3500]
Abscisse à l'origine	300
Ordonnée à l'origine	3 500
Signe	La fonction est positive pour $x \in$ [0, 300].
Extremums	La fonction a un maximum de 3 500 et un minimum de 0.
Variation	La fonction est strictement décroissante pour $x \in$ [0, 300].

La règle d'une fonction définie par parties

La règle d'une fonction définie par parties s'écrit comme un ensemble de règles définies sur différents intervalles de son domaine. Il faut donc déterminer une règle pour chaque partie de la fonction.

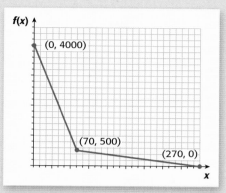

Le tableau ci-dessous présente les étapes à suivre pour déterminer la règle de la fonction f représentée ci-contre.

Étape	Exemples	
	Intervalle du domaine [0, 70]	Intervalle du domaine]70, 270]
1. Pour chacune des parties, relever l'information dont on dispose.	On dispose des couples (0, 4000) et (70, 500).	On dispose des couples (70, 500) et (270, 0).
2. Calculer le taux de variation à partir des coordonnées de deux points.	Le taux de variation est : $a = \dfrac{f(x_2) - f(x_1)}{x_2 - x_1}$ $a = \dfrac{500 - 4000}{70 - 0} = \dfrac{^-3500}{70}$ $a = {}^-50$	Le taux de variation est : $a = \dfrac{f(x_2) - f(x_1)}{x_2 - x_1}$ $a = \dfrac{0 - 500}{270 - 70} = \dfrac{^-500}{200}$ $a = {}^-2{,}5$
3. Trouver la valeur de b en remplaçant le taux de variation et les coordonnées d'un couple de la fonction dans la règle $f(x) = ax + b$.	$f(x) = ax + b$ $4\,000 = {}^-50(0) + b$ $4\,000 = b$	$f(x) = ax + b$ $500 = {}^-2{,}5(70) + b$ $500 = {}^-175 + b$ $675 = b$
4. Écrire la règle de chaque partie.	$f(x) = {}^-50x + 4\,000$	$f(x) = {}^-2{,}5x + 675$

Voici la règle de la fonction.

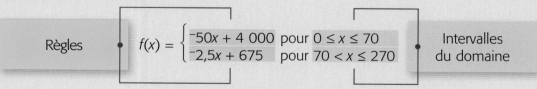

Règles $f(x) = \begin{cases} {}^-50x + 4\,000 & \text{pour } 0 \le x \le 70 \\ {}^-2{,}5x + 675 & \text{pour } 70 < x \le 270 \end{cases}$ Intervalles du domaine

Remarques :

– La réciproque d'une fonction définie par parties n'est pas nécessairement une fonction.

– La table de valeurs n'est pas toujours un mode de représentation utile pour ce type de fonction.

Les fonctions périodiques

Les fonctions périodiques sont utilisées pour modéliser des phénomènes cycliques comme les marées, le mouvement d'un pendule ou les battements cardiaques. La période est définie comme l'étendue d'un cycle de la fonction.

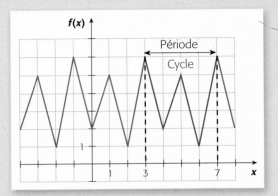

Exemple :

La période de la fonction représentée dans le plan cartésien ci-contre est 4.

Le tableau suivant montre la représentation graphique et décrit les propriétés d'une fonction périodique.

Représentation graphique	![graphique]
Domaine	$\mathbb{R}$
Image	$[^-3, 3]$
Abscisses à l'origine (ou zéros)	$\{\ldots, ^-4, ^-2, 0, 2, \ldots\}$
Ordonnée à l'origine (ou valeur initiale)	0
Signe	La fonction est positive pour $x \in \ldots [^-4, ^-2] \cup [0, 2] \cup [4, 6] \ldots$. La fonction est négative pour $x \in \ldots [^-2, 0] \cup [2, 4] \cup [6, 8] \ldots$.
Extremums	Le minimum de la fonction est $^-3$. Le maximum de la fonction est 3.
Variation	La fonction est strictement croissante pour $x \in \ldots [^-5, ^-3] \cup [^-1, 1] \cup [3, 5] \ldots$. La fonction est strictement décroissante pour $x \in \ldots [^-3, ^-1] \cup [1, 3] \cup [5, 7] \ldots$.

Remarques :

– La relation réciproque d'une fonction périodique n'est jamais une fonction.

– Lorsque le cycle d'une fonction périodique se répète une infinité de fois, on utilise des points de suspension dans l'étude de la variation et du signe pour signifier que la suite des intervalles se poursuit à l'infini.

Mise en pratique

1. Ethan remplit sa nouvelle piscine creusée. Après avoir mis son boyau d'arrosage dans la piscine, il remarque que le niveau d'eau dans la partie profonde de la piscine augmente de 25 cm par heure.

a) Reproduis et remplis la table de valeurs ci-dessous afin de représenter la relation entre le niveau de l'eau dans la piscine et le temps écoulé depuis le début du remplissage, en supposant que le débit d'eau dans le boyau est constant.

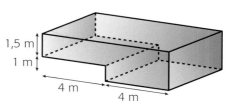

Temps écoulé (h)	0	1	2	4	8	12	16
Niveau de l'eau (m)							

b) Représente graphiquement cette situation.

2. Le graphique ci-dessous représente la hauteur du funiculaire du Vieux-Québec à l'aller et au retour.

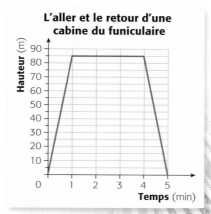

a) Indique à quoi correspond chacune des parties du graphique de la fonction dans ce contexte.

b) À quelle vitesse (en km/h) le funiculaire se déplace-t-il?

Fait divers

Un funiculaire est un moyen de transport circulant sur des rails dont la traction est assurée par un câble. On accède à celui du Vieux-Québec à partir de la terrasse Dufferin, dans la haute-ville, ou de la maison Louis-Joliet, dans la basse-ville. Le funiculaire du Vieux-Québec est en service depuis 1879.

3. Associe les graphiques aux règles correspondantes.

a)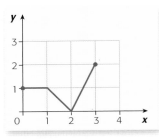

b)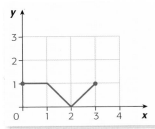

c)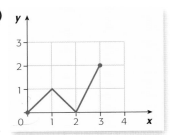

① $f_1(x) = \begin{cases} 1 & \text{pour } 0 \leq x < 1 \\ {}^-x + 2 & \text{pour } 1 \leq x < 2 \\ x - 2 & \text{pour } 2 \leq x \leq 3 \end{cases}$

② $f_2(x) = \begin{cases} 1 & \text{pour } 0 \leq x < 1 \\ {}^-x + 2 & \text{pour } 1 \leq x < 2 \\ 2x - 4 & \text{pour } 2 \leq x \leq 3 \end{cases}$

③ $f_3(x) = \begin{cases} x & \text{pour } 0 \leq x < 1 \\ {}^-x + 2 & \text{pour } 1 \leq x < 2 \\ 2x - 4 & \text{pour } 2 \leq x \leq 3 \end{cases}$

4. Représente graphiquement les fonctions suivantes.

a) $f(x) = \begin{cases} 3x & \text{pour } 0 \leq x \leq 4 \\ x + 8 & \text{pour } 4 < x \leq 10 \\ 18 & \text{pour } x > 10 \end{cases}$

b) $h(x) = \begin{cases} x - 1 & \text{pour } {}^-4 \leq x < 1 \\ 2x & \text{pour } 1 \leq x < 3 \\ 5x - 4 & \text{pour } x \geq 3 \end{cases}$

5. Voici une table de valeurs qui contient certains couples d'une fonction périodique.

x	1	2	3	4	5	6	7	8
f(x)	4	5	4	5	4	5	4	5

a) Trace le graphique de deux fonctions périodiques différentes à partir de cette table de valeurs.

b) Combien de fonctions périodiques différentes peut-on tracer à partir de cette table de valeurs? Explique ta réponse.

6. Quelle situation parmi les suivantes peut être modélisée par la représentation graphique ci-contre ? Justifie ta réponse.

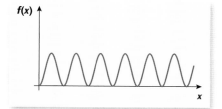

① La valeur d'une voiture en fonction du nombre d'années écoulées depuis son achat.

② Le périmètre d'un carré en fonction de la mesure de son côté.

③ La hauteur de la tête, par rapport au sol, d'une personne qui fait des redressements assis.

7. Bianca doit faire photocopier des dépliants publicitaires. Le centre de photocopies affiche les tarifs ci-dessous.

Nombre de photocopies couleur	Coût par photocopie ($)
Moins de 200	0,75
De 200 à 1 999	0,65
2 000 et plus	0,55

a) Trace le graphique qui représente le coût total en fonction du nombre de photocopies.

b) Détermine le coût associé à l'impression de 2 600 dépliants publicitaires.

8. Vrai ou faux ? Lorsque l'énoncé est faux, donne un contre-exemple.

a) Une fonction périodique possède toujours des abscisses à l'origine.

b) Une fonction périodique possède toujours des intervalles de croissance et des intervalles de décroissance.

c) Une fonction périodique dont le domaine est $\mathbb{R}$ possède toujours une ordonnée à l'origine.

9. Représente graphiquement une fonction périodique qui possède les propriétés suivantes.

– La fonction est toujours positive.

– Sa période est 6.

– Son domaine est $\mathbb{R}$.

– La fonction est parfois croissante, parfois décroissante.

10. Voici un graphique représentant la distance parcourue par M. Colbert en fonction du temps au cours de sa dernière participation à un triathlon où il devait parcourir 1,5 km à la nage, 40 km à bicyclette et 10 km à la course.

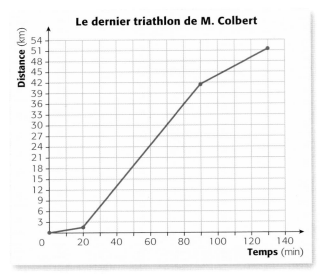

Le dernier triathlon de M. Colbert

a) Quel est le domaine de cette fonction? À quoi correspond-il dans ce contexte?

b) Quelles sont les valeurs du domaine qui délimitent chaque partie de la fonction? À quoi correspondent ces valeurs dans ce contexte?

c) Quelle est la règle de cette fonction?

11. La ville de Ferryland est située sur la côte est de la péninsule d'Avalon, dans la province de Terre-Neuve-et-Labrador. Le graphique ci-dessous représente le niveau de l'eau dans le port de Ferryland en fonction du temps écoulé depuis minuit.

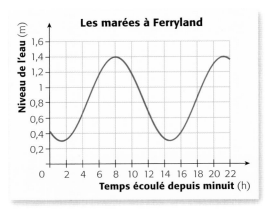

Les marées à Ferryland

a) Quelle est la hauteur maximale de l'eau dans le port de Ferryland?

b) Dans ce contexte, à quoi correspond la période de la fonction?

c) Dans ce contexte, à quoi correspondent les intervalles de croissance et de décroissance de la fonction?

12. Un pluviomètre est un appareil qui sert à mesurer la quantité de pluie tombée pendant un temps donné. Certains pluviomètres sont munis de dispositifs permettant à l'eau de s'évaporer entre deux averses. C'est le cas du pluviomètre dont le niveau d'eau en fonction du temps est représenté dans le graphique ci-contre.

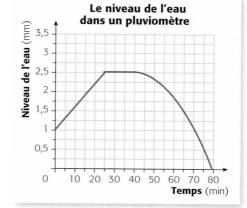

Le niveau de l'eau dans un pluviomètre

Niveau de l'eau (mm) / Temps (min)

a) Quels sont les extremums de cette fonction? Que représentent-ils dans le contexte?

b) Quels sont les intervalles de croissance et de décroissance de cette fonction? Que représentent-ils dans le contexte?

c) Complète la règle de cette fonction.

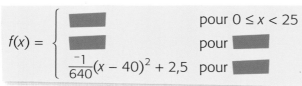

$$f(x) = \begin{cases} \rule{2em}{0.8em} & \text{pour } 0 \le x < 25 \\ \rule{2em}{0.8em} & \text{pour } \rule{3em}{0.8em} \\ \dfrac{-1}{640}(x-40)^2 + 2{,}5 & \text{pour } \rule{3em}{0.8em} \end{cases}$$

13. Muni d'un chronomètre, d'un altimètre ainsi que de papier et d'un crayon, Philippe monte dans un manège d'un parc d'attractions. À l'aide de ses instruments de mesure, il recueille les données suivantes.

	À l'entrée (point le plus bas)	Au point le plus haut	De retour au point le plus bas		À la sortie du manège
Lecture de l'altimètre	3 m	45 m	3 m	...	3 m
Lecture du chronomètre	0 s	45 s	90 s		270 s

a) Représente ces données dans un plan cartésien.

b) Selon toi, dans quel type de manège Philippe est-il monté? Justifie ta réponse.

c) Est-ce que l'altitude en fonction du temps est une fonction périodique pour le manège que tu as déterminé en **b**? Pourquoi?

Fait divers

La structure des noms de plusieurs instruments de mesure permet de savoir ce qu'ils mesurent. Il suffit de regarder le préfixe précédant le suffixe -mètre, du mot grec *metron* qui signifie «mesure». Par exemple, puisque *kronos* signifie «temps», qu'*altus* signifie «haut» et que *plovere* signifie «pleuvoir», un chronomètre, un altimètre et un pluviomètre mesurent respectivement le temps, l'altitude et la quantité de pluie tombée.

Consolidation

1. Soit les représentations graphiques de trois fonctions ci-dessous.

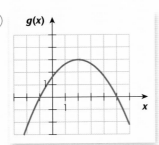 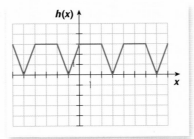 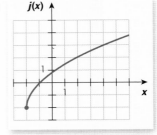

a) Pour chacune de ces fonctions, détermine :

1) le domaine et l'image ;

2) les extremums, s'il y a lieu ;

3) les intervalles de croissance et de décroissance.

b) Fais l'étude du signe de chacune de ces fonctions.

2. Que peux-tu dire de l'intersection d'un intervalle de croissance et d'un intervalle de décroissance d'une fonction ?

3. Vrai ou faux ? Justifie ta réponse.

a) Une fonction dont le domaine est $\mathbb{R}$ peut avoir plus d'une abscisse à l'origine.

c) L'image d'une fonction en escalier ne peut pas être $\mathbb{R}$.

b) Une fonction dont le domaine est $\mathbb{R}$ peut ne pas avoir d'ordonnée à l'origine.

d) Le domaine d'une fonction définie par parties peut ne pas être $\mathbb{R}$.

4. Détermine la règle des fonctions représentées ci-dessous.

a)

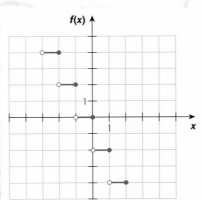

b)

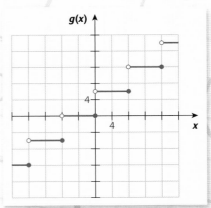

5. Représente graphiquement chacune des fonctions suivantes.

a) $f(x) = 3[^-5x]$ 　　　　**b)** $g(x) = {}^-8[0{,}25x]$ 　　　**c)** $h(x) = \dfrac{2}{3}\left[\dfrac{3}{2}x\right]$

6. Soit les représentations de quatre fonctions ci-dessous.

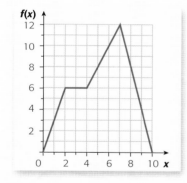

x	f(x)
⁻1	⁻4
0	⁻3
1	⁻2
3	0
5	2
7	0

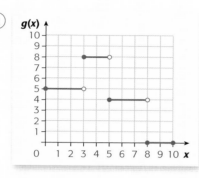

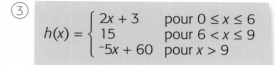

③ $h(x) = \begin{cases} 2x + 3 & \text{pour } 0 \le x \le 6 \\ 15 & \text{pour } 6 < x \le 9 \\ {}^-5x + 60 & \text{pour } x > 9 \end{cases}$

④ $j: \mathbb{Z} \to \mathbb{R}$
$x \mapsto j(x) = 7{,}5 - x$

Pour chacune de ces fonctions, détermine :

a) l'ordonnée à l'origine ;

b) l'abscisse ou les abscisses à l'origine.

7. Voici le graphique et la règle d'une fonction définie par parties.

$f(x) = \begin{cases} 3x & \text{pour } 0 \le x \le 2 \\ 6 & \text{pour } \ \ \ \le 4 \\ 2x & \ \ \ \ \le 7 \\ {}^-4x & \ \ \ < x \le 10 \end{cases}$

Détermine ce qui se trouve sous la tache d'encre.

8. Voici les règles de deux fonctions définies par parties. Représente graphiquement chacune de ces fonctions.

a)
$g(x) = \begin{cases} x & \text{pour } x \le 10 \\ 0{,}5\,x + 5 & \text{pour } 10 < x \le 20 \\ 15 & \text{pour } x > 20 \end{cases}$

b)
$h(x) = \begin{cases} \dfrac{{}^-x}{10} + 18 & \text{pour } x \le 30 \\ \dfrac{{}^-x}{2} + 30 & \text{pour } 30 < x \le 40 \\ x - 30 & \text{pour } 40 < x \le 60 \end{cases}$

9. Périodique ou non?

Joël observe la table de valeurs suivante.

x	⁻2	⁻1	0	1	2
f(x)	⁻6	7	⁻6	7	⁻6

Puisque les valeurs de f(x) sont tantôt positives, tantôt négatives, Joël conclut que f est une fonction périodique.

Convaincs-le qu'il n'a pas nécessairement raison.

10. Indices

Représente graphiquement une fonction qui possède les propriétés ci-dessous.

- Son domaine est [⁻9, 12] et son image est [⁻7, 5].
- Ses abscisses à l'origine sont ⁻6 et 8 et son ordonnée à l'origine est ⁻7.
- Elle est positive sur [⁻9, ⁻6] ∪ [8, 12] et négative sur [⁻6, 8].
- Elle est constante sur [⁻4, 2].

Fait divers

Inventé en 1933 par Ernst Ruska, le microscope électronique a permis des avancées fulgurantes dans le domaine médical. Il utilise un faisceau d'électrons, d'où le qualificatif électronique, pour créer des images magnifiées plusieurs centaines de milliers de fois.

11. Petits soldats

Les lymphocytes, qui constituent une catégorie de globules blancs, défendent notre système immunitaire. Afin de combattre une infection, ils produisent des milliers d'anticorps qui se déversent dans notre organisme. Le graphique ci-dessous présente l'évolution du nombre d'anticorps produits sur une période de 60 jours chez une personne atteinte deux fois de la même infection.

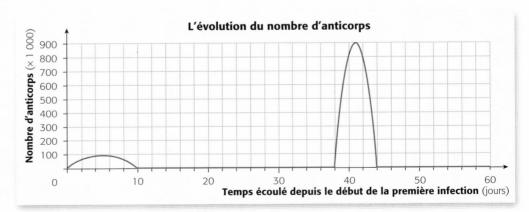

a) À quoi correspondent les intervalles sur lesquels cette fonction est constante?

b) Détermine le maximum de cette fonction. Dans ce contexte, à quoi correspond-il?

c) Décris, en mots, l'évolution du nombre d'anticorps au cours de chaque infection.

12. Besoin grandissant

Les États-Unis sont de grands consommateurs de pétrole. Bien qu'ils possèdent eux-mêmes d'importants gisements, le pétrole qu'ils consomment chaque année provient de plus en plus d'importations.

Le graphique ci-dessous représente l'évolution du pourcentage de pétrole consommé par les États-Unis qui provient d'importations entre 1950 et 2005.

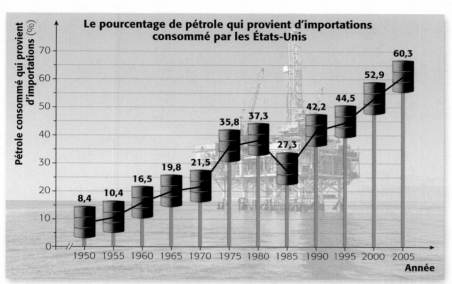

a) Quels sont les intervalles de croissance et de décroissance de cette fonction?

b) Quelle est l'image de cette fonction?

c) Estime quel sera le pourcentage du pétrole consommé aux États-Unis en 2020 qui proviendra d'importations. Soutiens ton estimation à l'aide d'arguments mathématiques.

13. À la poste

Le tableau ci-dessous présente le tarif exigé par Postes Canada pour l'expédition d'une lettre dont le format n'est pas standard.

Masse (g)	Tarif ($)
Jusqu'à 100	1,15
Plus de 100 jusqu'à 200	1,92
Plus de 200 jusqu'à 500	2,65

Source: Société canadienne des postes, 2008.

a) Quel type de fonction permet de modéliser cette situation?

b) Quels sont le domaine et l'image de cette fonction?

c) Représente graphiquement cette fonction.

14. Fonctions au sommet

Soit la famille de fonctions représentée graphiquement ci-contre. La courbe rouge est celle de *f*, la fonction de base.

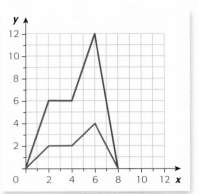

a) Quel type de changement d'échelle doit-on appliquer au graphique de la fonction de base pour obtenir la courbe bleue?

b) Parmi les règles suivantes, laquelle est associée à la courbe bleue?

① $g(x) = 3f(x)$ ② $h(x) = f(3x)$

15. L'effet Prandtl-Glauert

Lorsqu'un avion atteint la vitesse de 1 225 km/h, il franchit le mur du son et provoque un phénomène bien particulier, appelé « effet Prandtl-Glauert ». Voici un graphique représentant la différence entre la vitesse de l'avion et la vitesse du son pour une courte période d'observation avant et après ce phénomène.

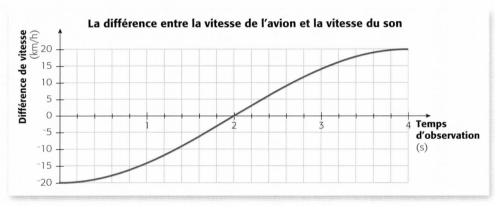

a) Dans ce contexte, que représente:

1) l'ordonnée à l'origine?   **2)** l'abscisse à l'origine?

b) Fais l'étude du signe de cette fonction et interprète ces intervalles dans le contexte.

16. Stationnement payant

Le coût pour garer sa voiture dans le stationnement d'un hôpital varie selon le temps et est déterminé à partir de la règle suivante, où t est le temps, en heures, et $c(t)$ est le coût, en dollars.

$$c(t) = \begin{cases} 2[4t] & \text{pour } t < 1{,}5 \\ 13 & \text{pour } t \geq 1{,}5 \end{cases}$$

a) Représente graphiquement cette fonction.

b) Quel est le coût d'une place de stationnement pour une durée :

    1) de 25 minutes?   **2)** de 53 minutes?   **3)** de 1 heure 40 minutes?

c) Sachant qu'Isabelle a payé 10 $, détermine combien de temps sa voiture peut avoir été garée dans le stationnement de l'hôpital.

d) Détermine la règle qui modélise $c(m)$, le coût, en dollars, en fonction de m, le temps, en minutes.

17. La loi de la jungle

Le tableau ci-contre présente les estimations mensuelles d'un zoologiste sur les populations de renards (prédateurs) et de lièvres (proies) d'une région.

a) Selon toi, est-il possible de modéliser l'évolution de chacune de ces populations à l'aide d'une fonction périodique? Justifie ta réponse en tenant compte du contexte.

b) Représente les données relatives aux populations de renards et de lièvres dans le même plan cartésien. Trace ensuite chaque courbe de la façon qui te semble la plus réaliste.

c) Décris la variation de la population de lièvres et la variation de la population de renards durant les quatre premiers mois de l'étude.

Date	Nombre de renards	Nombre de lièvres
1er janvier	50	130
1er février	70	100
1er mars	50	70
1er avril	30	100
1er mai	50	130
1er juin	70	100
1er juillet	50	70
1er août	30	100
1er septembre	50	130
1er octobre	70	100
1er novembre	50	70
1er décembre	30	100

Fait divers

Les chercheurs en écologie animale et en zoologie s'intéressent à l'évolution et à la dynamique des populations animales. Afin d'estimer, pour une région donnée, les populations de prédateurs et de proies, ils utilisent des méthodes telles que l'observation des empreintes, le décompte des nids ou des tanières, ou encore l'échantillonnage statistique. Les chercheurs se servent également du radiopistage pour étudier les déplacements des animaux. Les animaux étudiés sont d'abord capturés, puis on place sur eux un dispositif émetteur qui permet ensuite aux chercheurs de suivre leur trace en tout temps.

18. Fusion variable

On réchauffe quatre substances pures à l'état solide : de l'eau, de la glycérine, du mercure et du naphtalène.

L'expérience a pour but d'observer les changements de phase de chaque substance et de déterminer sa température de fusion, c'est-à-dire la température à laquelle la substance passe de l'état solide à l'état liquide et, si possible, la température d'ébullition.

Le diagramme ci-dessous représente, pour deux de ces substances, la température y de la substance, en degrés Celsius, en fonction du temps écoulé x depuis le début de l'expérience, en minutes.

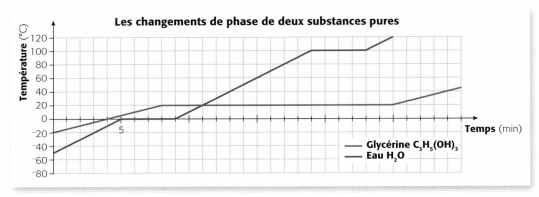

a) Reproduis ce diagramme et représentes-y le changement de phase du mercure et du naphtalène à partir des renseignements ci-dessous.

Mercure Hg
$y = \begin{cases} 10x - 70 & \text{pour } x \leq 3 \\ {}^-40 & \text{pour } 3 < x \leq 11 \\ 10x - 150 & \text{pour } x > 11 \end{cases}$

Naphtalène $C_{10}H_8$
Température initiale : ⁻40 °C
Température de fusion : 80 °C
Température constante sur l'intervalle [15, 30]

b) Écris la règle qui permet de déterminer la température de la glycérine en fonction du temps écoulé.

c) Pour quel intervalle de temps la température des quatre substances est-elle positive ?

Fait divers

Le mercure est le seul métal qui est à l'état liquide à température ambiante. En raison de cette propriété, on l'utilise, en petites quantités, dans les thermomètres. En effet, lorsqu'il est chauffé, le mercure se dilate et son volume augmente. Ainsi, la même quantité de mercure occupe plus d'espace et monte dans le cylindre. Il ne reste qu'à graduer adéquatement le cylindre pour pouvoir y lire la température, si celle-ci est supérieure à ⁻40 °C. Puisque le mercure représente un danger pour la santé humaine et pour l'environnement, le thermomètre numérique est maintenant plus largement répandu.

19. Protocole de Kyoto

En 1997, à Kyoto au Japon, a eu lieu l'ouverture des premières négociations pour ce qu'on appelle maintenant le «protocole de Kyoto». Ce protocole a été ratifié, c'est-à-dire officiellement approuvé, par 180 pays entre 1997 et 2009. Le Canada, qui a ratifié le protocole en 2002, s'est engagé à réduire de 6 % ses gaz à effet de serre (GES) sous le niveau de 1990, année où les émissions totales canadiennes de GES étaient estimées à environ 600 mégatonnes.

Le tableau ci-contre présente quelques données relatives aux émissions de GES au Canada.

En 2005, les émissions étaient supérieures de 33 % à l'objectif canadien du protocole de Kyoto. On suppose que cette situation peut être modélisée par une fonction définie par parties où chaque partie est un segment de droite.

À l'aide des données fournies, prédis à combien de mégatonnes s'élèveront les émissions canadiennes de GES en 2012. Évalue ensuite l'écart entre ta prédiction et l'objectif du protocole de Kyoto.

Année	Émissions de GES (mégatonnes)
1990	600
1996	682
2000	694
2005	33 % supérieures à l'objectif prévu

Une mégatonne équivaut à 1 000 000 de tonnes. Pour produire une tonne d'émissions de GES, il faut conduire une voiture sur l'autoroute pendant environ 50 heures.

20. Construire un escalier

La construction d'un escalier nécessite la taille d'une solive qui sert de repère pour fixer les marches et les contremarches. Afin de tailler la solive correctement, on peut placer l'escalier de 11 marches ci-contre dans un plan cartésien dont l'axe des abscisses correspond au plancher. Ainsi, les marches de l'escalier coïncident avec la représentation graphique de la fonction dont la règle est $f(x) = {}^-35\left[\frac{x}{30}\right]$.

Détermine la longueur de la solive dont on a eu besoin pour construire cet escalier.

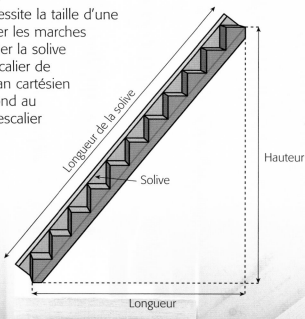

Longueur de la solive

Solive

Hauteur

Longueur

21. Épargne à la carte

Une institution financière a mis à l'essai un programme particulier de transfert automatisé : chaque fois que les clients effectuent un achat avec leur carte de débit, l'institution financière arrondit le montant de l'achat, si celui-ci n'est pas un multiple de 2 $, au multiple de 2 $ supérieur. Elle débite ensuite ce montant du compte et dépose l'excédent dans un compte d'épargne appartenant aux clients.

a) Donne deux exemples d'achats ainsi que les montants déposés dans le compte d'épargne à la suite de ces achats.

b) Trace un graphique illustrant le montant d'argent déposé dans le compte d'épargne selon le montant de l'achat.

22. Le compteur d'eau

Dans quelques villes et arrondissements du Québec, dont LaSalle, les citoyens paient une taxe d'eau en fonction de leur consommation. Ainsi, les logements sont munis d'un compteur d'eau. Voici une facture pour la taxe d'eau d'une famille laSalloise.

> Un mètre cube équivaut à 1 000 L.

Taxe d'eau	
Période du 1er juillet au 30 juin Consommation : 441 m³	
Tarif de base (consommation d'au plus 255 m³)	70,00 $
Excédent (plus de 255 m³ à au plus 425 m³ : 0,37 $ par m³) 170 m³ × 0,37 $	62,90 $
Excédent (plus de 425 m³ : 0,41 $ par m³) 16 m³ × 0,41 $	6,56 $
Total	139,46 $

Source : Ville de Montréal, 2008.

Quelle représentation graphique proposerais-tu à l'arrondissement de LaSalle pour illustrer, sur son site Internet, la relation entre la consommation d'eau annuelle d'un foyer, en litres, et le montant à payer pour la taxe d'eau ?

> ### Environnement et consommation
>
> Au Canada, les citoyens qui reçoivent une facture basée sur leur consommation utilisent en moyenne 269 L d'eau quotidiennement, alors que ceux qui ne paient pas pour ce service en utilisent environ 457 L, soit près de 70 % de plus ! Certaines villes québécoises, par exemple Mont-Saint-Hilaire et Varennes, imposent une taxe aux citoyens propriétaires d'une piscine parce que leur consommation d'eau est généralement plus élevée que la moyenne. Crois-tu que la quantité d'eau que consomme ta famille serait différente s'il fallait payer selon la consommation ? Si oui, de quelle façon ?

23. Punir la vitesse

Au Québec, des points d'inaptitude sont inscrits au dossier de la conductrice ou du conducteur qui enfreint le Code de la sécurité routière, notamment pour des excès de vitesse. Les titulaires de permis de conduire régulier ont une limite de 15 points d'inaptitude. Cette limite est de 4 pour une personne qui a un permis probatoire ou d'apprenti conducteur.

Le tableau ci-dessous présente le nombre de points d'inaptitude inscrits au dossier pour un excès de vitesse, selon le type de zone où l'infraction est commise.

Les infractions liées à la vitesse qui entraînent l'inscription de points d'inaptitude		Points d'inaptitude		
Excédent de vitesse		Zone de 60 km/h ou moins	Zone de plus de 60 km/h et d'au plus 90 km/h	Zone de 100 km/h
De 11 à 20 km/h		1	1	1
De 21 à 30 km/h		2	2	2
De 31 à 45 km/h	31 à 39 km/h	3	3	3
	40 à 45 km/h	6	3	3
De 46 à 60 km/h	46 à 49 km/h	10	5	5
	50 à 59 km/h	10	10	5
	60 km/h	10	10	10
De 61 à 80 km/h		14	14	14
De 81 à 100 km/h		18	18	18
De 101 à 120 km/h		24	24	24
121 km/h ou plus		30 ou plus	30 ou plus	30 ou plus
☐ Grand excès de vitesse				

Source : Société de l'assurance automobile du Québec (SAAQ), 2008.

Fait divers

Le radar est un appareil de détection permettant d'indiquer la position et la vitesse d'objets. Constitué d'un émetteur, d'une antenne, d'un récepteur et d'un écran, le radar émet des ondes électromagnétiques qui sont réfléchies par les objets et qui reviennent au radar à la manière d'un écho. En calculant l'intervalle de temps entre l'émission de l'onde et la réception de l'écho, le radar détermine la position et la vitesse d'objets. Les policiers utilisent le radar routier, un type de radar particulier, pour déterminer la vitesse des véhicules qu'ils ciblent.

Ta municipalité organise une campagne pour sensibiliser les jeunes conducteurs aux conséquences d'un excès de vitesse dans une zone scolaire, où la limite permise est de 30 km/h.

Une des stratégies adoptées est de présenter un graphique au titre accrocheur qui met en relation le nombre de points d'inaptitude à inscrire au dossier et l'excès de vitesse du véhicule. Construis ce graphique. Trouve ensuite une façon de représenter dans ce même graphique les grands excès de vitesse pour lesquels le permis de conduire régulier et le permis de conduire probatoire sont automatiquement révoqués.

24. Maurice

Maurice, un gardien de sécurité, travaille de nuit dans un immeuble à bureaux. Chaque nuit, en plus d'être au poste d'accueil à l'entrée de l'édifice, il effectue quatre rondes pour s'assurer que tout est dans l'ordre. Le graphique ci-contre représente la distance qui sépare Maurice du poste d'accueil en fonction du temps quand il effectue sa première ronde.

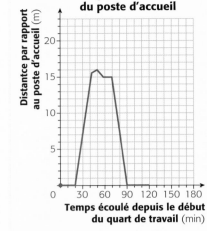

La distance qui sépare Maurice du poste d'accueil

Distance par rapport au poste d'accueil (m) / Temps écoulé depuis le début du quart de travail (min)

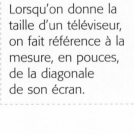

a) Reproduis et complète le graphique, sachant que la distance qui sépare Maurice du poste d'accueil peut être modélisée par une fonction périodique.

b) À quoi correspond la période de la fonction dans ce contexte?

Pendant la nuit, Maurice s'assoit au poste d'accueil et à un autre endroit dans l'immeuble.

c) À quelle distance du poste d'accueil cet autre endroit se trouve-t-il?

25. Affichage à cristaux liquides

Le tableau suivant présente les distances de visionnement recommandées selon la taille et le type de téléviseur.

Lorsqu'on donne la taille d'un téléviseur, on fait référence à la mesure, en pouces, de la diagonale de son écran.

Taille du téléviseur (arrondie au pouce près)	Distance recommandée (m)	
	Téléviseur à écran à cristaux liquides	Téléviseur à écran à tube cathodique
32 à 36	3,5	4,2
37 à 42	4,0	4,8
43 à 49	4,6	5,5
50 à 57	5,4	6,5
58 à 66	6,3	7,6

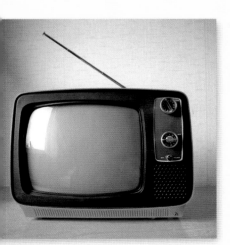

a) Représente, dans un même plan cartésien, la relation entre la taille du téléviseur et la distance de visionnement recommandée pour chacun de ces types de téléviseurs.

b) Fais une recommandation pour l'achat d'un téléviseur à une famille chez qui les dimensions de la salle familiale sont de 6 m sur 5 m.

26. Impôt par parties

Monsieur Gagnon vient de refuser une augmentation salariale qui ferait passer son salaire brut annuel au-delà de 75 000 $. Il affirme qu'en acceptant cette augmentation, il devra payer un plus grand pourcentage de son salaire en impôt, et que son salaire net sera donc inférieur à celui qu'il reçoit actuellement.

Voici la grille de calcul permettant de calculer l'impôt sur le revenu imposable.

> Dans ce contexte, le salaire net est le montant qu'il reste lorsqu'on soustrait l'impôt du revenu imposable (salaire brut).

401 GRILLE DE CALCUL – Impôt sur le revenu imposable

Si votre revenu imposable
- ne dépasse pas 37 500 $, reportez-le à la ligne 2 de la colonne **A**;
- dépasse 37 500 $, mais ne dépasse pas 75 000 $, reportez-le à la ligne 2 de la colonne **B**;
- dépasse 75 000 $, reportez-le à la ligne 2 de la colonne **C**.

		A		B		C	
Revenu imposable. Voyez les instructions ci-dessus.	2						
−	3	00 000	00	37 500	00	75 000	00
Montant de la ligne 2 moins celui de la ligne 3 =	4						
×	5	16 %		20 %		24 %	
Montant de la ligne 4 multiplié par le pourcentage de la ligne 5 =	6						
+	7	00 000	00	6 000	00	13 500	00
Additionnez les montants des lignes 6 et 7. **Impôt sur le revenu imposable** =	8						

Adapté de : Revenu Québec, 2009.

Utilise cette grille pour déterminer la règle de la fonction qui permet de calculer le salaire net en fonction du revenu imposable. Sers-toi de cette règle pour convaincre monsieur Gagnon qu'il est impossible qu'une augmentation du salaire brut se traduise par un salaire net inférieur.

27. Instruments complémentaires

Une commerçante a installé un détecteur de luminosité afin que les 10 000 ampoules de 0,1 watt qui éclairent son commerce au cours du mois de décembre s'allument au coucher du soleil.

Le graphique ci-contre présente la variation de la luminosité extérieure pendant deux journées consécutives, à partir de minuit, le 1er décembre.

Afin de diminuer sa consommation d'énergie, cette commerçante installe aussi une minuterie qui éteint les lumières à 1 h.

a) À combien estimes-tu le nombre d'heures d'utilisation d'électricité «économisées» par l'ajout de la minuterie pour le mois de décembre?

b) Représente graphiquement la puissance nécessaire, c'est-à-dire le nombre de watts, en fonction du temps, en heures, pour les deux premiers jours de décembre après l'ajout de la minuterie.

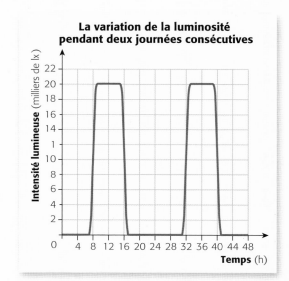

La variation de la luminosité pendant deux journées consécutives

> L'unité de mesure de la luminosité est le lux (lx).

28. Mesurer le vent

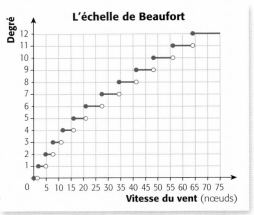

Au sol et en altitude, la vitesse du vent peut être mesurée à l'aide d'un anémomètre. En mer, il est possible d'évaluer la vitesse du vent, sans anémomètre, à l'aide de l'échelle de Beaufort. En observant les effets du vent sur la surface de la mer, on attribue un degré de l'échelle, de 0 à 12, qui correspond aussi à un intervalle de vitesse moyenne du vent, vitesse pouvant s'exprimer entre autres en kilomètres à l'heure ou en nœuds.

Le graphique ci-contre met en relation le degré de l'échelle de Beaufort et la vitesse du vent, en nœuds.

À partir du degré 7, les conditions météorologiques sont jugées dangereuses. Le degré 12 correspond à un ouragan. Des vents de 63 à 117 km/h correspondent à une tempête tropicale.

L'échelle de Beaufort

Dans une station d'observation météorologique située sur la côte, des météorologues surveillent une dépression qui pourrait se transformer en tempête dans les prochains jours. Vers 15 h, des marins signalent des vents de degré 5 en mer. La dépression se déplace vers la terre. À 23 h, les météorologues notent, à la station, que la vitesse des vents est de 75 km/h. Vers midi, le lendemain, les vents terrestres atteignent le degré 2 sur l'échelle de Beaufort.

En se basant sur les données qu'ils ont recueillies, les météorologues ont établi que la vitesse des vents accompagnant cette dépression, en fonction du temps, peut être modélisée par une fonction définie par parties où chaque partie est un segment de droite. Ils te mandatent afin de produire un rapport des conditions météorologiques des dernières heures.

Ton rapport, accompagné d'une représentation graphique, doit présenter l'évolution dans le temps de la vitesse des vents, en kilomètres par heure, à partir du moment où les marins ont signalé leurs observations à la station ainsi qu'une estimation du temps que la tempête tropicale a duré.

Environnement et consommation

Le réchauffement climatique, également appelé «réchauffement planétaire», est un phénomène d'augmentation de la température moyenne des océans et de l'atmosphère, à l'échelle mondiale, observé depuis les années 1980. Des experts du Groupe d'experts intergouvernemental sur l'évolution du climat ont confirmé en 2007 que la probabilité que le réchauffement climatique soit dû à l'activité humaine est supérieure à 90 %. Certains scientifiques estiment que le réchauffement planétaire pourrait jouer un rôle dans les phénomènes météorologiques extrêmes comme les ouragans puisque ces derniers se forment dans des eaux chaudes. D'autres scientifiques s'opposent à cette théorie.

Nomme un aspect de l'activité humaine qui contribue au réchauffement climatique. Nomme un autre phénomène naturel qui pourrait être lié au changement climatique.

Le monde du travail

La météorologie

La météorologie est une science qui s'intéresse aux phénomènes atmosphériques. Les météorologistes travaillent à l'aide d'instruments de mesure comme l'anémomètre et le pluviomètre. Ils se servent aussi de photographies transmises par satellites. Ils analysent et étudient les données qu'ils recueillent sur la température, la direction et la vitesse des vents, l'humidité de l'air, le volume des précipitations et la pression atmosphérique pour comprendre comment ces phénomènes évoluent et pour établir des prévisions.

L'expertise des météorologistes est sollicitée dans divers milieux. Ils peuvent notamment préparer des bulletins météorologiques pour des télédiffuseurs ou travailler dans des domaines spécialisés tels le transport, l'aviation ou l'agriculture. Les météorologistes peuvent également élaborer des modèles mathématiques pour le compte de laboratoires de recherche universitaires ou privés afin d'expliquer certains phénomènes. D'autres choisissent de pratiquer à titre de conseillers pour des entreprises dont les activités dépendent des conditions météorologiques.

Les météorologistes qui travaillent sur le terrain doivent avoir une bonne capacité d'adaptation, car les conditions et les horaires de travail sont parfois difficiles. L'esprit d'analyse et de synthèse, la méthode et la rigueur sont également des qualités qu'exige le métier de météorologiste. Pour devenir météorologiste, il faut compléter un baccalauréat en sciences de l'atmosphère et avoir beaucoup d'intérêt pour les sciences physiques et la mathématique.

Les manipulations algébriques

L'algèbre est un langage mathématique universel et un outil de modélisation très efficace. Ce langage permet de décrire des phénomènes, de généraliser des relations et de communiquer des idées de façon rigoureuse.

Dans ce chapitre, tu auras à manipuler des expressions algébriques. Les nouvelles connaissances que tu acquerras te permettront d'établir des liens entre l'algèbre et les images véhiculées par les médias. Comment crois-tu que ton cerveau réagit à tous les stimuli publicitaires qu'il reçoit au cours d'une journée? Selon toi, de quelle façon la mathématique te permet-elle d'exercer un jugement critique devant l'immense quantité d'information à interpréter?

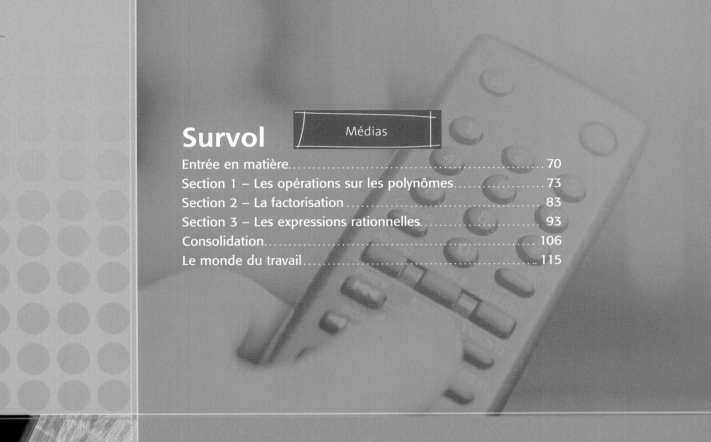

Survol

Médias

Contenu de formation

Manipulation d'expressions algébriques

• Multiplication d'un polynôme par un binôme

• Division de polynômes, avec ou sans reste

Développement et factorisation

• Factorisation de polynômes

• Identités algébriques remarquables du second degré

Entrée en matière

Les pages 70 à 72 font appel à tes connaissances en arithmétique et en algèbre.

En contexte

Les quatre membres du groupe musical Les Joyeux Lurons se réunissent pour enregistrer un premier album intitulé *Tourner en rond*. Ils financent eux-mêmes la production du disque. Chacun investit des fonds dans le projet.

La mise de fonds de chacun des quatre membres				
Membre	Guitariste	Batteur	Bassiste	Chanteuse
Mise de fonds ($)	4 500	1 500	3 000	7 500

Pour chaque exemplaire de l'album vendu, les quatre membres évaluent qu'ils auront 2,75 $ à se partager en redevances selon des pourcentages établis après s'être consultés.

Les redevances sur les ventes perçues par chacun des quatre membres				
Membre	Guitariste	Batteur	Bassiste	Chanteuse
Redevances (%)	28	5	12	55

1. En désignant par *n* le nombre d'exemplaires de l'album vendus, exprime algébriquement la différence entre le revenu net du membre dont les redevances sont les plus importantes et celui du membre dont les redevances sont les moins importantes.

Médias

La sortie d'albums enregistrés par des artistes connus est plus médiatisée que celle d'albums enregistrés par des artistes peu connus. Selon toi, quelles démarches doivent entreprendre des artistes peu connus pour faire parler de leurs œuvres?

2. À l'intérieur de la pochette de l'album, il y a un livret carré de 12 cm de côté qui contient les paroles des chansons. Centré sur la première page du livret se trouve le titre de l'album, écrit dans le carré blanc. Afin de fixer les dimensions du carré blanc, on a envisagé différents scénarios en faisant varier la largeur de la bande orange, désignée par *x*, qui encadre le carré blanc.

a) À l'aide d'un trinôme, exprime l'aire du carré où se trouve le titre de l'album.

On retrouve le carré blanc sur le disque compact. Une illustration du disque sera reproduite à l'échelle sur différents articles promotionnels. La mesure du diamètre du trou au centre du disque, notée *a*, est égale à la moitié de la mesure du côté du carré. La mesure du diamètre du disque est égale au triple de la mesure du côté du carré.

b) Quelle expression algébrique représente l'aire de la partie verte?

c) Exprime l'expression trouvée en **b** sous la forme d'un produit en effectuant une simple mise en évidence.

3. L'album des Joyeux Lurons connaissant un grand succès, le groupe amorce sa tournée de spectacles à la salle Laframboise. Au parterre, chacune des rangées contient le même nombre de sièges. Le parterre compte 10 rangées de plus que le nombre de sièges par rangée. Au balcon, chacune des rangées compte 8 sièges de plus qu'une rangée du parterre. Il y a au balcon la moitié du nombre de rangées du parterre. Si *s* désigne le nombre de sièges par rangée au parterre, quel polynôme représente le nombre de sièges au parterre et au balcon de la salle Laframboise?

> Un polynôme est une expression algébrique composée d'un monôme ou d'une somme de monômes.

En bref

1. Simplifie les expressions suivantes lorsque c'est possible.

a) $\dfrac{3^3 \cdot 3^4}{3^2}$

b) $(5^2)^3 \cdot \left(\left(\dfrac{1}{5}\right)^{-2}\right)^4$

c) $\dfrac{a^5 \cdot a^4}{a^2}$

2. Exprime l'aire des figures suivantes par un polynôme.

a)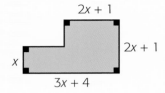

b)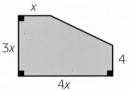

3. Soit $a = 2$, $b = 3$, $c = {}^-1$ et $d = {}^-2$. Calcule la valeur des expressions algébriques suivantes.

a) $ab - c$

b) $^-2a + cd$

c) $b^2 - 2c$

d) $c^2 - 3d^2$

4. Soit les cinq cartons suivants.

| 3 | x | 4 | y | z |

Utilise tous les cartons ci-dessus et, s'il y a lieu, les cartons $+$ et $-$ pour créer :

a) un monôme de degré 6 ;

b) un binôme de degré 2 ;

c) un trinôme de degré 4 ;

d) un polynôme de degré 1.

5. Effectue les opérations suivantes. Dans chaque cas, $x \neq 0$ et $y \neq 0$.

a) $3x^2 \cdot 5x \cdot 2y$

b) $(8x^2 + 5x - 6) - (2x^2 + 4)$

c) $(2x - 15)(3x - 4)$

d) $\dfrac{(x^2 + 4x) + (x^2 - 8x)}{4x}$

e) $\dfrac{(24x^2y^2 - 12xy)}{12xy} - (4xy + 1)$

f) $(x + 4)^2$

6. Exprime les polynômes suivants sous la forme d'un produit de deux facteurs.

a) $4x^2y^2 - 6xy^2z$

b) $15xy - 8xz + 14xyz$

c) $10x^3 + 25x^2 - 60xy$

d) $^-100x^4y - 75x^3y^2 - 150x^2y^3$

Les opérations sur les polynômes

L'image de Gamache et fille

Situation-**problème**

Eugénie est graphiste publicitaire. L'entreprise de pavage Gamache et fille lui a confié la tâche de concevoir son logo. Eugénie désire concevoir un logo qui évoque à la fois le nom de l'entreprise et sa spécialité, le pavage.

À l'aide d'un logiciel, Eugénie dessine un carré jaune. Elle ajoute ensuite une bande rouge d'un centimètre à deux des côtés du carré. En reportant successivement les mesures du carré initial et de la bande, elle poursuit sa construction régulière jusqu'à l'obtention d'un « G » rouge.

Voici comment progresse le travail d'Eugénie.

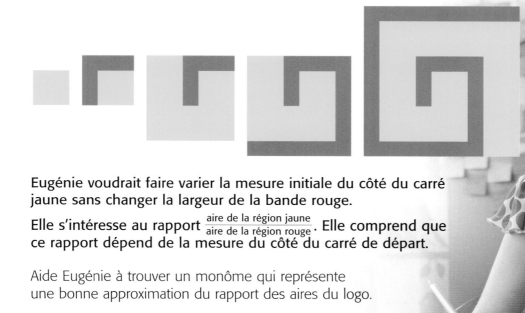

Eugénie voudrait faire varier la mesure initiale du côté du carré jaune sans changer la largeur de la bande rouge.

Elle s'intéresse au rapport $\frac{\text{aire de la région jaune}}{\text{aire de la région rouge}}$. Elle comprend que ce rapport dépend de la mesure du côté du carré de départ.

Aide Eugénie à trouver un monôme qui représente une bonne approximation du rapport des aires du logo.

Médias

Attirer l'attention du public est le principal défi des graphistes publicitaires. Selon certaines études, les deux couleurs qui attirent le plus systématiquement l'attention sont le rouge et le jaune. Tu remarqueras que dans les épiceries, le rouge et le jaune sur les étiquettes indiquent un rabais. Bien d'autres couleurs ont une signification particulière. Selon toi, qu'évoque un produit emballé de vert? de bleu? de blanc? Trouve des stratégies graphiques, autres que celles qui figurent dans les textes, ayant un effet sur la consommation.

Tomber dans le panneau

Identités algébriques remarquables du second degré

Les panneaux solaires photovoltaïques convertissent la lumière en électricité. La quantité d'énergie produite dépend notamment de l'étendue de la surface exposée au soleil.

Soit un panneau solaire carré de x cm de côté.

A Quelle est l'aire du panneau solaire?

B Représente, par un carré de binôme et sous une forme développée en trinôme, l'aire du panneau solaire carré dont la mesure de côté est:
1) augmentée de 1 cm;
3) diminuée de 4 cm;
2) augmentée de 7 cm;
4) diminuée de 10 cm.

C À partir des réponses trouvées en **B**, quelle régularité observes-tu si tu compares:
1) le premier terme du trinôme et le premier terme du binôme?
2) le dernier terme du trinôme et le dernier terme du binôme?
3) le deuxième terme du trinôme et les deux termes du binôme?

D Le carré d'un binôme s'exprime-t-il toujours par un trinôme? Justifie ta réponse.

Trinôme carré parfait

Trinôme du second degré qui correspond au développement d'un carré de binôme.

E Il manque un terme aux quatre **trinômes carrés parfaits** suivants. Détermine ce terme manquant à l'aide des régularités observées en **C**.
1) $x^2 + \blacksquare + 9$
2) $x^2 - \blacksquare + 625$
3) $x^2 + 3x + \blacksquare$
4) $9x^2 + 12x + \blacksquare$

F Décris le développement de $(a + b)^2$. Démontre algébriquement que ce développement est toujours vrai.

G Décris le développement de $(a - b)^2$. Démontre algébriquement que ce développement est toujours vrai.

Fait divers

En France, un ingénieur des matériaux, Stéphane Guillerez, a créé un capteur solaire sous forme de peinture. Cette peinture est appelée «encre solaire». Le plastique utilisé pour sa fabrication est beaucoup moins coûteux que le silicium nécessaire à la fabrication des panneaux solaires photovoltaïques. De plus, sa forme liquide facilite son installation. Les cellulaires, les MP3 et les GPS pourraient se recharger en permanence si seulement quelques centimètres carrés de leur boîtier étaient enduits de cette fameuse encre solaire.

Adapté de: *Science et vie*, nº 1080, septembre 2007, p. 82.

Voici un panneau solaire rectangulaire. Si on compare les dimensions de ce panneau et celles d'un carré dont la mesure du côté est x cm, on remarque que 1 cm a été ajouté à la longueur et que 1 cm a été retranché de la largeur.

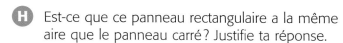

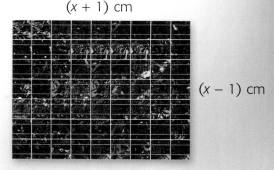

(x + 1) cm

(x − 1) cm

H Est-ce que ce panneau rectangulaire a la même aire que le panneau carré ? Justifie ta réponse.

I Quel polynôme représente l'aire du panneau rectangulaire obtenu à partir d'un carré de x cm de côté :

1) si on ajoute 3 cm à l'une des dimensions et qu'on retranche 3 cm de l'autre ?

2) si on ajoute 10 cm à l'une des dimensions et qu'on retranche 10 cm de l'autre ?

J Décris le développement de $(a + b)(a - b)$. Démontre algébriquement que ce développement est toujours vrai.

Les développements décrits en **F**, en **G** et en **J** sont des identités algébriques remarquables du second degré. Ces identités algébriques peuvent aussi être utilisées pour effectuer des calculs mentaux.

K Exprime chacun des carrés sous la forme d'un carré de la somme ou de la différence de deux nombres. Calcule ensuite mentalement leur valeur numérique.

1) 21^2 **2)** 42^2 **3)** 103^2 **4)** 98^2 **5)** 49^2

L Effectue mentalement les multiplications suivantes en utilisant l'identité algébrique remarquable développée en **J**.

1) $52 \cdot 48$ **2)** $101 \cdot 99$ **3)** $27 \cdot 33$

Ai-je bien compris ?

1. À l'aide des identités algébriques remarquables, développe les produits suivants.

a) $(x + 20)^2$ c) $(x - 4)^2$ e) $(x + 4)(x - 4)$

b) $(3x + 5)^2$ d) $(6x - 1)^2$ f) $(2x - 1)(2x + 1)$

2. Associe les expressions algébriques équivalentes lorsque c'est possible.

① $x^2 - 6x + 9$ ③ $x^2 - 6x - 9$ ⑤ $9x^2 + 1$ ⑦ $(x + 3)^2$ ⑨ $x^2 - 9$

② $(3x + 1)^2$ ④ $9x^2 + 6x + 1$ ⑥ $(x - 3)^2$ ⑧ $(x + 3)(x - 3)$ ⑩ $x^2 + 9$

ACTIVITÉ D'EXPLORATION ②

Multiplication de polynômes

Faire des choix efficaces

Pour calculer le volume d'un solide dont les dimensions sont représentées par des polynômes, on doit multiplier ces polynômes.

Soit le prisme droit à base rectangulaire ci-contre.

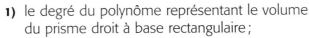

4x − 1

x + 4

2x + 2

Ⓐ Sans effectuer de calculs, détermine :
  1) le degré du polynôme représentant le volume du prisme droit à base rectangulaire ;
  2) si le polynôme représentant le volume du prisme droit à base rectangulaire a un terme constant.

Ⓑ Quel polynôme représente l'aire de l'une des bases de ce prisme droit à base rectangulaire ?

Ⓒ Utilise la formule $V_{prisme} = A_{base} \cdot h$ pour déterminer le polynôme qui représente le volume de ce prisme droit à base rectangulaire.

Ⓓ Si tu choisis pour base une autre face du prisme droit à base rectangulaire, est-ce que le polynôme représentant le volume du prisme est le même ? Justifie ta réponse.

Puisque la multiplication est commutative, il peut s'avérer avantageux d'observer attentivement les polynômes à multiplier avant de développer le produit.

Ⓔ Choisis les deux premiers binômes à multiplier l'un par l'autre. Développe ensuite les produits.
  1) $(2x − 5)(x + 5)(x − 5)$
  2) $\left(\dfrac{3x}{4} − \dfrac{1}{2}\right)(x − 7)(x + 2)$
  3) $(3x − 7)(x + 2)(3x − 7)$
  4) $(2x − 15)(y + 6)(3x + 4)$

Ⓕ Explique les choix stratégiques que tu as faits en **E** pour faciliter la multiplication de trois binômes.

Habitat 67, à Montréal.

Ai-je bien compris ?

1. Quel polynôme représente le volume de ces deux prismes droits à base rectangulaire ?

a)

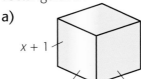
x + 1

b)

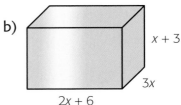
x + 3
3x
2x + 6

2. Effectue les multiplications suivantes.
  a) $(5x + 2)(2x − 1)(5x − 2)$
  b) $\left(\dfrac{x}{2} + \dfrac{1}{3}\right)(x + 2)(^-2x + 3)$

3. Sous quelle condition la forme développée d'un produit de polynômes a-t-elle un terme constant ?

Avec ou sans reste

Vider un bocal contenant 855 mL d'eau à l'aide d'un verre nécessite exactement 15 remplissages du verre.

Vider un bocal contenant 855 mL d'eau à l'aide d'un bol nécessite exactement 7 remplissages du bol.

Division d'un polynôme par un binôme

A Calcule la capacité du verre en effectuant à la main $855 \lfloor 15$.

B Calcule la capacité du bol en effectuant à la main $855 \lfloor 7$. Exprime ta réponse en notation décimale et en **nombre fractionnaire**.

C Explique les avantages de chacune des notations utilisées en **B**.

D Parmi les diviseurs 15 et 7, lequel est un facteur de 855 ? Explique ta réponse.

> **Nombre fractionnaire**
> Nombre rationnel écrit sous la forme d'un nombre entier et d'une fraction.

La maîtrise de l'algorithme de la division des nombres facilite la division de polynômes.

Vider un bocal contenant $(2x^2 + 7x + 5)$ mL d'eau nécessite exactement $(x + 1)$ remplissages d'un bol.

Le calcul de la capacité du bol est amorcé à l'aide de la division ci-contre.

$$\begin{array}{r} 2x^2 + 7x + 5 \,\lfloor\underline{x + 1} \\ \underline{2x^2 + 2x} \quad\;\; 2x \end{array}$$

E Termine cette division. Quel est le reste ?

F Est-ce que $x + 1$ est un facteur de $2x^2 + 7x + 5$? Justifie ta réponse.

G Trouve un autre facteur de $2x^2 + 7x + 5$.

Soit les divisions d'expressions algébriques suivantes. Dans chaque cas, le diviseur est non nul.

① $\dfrac{16x^2 + 8x + 4}{2x}$ ② $\dfrac{16x^2 - 4}{4x + 3}$ ③ $\dfrac{10x + 6}{5x + 3}$ ④ $\dfrac{4x^2 - 6x + 3}{2x - 4}$ ⑤ $\dfrac{x + 4}{x^2}$ ⑥ $\dfrac{6x^2 - 13x - 5}{2x - 5}$

H Effectue les divisions ci-dessus. Exprime les restes sous la forme de fractions.

I Dans quelle(s) division(s) le diviseur est-il un facteur du dividende ? Explique ta réponse.

> Par convention, le reste est toujours de degré inférieur au degré du diviseur.

Ai-je bien compris ?

1. Effectue les divisions suivantes. Dans chaque cas, le diviseur est non nul.

   a) $(12x^2 + 5x - 2) \div (4x - 1)$

   b) $\dfrac{2x^2 - 4x + 7}{2x + 5}$

   c) $(^-2x^3 + 3x^2 + 23x - 12) \div (^-2x + 1)$

   d) $\dfrac{y^3 - 24y - 5}{y - 5}$

2. Évelyne travaille dans une quincaillerie $(x + 5)$ heures par semaine. Son salaire brut hebdomadaire est de $(2x^2 + 8x - 10)$ \$. Quel polynôme représente son salaire horaire ?

Faire le point

Les identités algébriques remarquables du second degré

Les identités algébriques remarquables du second degré sont des égalités qui permettent de développer facilement certains produits de binômes. On les qualifie de remarquables, car elles permettent de prendre des raccourcis dans les calculs algébriques.

Les identités algébriques remarquables du second degré		
Algébriquement	**En mots**	*Exemple*
$(a + b)^2 = a^2 + 2ab + b^2$	Le carré d'une somme de deux quantités est égal à la somme des carrés des quantités à laquelle on additionne le double produit des quantités.	$(2x + 7)^2 = (2x)^2 + 2(2x)(7) + (7)^2$ $(2x + 7)^2 = 4x^2 + 28x + 49$
$(a - b)^2 = a^2 - 2ab + b^2$	Le carré d'une différence de deux quantités est égal à la somme des carrés des quantités de laquelle on soustrait le double produit des quantités.	$(2x - 7)^2 = (2x)^2 - 2(2x)(7) + (7)^2$ $(2x - 7)^2 = 4x^2 - 28x + 49$
$(a + b)(a - b) = a^2 - b^2$	Le produit de la somme de deux quantités et de leur différence est égal à la différence des carrés des quantités.	$(2x + 7)(2x - 7) = (2x)^2 - (7)^2$ $(2x + 7)(2x - 7) = 4x^2 - 49$

Les identités algébriques remarquables permettent de calculer mentalement le carré de certains nombres.

Exemple : $53^2 = (50 + 3)^2 = 50^2 + 3^2 + 2 \cdot 50 \cdot 3 = 2\ 500 + 9 + 300 = 2\ 809$

La multiplication de polynômes

Pour multiplier des polynômes, on utilise la propriété de la distributivité de la multiplication sur l'addition et la soustraction.

Exemple :

$$(3x - 2y)(4x^2y - xy^2 + 5) = 3x(4x^2y - xy^2 + 5) - 2y(4x^2y - xy^2 + 5)$$
$$= 12x^3y - 3x^2y^2 + 15x - 8x^2y^2 + 2xy^3 - 10y$$
$$= 12x^3y - 11x^2y^2 + 2xy^3 + 15x - 10y$$

La multiplication de trois polynômes

Pour multiplier trois polynômes, on multiplie d'abord deux d'entre eux.
On multiplie ensuite le produit ainsi obtenu par le troisième polynôme.

Les propriétés de commutativité et d'associativité de la multiplication permettent de faire des choix stratégiques, comme repérer les identités algébriques remarquables ou privilégier les binômes qui ont les mêmes variables et ceux qui ont des coefficients entiers.

Exemple :

$$
\begin{aligned}
(x + 6)(2x + 1)(x - 6) &= \underbrace{(x + 6)(x - 6)}(2x + 1) \\
&= (x^2 - 36)(2x + 1) \\
&= x^2(2x + 1) - 36(2x + 1) \\
&= 2x^3 + x^2 - 72x - 36
\end{aligned}
$$

Identité algébrique remarquable

La division d'un polynôme par un binôme

Pour diviser un polynôme par un binôme, on peut procéder de la même façon que pour diviser deux nombres. La division est possible seulement lorsque le diviseur est non nul.

Voici deux exemples de divisions de polynômes. Dans chaque cas, le diviseur est non nul.

1) $\dfrac{x^2 + 8x + 15}{x + 3}$

$$
\begin{array}{r|l}
\underline{x^2 + 8x + 15} & x + 3 \\
\ \ \underline{x^2 + 3x} & x + 5 \\
\quad\ 5x + 15 & \\
\ \ \underline{5x + 15} & \\
\qquad\quad 0 &
\end{array}
$$

$$\frac{x^2 + 8x + 15}{x + 3} = x + 5$$

2) $\dfrac{2x^3 + x^2 - 13x + 9}{2x - 1}$

$$
\begin{array}{r|l}
\underline{2x^3 + x^2 - 13x + 9} & 2x - 1 \\
\ \ \underline{2x^3 - x^2} & x^2 + x - 6 \\
\quad 2x^2 - 13x & \\
\ \ \underline{2x^2 - x} & \\
\qquad\quad {}^-12x + 9 & \\
\qquad\quad \underline{{}^-12x + 6} & \\
\qquad\qquad\quad 3 &
\end{array}
$$

$$\frac{2x^3 + x^2 - 13x + 9}{2x - 1} = x^2 + x - 6 + \frac{3}{2x - 1}$$

Remarques :

– D'une façon générale, le quotient s'exprime de la façon suivante.

Quotient

$$\underbrace{x^2 + x - 6}_{\text{Polynôme}} + \frac{3}{2x - 1}$$

⟵ Reste
⟵ Diviseur

– Lorsque le reste de la division est 0, le diviseur et le quotient sont des facteurs du polynôme. Par exemple, $x + 3$ et $x + 5$ sont des facteurs du polynôme $x^2 + 8x + 15$, tandis que $2x - 1$ n'est pas un facteur de $2x^3 + x^2 - 13x + 9$.

– Le reste est toujours de degré inférieur au degré du diviseur.

Mise en pratique

1. Développe les carrés de binômes suivants.

   a) $(2x + 3)^2$　　　**b)** $(7 - y)^2$　　　**c)** $(3x + 2y)^2$　　　**d)** $\left(\dfrac{x}{4} + 1\right)^2$

2. Développe les produits de binômes suivants.

   a) $(2x - 4)(2x + 4)$　　　　　　　**c)** $(5 - x)(5 + x)$

   b) $\left(y + \dfrac{1}{3}\right)\left(y - \dfrac{1}{3}\right)$　　　　　**d)** $(xy - 1)(xy + 1)$

3. Geneviève a recours aux identités algébriques remarquables pour calculer mentalement le carré de certains nombres. Voici les étapes de son calcul.

   $$97^2 = (100 - 3)^2 = 100^2 - 2 \cdot 100 \cdot 3 + 3^2 = 10\ 000 - 600 + 9 = 9\ 409$$

   Évalue mentalement les carrés suivants.

   a) 31^2　　　**b)** 52^2　　　**c)** 69^2　　　**d)** 205^2

4. Voici les cinq premières rangées du triangle de Pascal, tel que publié par Blaise Pascal dans un de ses premiers essais.

   ```
         1
        1 1
       1 2 1
      1 3 3 1
     1 4 6 4 1
   ```

   a) Développe et simplifie.

   　1) $(x + y)^2$　　　　　　　**2)** $(x + y)^3$

   b) Quel lien établis-tu entre les polynômes trouvés en **a** et le triangle de Pascal?

   c) Sers-toi du lien établi en **b** afin de développer :

   　1) $(x + y)^4$　　　**2)** $(m + n)^3$　　　**3)** $(x + 2)^4$

   d) Sans effectuer d'opérations, détermine le développement de $(a + b)^5$.

5. Développe et simplifie les produits de polynômes suivants.

   a) $(2x^2y - x^3y + 1)(4x + 5)$　　　　**d)** $(x + y)(x - y)(2x - 3y)$

   b) $(x + 4)(x - 3)(2x + 8)$　　　　　　**e)** $(6y - 1)(y - 2)^2$

   c) $\left(\dfrac{xy}{3} - 1\right)(x - 3y^2)(2xy + 3x)$　　　**f)** $\left(\dfrac{x}{4} + 5\right)(2x + 1)^2$

6. Effectue les multiplications suivantes.

   a)　$\begin{array}{r} x^2 + 4x - 3 \\ \cdot\ \underline{ x + 3} \end{array}$　　**b)**　$\begin{array}{r} xy^2 + 2y + 1 \\ \cdot\ \underline{5xy^2 + 4y - 10} \end{array}$　　**c)**　$\begin{array}{r} 6xyz^2 + 4y - 3z \\ \cdot\ \underline{ x + 3y - 5z} \end{array}$

7. La mesure du côté du carré ci-contre est $x + y + z$.

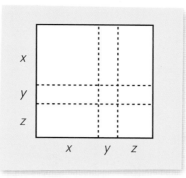

    a) À l'aide du schéma, développe $(x + y + z)^2$.

    b) De la même façon, développe $(2a + 3b + 1)^2$.

8. Quelle expression algébrique simplifiée représente l'aire de chaque figure?

    a)
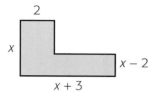

    b)
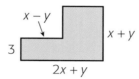

9. Soit les produits suivants.

    ① $(x + 2)(x - 4)(2x + 4)$

    ④ $(x + 3y)(2x - 4)$

    ② $12\left(x - \dfrac{1}{4}\right)(x + 100)$

    ⑤ $(x + 1)(y - 2)(z + 4)(w + 3)(v + 1)$

    ③ $(3xy + 5x)(4x^2y - 1)$

    ⑥ $(x^5 + 4)^2$

    Parmi les polynômes obtenus en développant ces produits, lesquels:

    a) ont un terme constant? **b)** sont du cinquième degré? **c)** sont des trinômes?

10. Quels polynômes représentent l'aire totale et le volume de chacun de ces prismes droits à base rectangulaire?

    a)
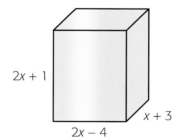

    b)
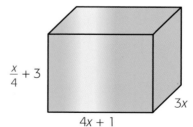

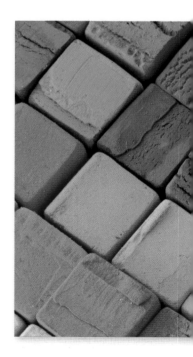

11. Effectue les divisions suivantes. Dans chaque cas, le diviseur est non nul.

    a) $(x^2 + 8x + 15) \div (x + 3)$

    f) $(y^3 - 4y^2 - 2y + 8) \div (y - 4)$

    b) $(y^2 - y - 12) \div (y - 4)$

    g) $(e^3 - e^2 - 4e + 4) \div (e^2 - 4)$

    c) $(t^2 - 4) \div (t + 2)$

    h) $(2x^2 + 11x + 15) \div (2x + 5)$

    d) $(e^3 - 3e^2 - e + 3) \div (e - 3)$

    i) $(8x^2 + 14x - 15) \div (4x - 3)$

    e) $(m^3 + 3m^2 - 4) \div (m + 2)$

    j) $(10d^3 + 15d^2 + 4d + 6) \div (5d^2 + 2)$

12. Effectue les neuf divisions suivantes. Dans chaque cas, le diviseur est non nul.

Dividende
$4x^2 + 11x + 6$
$8x^2 - 6x - 9$
$2x^2 - 11x - 6$

÷

Diviseur
$4x + 3$
$x + 2$
$2x + 1$

13. Parmi les trois trinômes dividendes de la question **12**, lequel a pour facteur $2x + 1$? Explique ta réponse.

14. Effectue les divisions suivantes. Dans chaque cas, le diviseur est non nul.

a) $(t^2 + 4t + 2) \div (t + 4)$

b) $(2w^2 + w - 3) \div (w + 2)$

c) $(6m^2 - 5m - 5) \div (3m - 4)$

d) $(8n^2 - 18n + 13) \div (2n - 3)$

e) $(4y^2 - 29) \div (2y - 5)$

f) $(9z^3 + 24z^2 - 12z - 10) \div (3z^2 - 4)$

15. Dans les polynômes suivants, détermine la valeur de k qui rend l'énoncé vrai.

a) $x^2 - x - k$ se divise sans reste par $x + 3$.

b) $2t - 1$ est un facteur de $6t^2 + t + k$.

c) Le reste est 3 lorsqu'on divise $4x^2 - 9x + k$ par $x + 1$.

d) Le reste est $^-5$ lorsqu'on divise $2x^3 + 7x^2 + 5x - k$ par $2x + 1$.

16. Détermine les mesures algébriques manquantes.

a) $A = (6x^2 - 5x - 4)$ cm^2

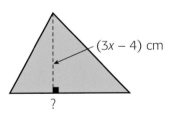
(3x − 4) cm
?

b) $A = (12x^2 - 11x + 2)$ cm^2

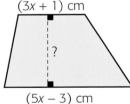
(3x + 1) cm
?
(5x − 3) cm

17. a) Effectue les divisions suivantes.

1) $\dfrac{x^3 - 1}{x - 1}$

2) $\dfrac{x^3 - 1000}{x - 10}$

3) $\dfrac{x^3 - 27}{x - 3}$

b) En te basant sur la régularité observée en **a**, détermine, sans effectuer de calculs, le résultat de $\dfrac{x^3 - 125}{x - 5}$.

18. Romane a fait une erreur en développant le carré d'un binôme.

$$(a + b)^2 = a^2 + b^2$$

Corrige l'erreur de Romane et fournis-lui une explication visuelle afin qu'elle ne commette plus cette erreur.

La factorisation

Section 2

De l'ordre sur l'affiche !

Situation d'application

Afin d'assurer une formation continue à ses membres, un ordre professionnel de pharmaciens organise chaque année un colloque. Lors de ce colloque, des conférenciers présentent, entre autres, les nouveaux services offerts aux membres, les résultats des plus récentes recherches en pharmacologie et les nouvelles tendances dans le domaine. Pour annoncer l'horaire des conférences, l'ordre a fait produire une affiche.

Cette affiche comprend aussi des espaces publicitaires réservés aux annonceurs qui voudraient faire connaître un produit ou un service.

Un institut de recherche pharmaceutique a acheté un espace publicitaire carré sur l'affiche. Le prix de cet espace est 450 $. Puisque le format de l'affiche reste à déterminer, l'aire de cet espace, en centimètres carrés, est représentée algébriquement par le polynôme $4x^2 + 12x + 9$.

Une fabricante d'équipement spécialisé en pharmacie et biotechnologie veut elle aussi acheter un espace publicitaire sur l'affiche. Le seul espace publicitaire encore disponible est situé sous l'espace publicitaire de l'institut de recherche pharmaceutique et a la même largeur que celui-ci. La hauteur de cet espace publicitaire est de $(8x + 12)$ cm.

Suggère un prix pour cet espace publicitaire. Accompagne-le d'une démarche algébrique.

COLLOQUE

HORAIRE
LUNDI : 9 H À 16 H
MARDI : 9 H À 16 H
MERCREDI : 10 H À 15 H

Espaces publicitaires

Espaces publicitaires

Médias

Un ordre professionnel a pour mandat l'affiliation de professionnels et la protection du public. La plupart des ordres mettent à la disposition de leurs membres et du public un site Internet qui permet la diffusion de l'information. Une partie de cette information est réservée aux membres qui peuvent y accéder à l'aide d'un code d'accès. Une autre partie de l'information est accessible au grand public.

Selon toi, quel type d'information est réservé uniquement aux membres d'un ordre professionnel ?

ACTIVITÉ

D'EXPLORATION ①

- **Double mise en évidence**
- **Factorisation de trinômes**

De trois à quatre

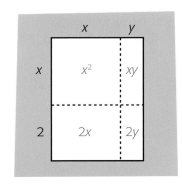

L'aire du rectangle ci-contre peut être représentée par la somme des produits indiqués en rouge.

A Quel polynôme représente l'aire de ce rectangle?

Observe le schéma ci-dessous.

Développer →

$$(x + 2)(x + y) = x^2 + xy + 2x + 2y$$

← **Factoriser**

B Selon toi, que signifient les verbes *développer* et *factoriser*?

On s'intéresse au procédé de factorisation. On veut exprimer le polynôme sous la forme d'un produit de facteurs.

Florence a factorisé correctement le polynôme en effectuant une **double mise en évidence**.

$$x^2 + xy + 2x + 2y$$
$$x(x + y) + 2(x + y)$$
$$(x + y)(x + 2)$$

Double mise en évidence

Procédé qui permet de factoriser un polynôme en effectuant, d'abord, une simple mise en évidence sur des groupes de termes du polynôme, puis une autre simple mise en évidence du binôme ou du polynôme commun.

C Procède comme Florence pour factoriser $x^2 + 2x + xy + 2y$. Que remarques-tu?

D Effectue la double mise en évidence des polynômes suivants.

1) $14xy + 7x + 6y + 3$

2) $x^2 + 6x + 3x + 18$

3) $x^2 - 12y + 6xy - 2x$

4) $x^2 + 9x + 18$

Observe les produits illustrés ci-dessous.

$(x + 1)(x + 2) = x^2 + 3x + 2$ 　　$(2x + 1)(3x + 2) = 6x^2 + 7x + 2$ 　　$(x + 5)(5x + 3) = 5x^2 + 28x + 15$

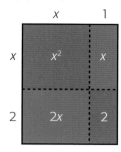
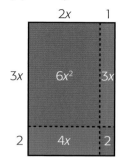
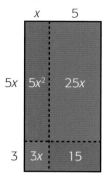

Si un trinôme de la forme $ax^2 + bx + c$ représente l'aire d'un rectangle, alors ses facteurs représentent la longueur et la largeur de ce rectangle.

E Réécris les trinômes représentant l'aire des trois rectangles ci-dessus sous la forme d'une somme de quatre termes.

F Factorise par une double mise en évidence les polynômes trouvés en **E**.

G Quelle régularité observes-tu entre le deuxième terme du trinôme et les aires des rectangles verts ?

H Multiplie les aires des rectangles verts et les aires des rectangles bleus. Que remarques-tu ?

I À la suite des observations faites en **G** et **H**, peux-tu affirmer que le trinôme $2x^2 + 11x + 5$ se décompose en un produit de deux binômes ? Explique ta réponse.

J Explique comment procéder pour effectuer une double mise en évidence d'un trinôme de la forme $ax^2 + bx + c$, où a, b et c sont des nombres entiers.

Ai-je bien compris ?

1. Factorise les polynômes suivants.
   a) $ef + 2f + 3e + 6$
   b) $2xy + 6x + y + 3$
   c) $4x^2 + 12xy - x - 3y$
   d) $m^2 + 12n + 4m + 3mn$

2. Factorise les trinômes suivants.
   a) $x^2 - 22x + 40$
   b) $x^2 - 17x - 18$
   c) $3x^2 + 14x + 15$
   d) $4x^2 + 10x + 6$

Des produits remarquables

- **Factorisation d'un trinôme carré parfait**
- **Factorisation d'une différence de carrés**

Une entreprise de pavage doit créer des motifs carrés à partir de chacun des deux ensembles de dalles présentés ci-dessous. Les motifs seront ensuite reproduits sur la surface à couvrir. Comme l'entreprise fabrique elle-même ses dalles, la taille des grandes et des moyennes dalles peut varier selon les exigences de la clientèle, mais les petites dalles carrées ont toujours une aire de 1 dm².

Ensemble 1 **Ensemble 2**

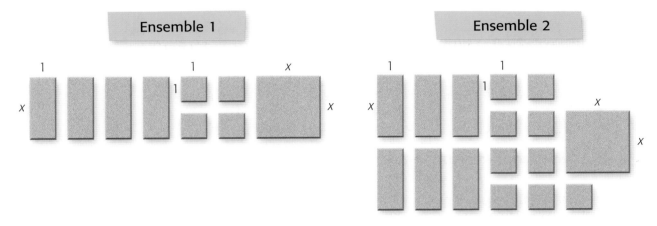

A Quel trinôme représente l'aire couverte par les dalles :

1) de l'**ensemble 1** ?   2) de l'**ensemble 2** ?

B Trace un motif carré formé de toutes les dalles :

1) de l'**ensemble 1** ;   2) de l'**ensemble 2**.

C Représente l'aire de chacun des motifs tracés en **B** sous la forme d'un carré de binôme.

D Établis des liens entre les termes du trinôme exprimé en **A** et les carrés de binômes trouvés en **C**.

E Est-il possible de créer un motif carré avec une grande, six moyennes et cinq petites dalles sans les couper ? Explique ta réponse.

Voici deux identités algébriques remarquables du second degré :

$$(a + b)^2 = a^2 + 2ab + b^2$$
$$(a - b)^2 = a^2 - 2ab + b^2$$

On les qualifie de remarquables, car elles permettent, si on les reconnaît, de factoriser les polynômes qui leur sont associés.

Les trinômes carrés parfaits peuvent s'exprimer sous la forme d'un carré de binôme.

F Soit les polynômes suivants.

1) $x^2 + 20x + 100$ 3) $x^2 + 16x - 64$ 5) $16x^2 + 8x + 1$

2) $x^2 - 24x + 144$ 4) $x^2 - \dfrac{3x}{2} + \dfrac{9}{16}$ 6) $25x^2 - 110x + 121$

Exprime chacun de ces polynômes sous la forme d'un carré de binôme, s'il s'agit d'un trinôme carré parfait. Sinon, explique pourquoi il ne s'agit pas d'un trinôme carré parfait.

G Ajoute un terme à chacun des polynômes suivants pour qu'il devienne un carré de binôme.

1) $x^2 + 6x$ 2) $x^2 + 7x$ 3) $x^2 - 32x$ 4) $x^2 - 9x$

Qu'ont en commun les termes ajoutés?

Voici une troisième identité algébrique remarquable : $(a + b)(a - b) = a^2 - b^2$. Elle porte le nom de différence de carrés.

H Explique à quoi correspondent les deux termes dans une différence de carrés.

I Soit les polynômes suivants.

1) $y^2 - 81$ 3) $y^2 + 25$ 5) $y^4 - 25$

2) $16 - y^2$ 4) $y^2 - 1$ 6) $\dfrac{y^2}{4} - \dfrac{1}{9}$

Exprime chacun des polynômes sous la forme d'un produit de **binômes conjugués**, s'il s'agit d'une différence de carrés. Sinon, explique pourquoi il ne s'agit pas d'une différence de carrés.

> **Binômes conjugués**
>
> Deux expressions algébriques dont l'une est la somme et l'autre est la différence de deux mêmes termes.

Ai-je bien compris?

1. Factorise les trinômes carrés parfaits suivants.
   a) $x^2 - 16x + 64$ c) $9t^2 - 6t + 1$
   b) $y^2 + 26y + 169$ d) $4m^2 + 28mn + 49n^2$

2. Factorise les polynômes suivants.
   a) $x^2y^2 - 4$ c) $81 - b^2$
   b) $y^2 - \dfrac{1}{5^2}$ d) $\dfrac{100}{9} - x^2$

3. L'aire d'un rectangle est représentée par le polynôme $4a^2 - 25b^2$. Les deux dimensions du rectangle sont représentées par des binômes. Quelle expression algébrique représente son périmètre?

Faire le  point

La factorisation

Factoriser un polynôme consiste à l'exprimer sous la forme d'un produit de facteurs. Par convention, les facteurs sont des polynômes de degré inférieur au polynôme de départ.

Factoriser →

$$x^2 + xy + 2x + 2y = (x + 2)(x + y)$$

← Développer

Un polynôme du second degré est dit irréductible s'il ne peut s'écrire sous la forme du produit de deux polynômes du premier degré. Par exemple, $x^2 + 4$ est irréductible.

La factorisation par mise en évidence

La **simple mise en évidence** est un procédé qui permet de factoriser un polynôme en mettant en évidence un facteur commun à tous les termes.

Exemple :
$$2x^3 + 6x^2 - 10x = 2x(x^2 + 3x - 5)$$

La **double mise en évidence** est un procédé qui permet de factoriser un polynôme en deux étapes. La première étape consiste à effectuer une simple mise en évidence sur des groupes de termes du polynôme de façon à faire ressortir un binôme commun à tous les termes. La deuxième étape consiste à mettre en évidence le binôme commun afin d'obtenir un produit de facteurs.

Exemple :

Étape	Démarche algébrique
1. Ordonner les termes du polynôme de manière à regrouper les termes qui ont un facteur commun.	$x^2 - 12y - 3x + 4xy$ $x^2 - 3x + 4xy - 12y$
Effectuer ensuite une simple mise en évidence sur chacune des parties du polynôme afin de faire ressortir le binôme commun.	$x(x - 3) + 4y(x - 3)$
2. Effectuer une simple mise en évidence du binôme commun.	$(x - 3)(x + 4y)$

Remarque : On dit de cette mise en évidence qu'elle est double, car elle comprend une simple mise en évidence à deux niveaux.

La factorisation d'un trinôme carré parfait et d'une différence de carrés

Les identités algébriques remarquables permettent, lorsqu'on les reconnaît, de factoriser les polynômes qui leur sont associés.

Les identités algébriques remarquables		
Trinôme carré parfait		**Différence de carrés**
Le seul facteur d'un trinôme carré parfait est un binôme.		Les facteurs d'une différence de carrés sont deux binômes conjugués.
$a^2 + 2ab + b^2 = (a + b)^2$	$a^2 - 2ab + b^2 = (a - b)^2$	$a^2 - b^2 = (a + b)(a - b)$
Exemple : $y^2 + 6y + 9 = (y + 3)^2$, car y^2 et 9 sont les carrés de y et de 3 **et** $6y$ est le double du produit de y et de 3.	*Exemple :* $4y^2 - 4y + 1 = (2y - 1)^2$, car $4y^2$ et 1 sont les carrés de $2y$ et de $^-1$ **et** ^-4y est le double du produit de $2y$ et de $^-1$.	*Exemple :* $4x^2 - 25 = (2x + 5)(2x - 5)$, car $4x^2$ est le carré de $2x$ **et** 25 est le carré de 5.

La factorisation d'un trinôme de la forme $ax^2 + bx + c$

On peut factoriser un trinôme de la forme $ax^2 + bx + c$ par la recherche de la somme et du produit. Ce procédé consiste à exprimer un trinôme sous la forme d'un polynôme à quatre termes afin d'effectuer une double mise en évidence.

Exemple :

Factoriser $2x^2 + x - 15$.

Étape	Démarche algébrique
1. Chercher deux nombres dont la somme est égale à b et dont le produit est égal à ac.	$a = 2$, $b = 1$ et $c = ^-15$ Somme : 1 et Produit : $2(^-15) = ^-30$ Ces nombres sont 6 et $^-5$.
2. Remplacer le second terme du trinôme par deux termes, dont les coefficients sont les nombres trouvés à l'étape **1**, afin d'obtenir quatre termes.	$2x^2 + x - 15 = 2x^2 + 6x - 5x - 15$
3. Effectuer une double mise en évidence.	$2x(x + 3) - 5(x + 3)$ $(x + 3)(2x - 5)$

Mise en pratique

1. Factorise les polynômes suivants.

a) $ef + 2f + 3e + 6$

b) $xy - 5y + 7x - 35$

c) $15e^2f - 6f - 35e^2 + 14$

d) $xy + 4y - x - 4$

e) $6xy + 3y - 8x - 4$

f) $2x^2 + 6y + 4x + 3xy$

g) $3x^2 + 6y^2 - 9x - 2xy^2$

h) $xy + 12 + 4x + 3y$

i) $x^2 - 4n + 4x - xn$

j) $5m^2t - 10m^2 + t^2 - 2t$

2. Décompose les polynômes suivants en facteurs.

a) $m^2 + m - 12$

b) $r^2 - 17r + 42$

c) $x^2 - 6x - 16$

d) $y^2 - 2y - 3$

e) $n^2 + 7n - 44$

f) $w^2 + 12w + 20$

3. Décompose les polynômes suivants en facteurs.

a) $2x^2 - x - 6$

b) $3x^2 + x - 4$

c) $9x^2 - 16x - 4$

d) $4t^2 + 8t + 3$

e) $8y^2 - 22y + 12$

f) $6r^2 + 15r + 9$

g) $10x^2 - 17x + 3$

h) $2y^2 + 11y + 15$

i) $6x^2 + 5x - 4$

j) $12y^2 - 11y + 2$

4. Décompose les polynômes à deux variables suivants en facteurs.

a) $6m^2 + mn - 2n^2$

b) $10x^2 - 3xy - y^2$

c) $6c^2 + 13cd + 2d^2$

d) $6x^2 - 9xy + 3y^2$

e) $4y^2 + 4xy - 8x^2$

f) $3x^2 + 7xy + 2y^2$

5. Un billet de banque a une aire de $(10x^2 + 9x - 40)$ mm².

a) Factorise le trinôme $10x^2 + 9x - 40$ pour trouver des expressions algébriques qui représentent les dimensions du billet.

b) Si x vaut 32, quelles sont les dimensions du billet, en millimètres?

Fait divers

En 1935, la Banque du Canada lançait sa première série de billets. Celle-ci a été imprimée sur du papier composé de 75 % de fibres de lin et de 25 % de fibres de coton. Depuis 1983, les billets de banque sont imprimés sur du papier composé de 100 % de fibres de coton. La durée de vie d'un billet de 20 $ canadien est de deux à quatre ans alors que celle d'un billet de 100 $ est de sept à neuf ans. Les billets de 20 $ s'usent plus rapidement que ceux de 100 $ parce qu'ils sont manipulés plus souvent.

Adapté de : Banque du Canada, 2008.

La Banque du Canada, à Ottawa.

6. Énumère toutes les valeurs entières de k pour lesquelles $3x^2 + kx + 3$ se décompose en facteurs.

7. Trouve trois valeurs de k pour lesquelles les trinômes suivants se décomposent en deux binômes.

a) $2x^2 + 3x + k$ **b)** $3x^2 - 8x + k$

8. Factorise les binômes suivants.

a) $y^2 - 16$ **e)** $2x^2 - 32$ **i)** $100p^2 - 121q^2$

b) $25e^2 - 36$ **f)** $3x^3 - 48x$ **j)** $225f^2 - e^2$

c) $1 - 64t^2$ **g)** $25x^2 - 64y^2$ **k)** $49x^2 - 121y^2$

d) $16^2 - 81y^2$ **h)** $4t^2 - 9s^2$ **l)** $80x^3 - 45f^2x$

9. Associe les expressions algébriques équivalentes.

a) $(x + 2)^2 - 9$ ① $(5x^2 + 9)(5x^2 - 9)$ ④ $(x + 5)(x - 1)$

b) $\frac{x^2}{4} - \frac{1}{9}$

c) $25x^4 - 81$ ② $\left(\frac{x}{3} - 1\right)\left(\frac{x}{3} + 1\right)$ ⑤ $\left(\frac{x}{2} + \frac{1}{3}\right)\left(\frac{x}{2} - \frac{1}{3}\right)$

d) $\frac{x^2}{9} - 1$ ③ $\left(\frac{11}{2} - 2x\right)\left(\frac{11}{2} + 2x\right)$

e) $\frac{121}{4} - 4x^2$

10. Trouve la valeur des expressions suivantes en factorisant la différence de carrés.

a) $53^2 - 47^2$ **b)** $45^2 - 35^2$ **c)** $820^2 - 180^2$

11. Le cube ci-contre est formé de 27 petits cubes isométriques. L'aire totale du grand cube est représentée par le polynôme $54x^2 + 432x + 864$.

a) Quel binôme représente l'arête du grand cube?

b) Quel polynôme représente l'aire totale d'un petit cube?

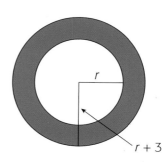

12. Le schéma ci-contre montre deux cercles concentriques dont les rayons sont r et $r + 3$.

a) Quelle expression algébrique simplifiée représente l'aire de la zone bleue?

b) Si r égale 5 cm, calcule l'aire de la zone bleue, au dixième de centimètre carré près.

13. Chacun des trinômes suivants représente l'aire d'une photo. Parmi ces photos, lesquelles sont carrées?

a) $25x^2 + 25x + 4$

c) $4x^2 - 20x + 16$

b) $4x^2 + 24x + 36$

d) $9x^2 + 12x + 4$

14. Détermine, sous la forme d'une expression algébrique, le périmètre des photos représentées à la question **13**.

15. Le volume d'une boîte de savon à lessive est représenté par le polynôme $x^3 + 5x^2 - 16x - 80$ et sa hauteur est représentée par $x + 4$. Quels binômes représentent les dimensions de la base de cette boîte?

$x + 4$

16. L'aire d'un losange est représentée par le polynôme $\frac{4x^2 + 25x + 25}{2}$.

Quels binômes représentent la mesure de chacune des diagonales de ce losange?

17. L'aire d'un cercle est représentée par le polynôme $4\pi x^2 + 4\pi x + \pi$. Quel binôme représente la circonférence de ce cercle?

18. Le volume d'une pyramide à base carrée est représenté par le polynôme $x^3 + 6x^2 + 9x$. Détermine, en fonction de x, les dimensions possibles de la pyramide.

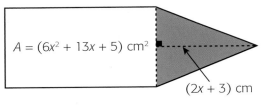

$A = (6x^2 + 13x + 5)$ cm²

$(2x + 3)$ cm

19. La figure ci-contre est composée d'un rectangle et d'un triangle isocèle dont la hauteur est de $(2x + 3)$ cm. Sachant que l'aire du rectangle est de $(6x^2 + 13x + 5)$ cm² et que sa base est plus grande que sa hauteur, détermine l'expression algébrique qui représente l'aire du triangle bleu.

20. Joëlle a commis une erreur en factorisant le polynôme suivant.

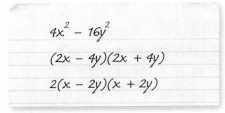

$4x^2 - 16y^2$

$(2x - 4y)(2x + 4y)$

$2(x - 2y)(x + 2y)$

Explique son erreur et corrige-la.

21. Le fabricant de piscines L'eau-delà propose deux formats de piscines rectangulaires. L'aire de la piscine A est représentée par le polynôme $x^2 + 10x + 24$, et celle de la piscine B, par le polynôme $x^2 + 9x + 18$.

a) Trouve le binôme représentant la longueur du côté qui est identique pour les deux piscines.

b) Trouve les binômes représentant la longueur des côtés différents.

c) Quelle piscine entrerait dans un espace rectangulaire d'une aire de $x^2 + 10x + 21$? Explique ta réponse.

Les expressions rationnelles

Les deux côtés de la médaille

Situation d'application

Une cinéaste réalise un film documentaire sur la population de tortues molles à épines au Québec. Soucieuse de dresser un portrait juste de la situation, elle interroge Marie Brunelle, présidente de l'Observatoire des espèces menacées, et Mark Cowan, professeur en sciences environnementales. Ces deux experts lui font part du modèle servant à établir leurs prévisions quant à la population de tortues molles à épines au Québec dans 10 ans, en fonction de x, la population actuelle.

LES PRÉVISIONS DE MARIE BRUNELLE
La situation est grave. Notre modèle prévoit que cette espèce de tortue, présente uniquement dans la baie Missisquoi, verra sa population diminuer considérablement. Dans 10 ans, la population de tortues molles à épines s'exprimera ainsi :

$$\frac{7x - 21}{4x^2 - 36} \div \frac{5}{x^2 + 3x}$$

Les prévisions de Mark Cowan
À l'aide des différents modèles mis au point par les départements de sciences environnementales en Amérique du Nord, nous prévoyons que, dans 10 ans, la population de tortues molles à épines s'exprimera ainsi :

$$\frac{x + 5}{3(x + 2)} - \frac{1}{x + 2} + \frac{3x + 2}{12}$$

La cinéaste veut inclure dans le titre de son film le pourcentage de la population de tortues molles à épines qui disparaîtra d'ici 10 ans au Québec. Détermine ce pourcentage à l'aide des prévisions des deux experts.

Médias

Un documentaire est la représentation cinématographique d'une situation ou d'un phénomène qui veut refléter le plus fidèlement possible la réalité. Réaliser un documentaire est une façon de traiter en profondeur un sujet qui ne bénéficie généralement pas d'une importante tribune médiatique. Selon toi, pourquoi est-il important d'être bien informé ou informée ? Est-ce que l'information diffusée par les médias est suffisante pour se faire une idée juste d'une situation ou d'un phénomène ? Que recommanderais-tu à une personne qui veut être bien informée et avoir accès à plus d'un point de vue ?

Simplification d'expressions rationnelles

Démarche rationnelle

Jacinthe et Admir ont calculé le rapport des volumes des deux prismes à base rectangulaire semblables ci-dessous.

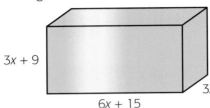

$3x + 9$

$6x + 15$

$3x$

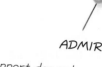

$x + 3$

$2x + 5$

x

Voici leur démarche.

JACINTHE

Rapport de similitude :

$k = \dfrac{3x}{x} = 3$

Rapport des volumes :
$k^3 = 3^3$
$k^3 = 27$

Le rapport des volumes des prismes est 27.

ADMIR

Rapport des volumes :

$k^3 = \dfrac{\text{Volume du grand prisme}}{\text{Volume du petit prisme}}$

$k^3 = \dfrac{3x(6x + 15)(3x + 9)}{x(2x + 5)(x + 3)}$

Le rapport des volumes des prismes est $\dfrac{3x(6x + 15)(3x + 9)}{x(2x + 5)(x + 3)}$.

Ⓐ Calcule la valeur du rapport des volumes d'Admir si :

1) $x = 1$ **2)** $x = 2$ **3)** $x = 3$

Ⓑ Démontre que les deux démarches mènent à des rapports de volumes équivalents.

Ⓒ Selon le contexte, quelles sont les valeurs possibles de la variable x ?

Soit les polynômes $x^2 + 4x + 3$ et $x^2 + 3x$.

Dans le menu «Fonction» d'une calculatrice à affichage graphique, ces deux polynômes sont associés aux fonctions Y_1 et Y_2. Une table de valeurs est affichée pour les deux fonctions.

Menu «Fonction»   Menu «Table de valeurs»

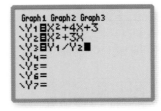

D Quelle est l'**expression rationnelle** associée à Y_3 ?

E Pour les valeurs de x données dans la table de valeurs, calcule les valeurs associées à la fonction Y_3.

F Quelles sont les **restrictions** qui s'appliquent à la variable dans l'expression rationnelle associée à Y_3 ?

G Prouve qu'il y a seulement deux valeurs de x pour lesquelles l'expression rationnelle associée à Y_3 n'est pas définie.

H Exprime Y_3 sous la forme d'une expression rationnelle irréductible.

I À quelle condition l'expression rationnelle irréductible exprimée en **H** est-elle équivalente à Y_3 ?

J Ordonne chronologiquement les trois étapes de la simplification d'une expression rationnelle.

> **Poser les restrictions,** c'est-à-dire trouver les valeurs des variables pour lesquelles le dénominateur est égal à 0.

> **Factoriser** le numérateur et le dénominateur.

> **Simplifier** les facteurs communs au numérateur et au dénominateur.

K Soit l'expression rationnelle $\frac{Y_2}{Y_1}$. Exprime ce rapport algébriquement sous sa forme simplifiée en posant les restrictions qui s'appliquent à x.

L Le rapport des volumes calculé par Admir est une expression rationnelle. Quelles restrictions s'appliqueraient à x si cette expression rationnelle n'était pas en contexte ?

> **Expression rationnelle**
>
> Expression algébrique s'exprimant sous la forme d'un rapport de polynômes.

> **Restrictions**
>
> Valeurs que ne peut pas prendre la variable. Dans une expression rationnelle, les restrictions sont les valeurs qui annulent le dénominateur.

Ai-je bien compris ?

1. Quelles restrictions s'appliquent aux variables des expressions rationnelles suivantes ?

   a) $\dfrac{x^2 - 4x + 4}{x^2}$ b) $\dfrac{x^2 + 6x - 40}{x^2 - 4x}$ c) $\dfrac{y - 2}{y^2 + 5y - 14}$ d) $\dfrac{1}{y^2 - 1}$

2. Simplifie les expressions rationnelles suivantes en posant les restrictions.

   a) $\dfrac{4x^2 - 9}{4x^2 + 12x + 9}$ b) $\dfrac{y^2 + 4y}{y^2 + y - 12}$ c) $\dfrac{4 - z^2}{2z^2 - 3z - 2}$ d) $\dfrac{2\pi rh + \pi r^2}{\pi r^2 h}$

Probabilité rationnelle

Addition et soustraction
d'expressions
rationnelles

Soit le contenu de trois sacs de billes.

Sac 1
Deux billes
rouges
Quatre billes
bleues

Sac 2
Trois billes
rouges
Trois billes
bleues

Sac 3
Quatre billes
rouges
Trois billes
bleues

Kyara effectue une expérience aléatoire qui consiste à choisir un sac au hasard
et à en tirer une bille. Elle s'intéresse à l'événement A = {Tirer une bille rouge}.
La probabilité de l'événement peut se calculer de la façon suivante.

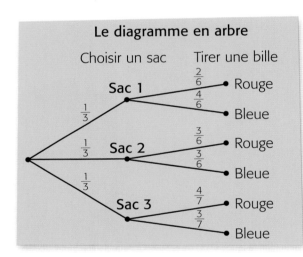

Le diagramme en arbre

Choisir un sac   Tirer une bille

$\frac{2}{6}$

Sac 1 $\frac{2}{6}$ — Rouge
$\frac{4}{6}$ — Bleue

$\frac{1}{3}$

Sac 2 $\frac{3}{6}$ — Rouge
$\frac{3}{6}$ — Bleue

$\frac{1}{3}$

Sac 3 $\frac{4}{7}$ — Rouge
$\frac{3}{7}$ — Bleue

Le calcul de la probabilité

$$P(A) = \left(\frac{1}{3} \cdot \frac{2}{6}\right) + \left(\frac{1}{3} \cdot \frac{3}{6}\right) + \left(\frac{1}{3} \cdot \frac{4}{7}\right)$$

$$P(A) = \frac{2}{3 \cdot 6} + \frac{3}{3 \cdot 6} + \frac{4}{3 \cdot 7}$$

$$P(A) = \frac{2 \cdot 7}{3 \cdot 6 \cdot 7} + \frac{3 \cdot 7}{3 \cdot 6 \cdot 7} + \frac{4 \cdot 6}{3 \cdot 7 \cdot 6}$$

$$P(A) = \frac{14 + 21 + 24}{126}$$

$$P(A) = \frac{59}{126}$$

A Explique chacune des étapes du calcul de la probabilité de l'événement
en accordant une attention particulière aux opérations sur les fractions.

On ajoute *x* billes vertes dans chacun des trois sacs de billes.

B Reproduis et remplis le tableau ci-dessous en exprimant la probabilité que
Kyara tire, dans le sac donné, une bille de la couleur donnée.

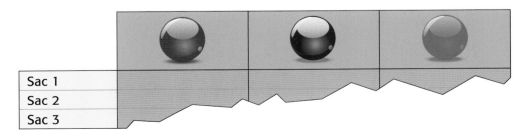

Sac 1			
Sac 2			
Sac 3			

Kyara effectue ensuite l'expérience aléatoire qui consiste à tirer une bille du **sac 1**.

C En te servant du tableau rempli en **B**, exprime, sous la forme d'une seule expression rationnelle, la probabilité que Kyara tire :

1) une bille rouge ou une bille bleue ;

2) une bille rouge ou une bille verte ;

3) une bille rouge, une bille verte ou une bille bleue.

D Comment additionne-t-on des expressions rationnelles lorsqu'elles ont le même dénominateur ?

Kyara effectue ensuite l'expérience aléatoire qui consiste à choisir un sac au hasard et à en tirer une bille. Il faut tenir compte des billes vertes ajoutées.

E Quelle est la probabilité que Kyara tire une bille rouge ? Exprime ta réponse sous la forme d'une seule expression rationnelle.

F Comment additionne-t-on des expressions rationnelles lorsqu'elles n'ont pas le même dénominateur ?

G Explique pourquoi les restrictions qui s'appliquent habituellement aux variables d'une expression rationnelle ne sont pas nécessaires dans ce contexte.

Ai-je bien compris ?

1. Quel est le plus petit dénominateur commun aux expressions rationnelles formant les sommes suivantes ?

a) $\dfrac{3}{x+3} + \dfrac{2x}{x^2-9}$ b) $\dfrac{1}{x+1} - \dfrac{4}{3x+3} + \dfrac{x}{x^2-4x-5}$ c) $\dfrac{3}{x-4} + \dfrac{2x}{x^2-8x+16}$

2. Pose les restrictions, puis exprime le résultat des opérations suivantes sous la forme d'une seule expression rationnelle irréductible.

a) $\dfrac{1}{2x^2} + \dfrac{3}{3x} - \dfrac{2}{x^3}$ b) $\dfrac{6}{2n-1} - \dfrac{3}{6n^2-5n+1}$ c) $\dfrac{3x}{x-5} + \dfrac{2x}{x^2-4x-5}$

Zéro dessus, zéro dessous?

Soit les quatre expressions rationnelles suivantes.

$$A = \frac{x^2 + 6x + 5}{x + 4} \qquad B = \frac{x + 1}{x^2 + 9x + 20} \qquad C = \frac{1}{x^2 + 5x + 4} \qquad D = \frac{x + 5}{2x + 3}$$

A Pose les restrictions qui s'appliquent à *x* dans chacune de ces expressions rationnelles.

B Effectue les multiplications suivantes.

1) $A \cdot B$ **2)** $B \cdot C$

C Exprime les produits de **B** sous la forme d'une expression rationnelle irréductible. Pose ensuite les restrictions qui s'appliquent à la variable *x*.

D Pourquoi est-il nécessaire de poser les restrictions qui s'appliquent à la variable pour chacune des expressions rationnelles avant d'effectuer les opérations sur celles-ci?

Soit le quotient $\dfrac{A}{D} = \dfrac{\dfrac{x^2 + 6x + 5}{x + 4}}{\dfrac{x + 5}{2x + 3}}$

E Quelles sont les trois restrictions qui s'appliquent à la variable dans ce quotient?

F Exprime ce quotient sous la forme d'un produit de deux expressions rationnelles. Effectue ensuite l'opération et simplifie ta réponse.

G Soit l'affirmation suivante.

> Le nombre de restrictions qui s'appliquent aux variables du quotient de deux expressions rationnelles est supérieur ou égal au nombre de restrictions qui s'appliquent aux variables du produit de ces mêmes expressions rationnelles.

Explique l'expression «supérieur ou égal» utilisée dans l'affirmation ci-dessus.

Ai-je bien compris?

Pose les restrictions, puis exprime le résultat des opérations sous la forme d'une expression rationnelle irréductible.

a) $\dfrac{x^2 + 4x + 3}{2x^2 - 18} \cdot \dfrac{2x}{x + 1}$ c) $\dfrac{2x^2 - 5x - 3}{x^2 + 3x - 18} \cdot \dfrac{x + 5}{2x^2 + 11x + 5}$

b) $\dfrac{x^2 - 25}{x^2 - 16} \div \dfrac{2x - 10}{4x + 16}$ d) $\dfrac{x^2 - 3x - 4}{x^2 + 5x} \div \dfrac{x^2 - 7x + 12}{x^2 + 10x + 25}$

Faire le point

La simplification d'expressions rationnelles

Une expression rationnelle est une expression algébrique qui a la forme d'un rapport de polynômes.

Exemple :

$\frac{3x+4}{2x-1}$, $\frac{1}{2x^2+4x}$ et $5x^3$ sont des expressions rationnelles.

$\frac{3x+4}{2\sqrt{x}-1}$ n'est pas une expression rationnelle.

Simplifier une expression rationnelle, c'est rechercher des facteurs communs au numérateur et au dénominateur afin de la rendre irréductible, comme on le fait avec des fractions. Pour ce faire, il faut exprimer le numérateur et le dénominateur sous la forme d'un produit de facteurs.

Puisqu'il est impossible de diviser par 0, une expression rationnelle n'est pas définie lorsque son dénominateur vaut 0. Il faut poser les restrictions, c'est-à-dire préciser les valeurs qui annulent le dénominateur et pour lesquelles l'expression rationnelle n'a donc pas de valeur. Les restrictions doivent être posées **avant** de simplifier l'expression rationnelle.

Exemple :

La simplification de fractions		
Fraction	Factorisation	Fraction irréductible
$\frac{42}{54}$	$\frac{2 \cdot 3 \cdot 7}{2 \cdot 3 \cdot 3 \cdot 3}$	$\frac{2 \cdot 3 \cdot 7}{2 \cdot 3 \cdot 3 \cdot 3} = \frac{7}{9}$

> **Pièges et astuces**
>
> Lorsque l'expression rationnelle représente une quantité, le contexte impose parfois davantage de restrictions. Par exemple, dans un contexte de mesure, on s'intéressera seulement aux valeurs positives de l'expression rationnelle.

La simplification d'expressions rationnelles			
Expression rationnelle	Factorisation	Restrictions	Expression rationnelle irréductible
$\frac{x^3 + 4x^2 + 5x}{x - 1}$	$\frac{x(x^2 + 4x + 5)}{x - 1} = \frac{x(x + 5)(x + 1)}{x - 1}$	$x - 1 \neq 0$ si $x \neq 1$	L'expression rationnelle ne se simplifie pas. $\frac{x(x + 5)(x + 1)}{x - 1}$ ou $\frac{x(x^2 + 4x + 5)}{x - 1}$
$\frac{(3x + 4)(5x - 20)}{4x(x - 4)}$	$\frac{5(3x + 4)(x - 4)}{4x(x - 4)}$	$4x(x - 4) \neq 0$ si $x \neq 0$, $x \neq 4$*	$\frac{5(3x + 4)(x - 4)}{4x(x - 4)} = \frac{5(3x + 4)}{4x}$ ou $\frac{15x + 20}{4x}$

* La restriction $x \neq 4$ demeure malgré le fait que cette valeur n'annule pas le dénominateur de l'expression rationnelle irréductible.

Les opérations sur les expressions rationnelles

Il existe un lien étroit entre «effectuer des opérations sur les fractions» et «effectuer des opérations sur les expressions rationnelles».

La multiplication		
Étape / Exemple	Fractions	Expressions rationnelles
	$\dfrac{21}{20} \cdot \dfrac{8}{3}$	$\dfrac{x^2 - 4x - 21}{2x^2 + 7x + 3} \cdot \dfrac{x + 1}{2x - 14}$
1. Décomposer en facteurs.	$\dfrac{3 \cdot 7}{2 \cdot 2 \cdot 5} \cdot \dfrac{2 \cdot 2 \cdot 2}{3}$	$\dfrac{(x + 3)(x - 7)}{(2x + 1)(x + 3)} \cdot \dfrac{x + 1}{2(x - 7)}$
2. Poser les restrictions*.		si $x \neq {}^-3$, $x \neq -\dfrac{1}{2}$, $x \neq 7$
3. Simplifier les facteurs communs.	$\dfrac{3 \cdot 7 \cdot 2 \cdot 2 \cdot 2}{2 \cdot 2 \cdot 5 \cdot 3} = \dfrac{14}{5}$	$\dfrac{(x + 3)(x - 7)(x + 1)}{2(2x + 1)(x + 3)(x - 7)} = \dfrac{x + 1}{4x + 2}$

* Les restrictions qui s'appliquent à la variable correspondent à toutes les valeurs pour lesquelles les polynômes ombrés valent zéro.

La division		
Étape / Exemple	Fractions	Expressions rationnelles
	$\dfrac{21}{20} \div \dfrac{9}{10}$	$\dfrac{x^2 - 4x - 21}{2x^2 + 7x + 3} \div \dfrac{2x - 8}{2x + 1}$
1. Décomposer en facteurs.	$\dfrac{3 \cdot 7}{2 \cdot 2 \cdot 5} \div \dfrac{3 \cdot 3}{2 \cdot 5}$	$\dfrac{(x + 3)(x - 7)}{(2x + 1)(x + 3)} \div \dfrac{2(x - 4)}{2x + 1}$
2. Poser les restrictions*.		si $x \neq {}^-3$, $x \neq -\dfrac{1}{2}$, $x \neq 4$
3. Multiplier par l'inverse multiplicatif du diviseur.	$\dfrac{3 \cdot 7}{2 \cdot 2 \cdot 5} \cdot \dfrac{2 \cdot 5}{3 \cdot 3}$	$\dfrac{(x + 3)(x - 7)}{(2x + 1)(x + 3)} \cdot \dfrac{2x + 1}{2(x - 4)}$
4. Simplifier les facteurs communs.	$\dfrac{3 \cdot 7 \cdot 2 \cdot 5}{2 \cdot 2 \cdot 5 \cdot 3 \cdot 3} = \dfrac{7}{6}$	$\dfrac{(x + 3)(x - 7)(2x + 1)}{2(2x + 1)(x + 3)(x + 4)} = \dfrac{x - 7}{2x + 8}$

* Les restrictions qui s'appliquent à la variable correspondent à toutes les valeurs pour lesquelles les polynômes ombrés valent zéro. Il faut aussi prendre en compte les valeurs qui annulent le numérateur du diviseur.

L'addition et la soustraction		
Étape / *Exemple*	Fractions $\frac{21}{20} + \frac{7}{10} - \frac{5}{8}$	Expressions rationnelles $\frac{x + 1}{x^2 + 8x + 12} + \frac{3}{2x + 4} - \frac{1}{3}$
1. Décomposer les dénominateurs en facteurs.	$\frac{21}{2 \cdot 2 \cdot 5} + \frac{7}{2 \cdot 5} - \frac{5}{2 \cdot 2 \cdot 2}$	$\frac{x + 1}{(x + 2)(x + 6)} + \frac{3}{2(x + 2)} - \frac{1}{3}$
2. Trouver le plus petit dénominateur commun.	$2 \cdot 2 \cdot 2 \cdot 5 = 40$	$6(x + 2)(x + 6)$
3. Poser les restrictions*.		si $x \neq {}^-2$ et $x \neq {}^-6$
4. Exprimer chaque fraction sur ce dénominateur.	$\frac{42}{40} + \frac{28}{40} - \frac{25}{40}$	$\frac{6(x + 1)}{6(x + 2)(x + 6)} + \frac{3 \cdot 3(x + 6)}{6(x + 2)(x + 6)} - \frac{2(x + 2)(x + 6)}{6(x + 2)(x + 6)}$
5. Effectuer les opérations sur les numérateurs.	$\frac{45}{40}$	$\frac{(6x + 6) + (9x + 54) - (2x^2 + 16x + 24)}{6(x + 2)(x + 6)} = \frac{{}^-2x^2 - x + 36}{6(x + 2)(x + 6)}$
6. Factoriser à nouveau le numérateur afin de simplifier, s'il y a lieu, les facteurs communs.	$\frac{9}{8}$	$\frac{({}^-2x - 9)(x - 4)}{6(x + 2)(x + 6)}$

* Les restrictions qui s'appliquent à la variable correspondent à toutes les valeurs pour lesquelles les polynômes ombrés valent zéro.

Point de repère

La division par zéro

Au cours de l'histoire, plusieurs mathématiciens ont tenté d'élucider la question de la division par zéro. Au VIIe siècle, Brahmagupta, un mathématicien indien connu entre autres pour son travail sur le développement décimal de π, statua qu'un nombre divisé par zéro donne une fraction ayant un dénominateur qui est égal à zéro. Près de deux cents ans plus tard, le mathématicien Mahavira conclut, quant à lui, qu'un nombre divisé par zéro donne zéro. Toujours en Inde, mais cette fois-ci au XIIe siècle, Bhaskara a défini qu'un nombre divisé par zéro est égal à l'infini, représenté par Dieu. La solution donnée par Bhaskara convient dans certains cas, mais le problème de la division par zéro est considéré comme paradoxal. Bref, on ne divise pas par zéro!

Mise en pratique

1. Détermine lesquelles des expressions algébriques suivantes ne sont pas des expressions rationnelles.

   ① $\dfrac{1}{x}$ ③ $\dfrac{8x + 2y}{5z}$ ⑤ $\dfrac{\sqrt{x-3}}{x}$ ⑦ 8

   ② $\dfrac{5x^{\frac{1}{3}} - 4}{2x^{\frac{1}{3}} + 1}$ ④ $\dfrac{\sqrt{20}}{9x^2 - 1}$ ⑥ $4x^{-2}$ ⑧ $\dfrac{5x^3}{10x^3}$

> Dans la manipulation d'expressions rationnelles, il faut toujours poser, s'il y a lieu, les restrictions qui s'appliquent aux variables.

2. Simplifie les expressions rationnelles suivantes.

   a) $\dfrac{6t - 36}{t - 6}$ e) $\dfrac{8x^2 + 4x}{6x^2 + 3x}$ i) $\dfrac{4x^2y + 8xy}{6x^2 - 6x}$

   b) $\dfrac{4x + 40}{5x + 50}$ f) $\dfrac{2x^2 - 2x}{2x^2 + 2x}$ j) $\dfrac{5xy + 10x}{2y^2 + 4y}$

   c) $\dfrac{x^2 + 4x + 4}{x^2 + 5x + 6}$ g) $\dfrac{x^2 - 10x + 24}{x^2 - 12x + 36}$ k) $\dfrac{4x^2 - 9}{4x^2 + 12x + 9}$

   d) $\dfrac{y^2 - 8y + 15}{y^2 - 25}$ h) $\dfrac{2t^2 - t - 1}{t^2 - 3t + 2}$ l) $\dfrac{3z^2 - 7z + 2}{9z^2 - 6z + 1}$

3. Écris une expression rationnelle dont les restrictions qui s'appliquent à la variable sont :

   a) $x \neq 1$ c) $t \neq \dfrac{1}{2}$ et $t \neq \dfrac{3}{4}$ e) $a \neq b$

   b) $y \neq 0$ et $y \neq {}^{-}3$ d) $v \neq \sqrt{3}$ et $v \neq {}^{-}\sqrt{3}$ f) $r \neq 0$, $r \neq \sqrt[3]{10}$ et $r \neq 2$

4. Écris une expression rationnelle qui n'a pas de restrictions.

5. Exprime le résultat des opérations suivantes sous la forme d'une expression rationnelle irréductible.

   a) $\dfrac{4x + 4}{3x - 3} \cdot \dfrac{6x - 6}{5x + 5}$ f) $\dfrac{2x^2 - 5x - 3}{2x^2 - 11x + 15} \cdot \dfrac{4x^2 - 8x - 5}{4x^2 + 4x + 1}$

   b) $\dfrac{7y^2}{y^2 - 9} \cdot \dfrac{4y + 12}{14y^3}$ g) $\dfrac{12y^2 - 19y + 5}{4y^2 - 9} \cdot \dfrac{2y - 3}{3y - 1}$

   c) $\dfrac{3y + 6}{9y^2} \div \dfrac{y + 2}{{}^{-}3y}$ h) $\dfrac{y^2 - 3y - 4}{y^2 + 5y} \div \dfrac{y^2 - 7y + 12}{y^2 + 2y - 15}$

   d) $\dfrac{2x^2 - 8}{6x + 3} \div \dfrac{6x - 12}{18x + 9}$ i) $\dfrac{x^2 + 2xy + y^2}{2x^2 + xy - 3y^2} \cdot \dfrac{x^2 - 2xy + y^2}{x + y}$

   e) $\dfrac{y^2 + 7y + 12}{y^2 + 4y + 4} \cdot \dfrac{y^2 - y - 6}{y^2 - 9}$ j) $\dfrac{6}{6x^2 + x - 12} \div \dfrac{6x^2 - 9x}{4x^3 - 9x}$

6. Soit les deux triangles ci-dessous.

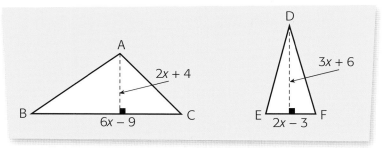

a) Selon le contexte, quelles sont les valeurs possibles de la variable x ?

b) Détermine le rapport des aires du triangle **ABC** et du triangle **DEF** à l'aide d'une expression rationnelle irréductible.

7. Soit les deux prismes droits à base rectangulaire suivants.

①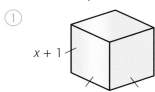

②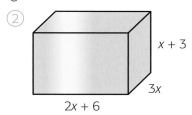

Détermine l'expression rationnelle qui représente le rapport entre le volume et l'aire totale de chacun de ces solides. Simplifie ensuite cette expression rationnelle.

8. Au soccer, la surface de but se trouve à l'intérieur de la surface de réparation et elle en fait partie. Le schéma ci-contre représente les dimensions de la surface de but et de la surface de réparation.

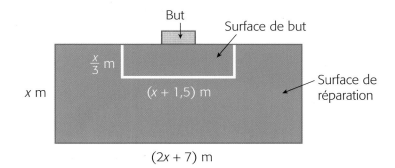

a) Quel est le rapport des aires de la surface de réparation et de la surface de but ?

b) Sur un terrain de soccer professionnel, le rapport des aires de la surface de réparation et de la surface de but est de $\frac{20}{3}$. Quelles sont les dimensions de la surface de réparation ?

9. Exprime le résultat des opérations suivantes sous la forme d'une expression rationnelle irréductible.

a) $\dfrac{2}{x+1} + \dfrac{3}{x+2}$

b) $\dfrac{3}{x} + \dfrac{5}{x-1}$

c) $\dfrac{2x}{x-2} - \dfrac{3x}{x+2}$

d) $\dfrac{y}{3y+15} - \dfrac{1}{6y-24}$

e) $\dfrac{y+1}{y-1} + \dfrac{2}{y^2-5y+4}$

f) $\dfrac{x-2}{x^2+4x+3} - \dfrac{2x+1}{x+3}$

g) $\dfrac{10}{x-5} + 4$

h) $\dfrac{7}{2(x+3)} - \dfrac{5}{2}$

10. Le trapèze isocèle ci-dessous est formé d'un carré et de deux triangles rectangles. Les mesures indiquées sur la figure sont en centimètres. Détermine le rapport des aires du carré et du trapèze et exprime ce rapport à l'aide d'une expression rationnelle irréductible.

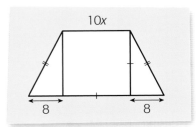

11. Un guépard aperçoit un zèbre qui broute à 200 m de lui. Sur une courte distance, la vitesse du guépard dépasse celle du zèbre de 12 m/s. Les deux animaux amorcent leur course au même moment et le guépard rejoint le zèbre après avoir parcouru 500 m. À quelle vitesse, en km/h, le guépard et le zèbre courent-ils ?

Point de repère

Stéphane Durand

Stéphane Durand est un physicien québécois. Au cours de l'Année internationale des mathématiques, en 2000, il a remporté un prix pour la qualité d'une série d'affiches qu'il a conçues. Ces affiches permettaient de vulgariser de façon originale des phénomènes mathématiques qui se produisent dans la nature. Par exemple, on peut expliquer mathématiquement pourquoi certains animaux sont rayés alors que d'autres sont tachetés. Les équations montrent que ces motifs dépendent de la forme et de la taille du corps de l'animal au moment où le motif se définit dans l'embryon. Suivant ce modèle, il est possible qu'un animal tacheté ait la queue rayée (comme le guépard ou le léopard), mais impossible qu'un animal rayé ait la queue tachetée !

12. Une piscine creusée rectangulaire a 5 m de plus sur la longueur que sur la largeur. La piscine est ceinturée d'un trottoir de 3 m de largeur.

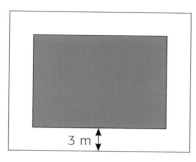

3 m

Quelle expression rationnelle irréductible représente le rapport des aires du trottoir et de la piscine?

13. Rachel a saisi la suite des entiers de ⁻10 à 10 dans les cellules de la colonne A d'un tableur. Ensuite, elle a saisi des formules puis les a copiées dans les autres cellules d'une même colonne. Le titre des colonnes représente l'équivalent des formules que Rachel a saisies.

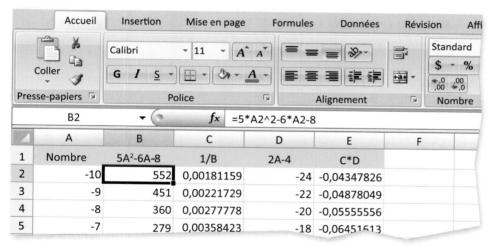

fx =5*A2^2-6*A2-8

	A	B	C	D	E	F
1	Nombre	$5A^2-6A-8$	1/B	2A-4	C*D	
2	-10	552	0,00181159	-24	-0,04347826	
3	-9	451	0,00221729	-22	-0,04878049	
4	-8	360	0,00277778	-20	-0,05555556	
5	-7	279	0,00358423	-18	-0,06451613	

TIC

Le tableur permet d'effectuer des opérations sur des expressions algébriques, en plus de pouvoir substituer facilement aux variables plusieurs valeurs successives. Pour en savoir plus, consulte la page 264 de ce manuel.

a) Lorsque le tableur ne peut pas calculer une valeur, il affiche un message d'erreur dans la cellule. Dans quelles cellules de la feuille de calcul devrait-il y avoir un message d'erreur?

b) Dans la colonne F, Rachel veut afficher les valeurs de la colonne E, mais sans message d'erreur. Quelle formule Rachel peut-elle saisir et copier dans les cellules de la colonne F pour y arriver?

c) Explique pourquoi la formule que tu as trouvée en **b** ne provoque pas de messages d'erreur dans la colonne F.

Consolidation

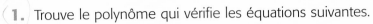

1. Trouve le polynôme qui vérifie les équations suivantes.

   a) $(x + 6)\left(\frac{x}{3} + \frac{1}{2}\right)(x - 6) = $ ▇▇▇▇

   b) $(4x + 3)^2(x - 1) = $ ▇▇▇▇

   c) $(2x + 3)($ ▇▇▇▇ $) = 2x^2 - 7x - 15$

   d) (▇▇▇▇ $)(3x^2 - x + 5) = 12x^3 - x^2 + 19x + 5$

2. Trouve deux binômes dont le produit :

   a) est un binôme ;   **b)** est un trinôme ;   **c)** est un polynôme à quatre termes.

3. L'aire d'un disque est représentée par l'expression $\pi(x^2 - 8x + 16)$.
   Quel polynôme représente le rayon de ce disque ?

4. Factorise les expressions algébriques suivantes.

   a) $6x^2 + 11x - 10$

   b) $2x^2y + 7x^2 + 50y^3 + 175y^2$

   c) $12x^3 + 20x^2 - 75x - 125$

   d) $(3x - 1)^2 - 9$

   e) $8x^2 + 2x - 15$

   f) $6x^4 + 9x^3 + 3x^2$

   g) $25x^2 - 90x + 81$

   h) $x^4 - 1$

5. Exprime le résultat des opérations suivantes sous la forme d'une seule
   expression rationnelle irréductible.

   a) $\dfrac{x^3 - 5x^2 + 12}{x - 2}$

   b) $\dfrac{\frac{3x + 6}{2x + 2}}{\frac{x + 2}{x^2 - 1}}$

   c) $\dfrac{x + 1}{x - 1} + \dfrac{2}{x^2 - 5x + 4}$

   d) $\dfrac{x + 4}{x^2 - x - 12} - \dfrac{x}{x - 4}$

   e) $\dfrac{12x^2 - 19x + 5}{4x^2 - 9} \cdot \dfrac{2x - 3}{3x - 1}$

   f) $\dfrac{3x^3 + 14x^2 - 5x}{4x^2 + 7x + 3} \div \dfrac{6x^2 - 2x}{8x^2 + 2x - 3}$

6. La longueur d'un aquarium ayant la forme d'un prisme droit à base
   rectangulaire a 6 cm de plus que le double de sa profondeur.
   Sa hauteur a 6 cm de moins que le double de sa profondeur.
   Si l'aquarium est rempli aux $\frac{3}{4}$ de sa capacité, quelle expression
   algébrique, exprimée en centimètres cubes, représente le volume
   d'eau qu'il contient ?

7. Quel est le rapport?

L'aire de chacun des rectangles ci-dessous est indiquée en unités carrées.

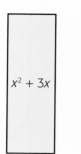
$x^2 + 3x$

$x^2 + 4x + 3$

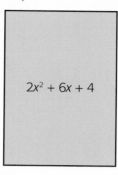
$2x^2 + 6x + 4$

a) Trouve l'expression irréductible qui équivaut aux rapports suivants.

1) $\dfrac{\text{Aire du rectangle orange}}{\text{Aire du rectangle jaune}}$

2) $\dfrac{\text{Aire du rectangle vert}}{\text{Aire du rectangle orange}}$

3) $\dfrac{\text{Aire du rectangle vert}}{\text{Aire du rectangle orange + aire du rectangle jaune}}$

b) Les dimensions du rectangle vert sont représentées par des binômes. Détermine toutes les dimensions possibles de ce rectangle.

8. D'autres identités algébriques

a) Développe les carrés de polynômes suivants.

1) $(a + b + c)^2 = $ ▨

2) $(a + b + c + d)^2 = $ ▨

b) À l'aide des identités algébriques que tu as établies en **a**, développe les carrés de polynômes suivants.

1) $(4x^2 + 5x + 2)^2$

2) $(x - 3y + 5xy + 2)^2$

9. Quel volume?

Quelle expression algébrique représente le volume des solides suivants?

a) Un cylindre droit surmonté d'une demi-sphère

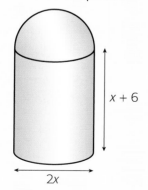
$x + 6$

$2x$

b) Un cube surmonté d'une pyramide droite

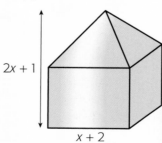
$2x + 1$

$x + 2$

10. Triangle en vue

Les diagonales d'un losange mesurent $(24x - 48)$ cm et $(10x - 20)$ cm. Quelle expression algébrique représente le périmètre du losange?

11. Touché!

Quelle expression rationnelle représente le rapport $\dfrac{\text{Aire de la région rouge}}{\text{Aire totale}}$ de chaque cible?

a)
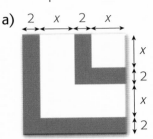

b)
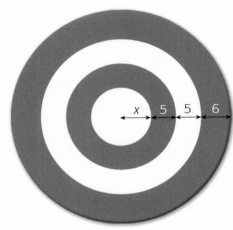

12. Devinette

Vincent et Xavier procèdent au traçage des lignes blanches et jaunes qu'on peut observer sur la chaussée. Tous les matins, à tour de rôle, l'un des deux hommes pose une devinette à l'autre afin de déterminer lequel pourra manœuvrer l'appareil lors du marquage de la chaussée. Aujourd'hui, Xavier pose la devinette suivante à Vincent :

> Si chaque récipient de peinture contient $(3x^3 - 7x^2 - 12x + 28)$ mL de peinture et s'il faut $(x^2 - 4)$ mL pour recouvrir 10 m² de chaussée, quel serait le polynôme représentant le nombre de mètres carrés que peut couvrir la peinture contenue dans un seul récipient?

S'il répond correctement, Vincent pourra manœuvrer l'appareil. Que doit-il répondre pour manoeuvrer l'appareil?

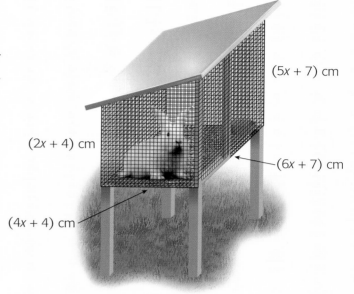

13. Le toit du clapier

Amélie désire recouvrir de tôle le toit du clapier qui abrite son lapin. Pour bien protéger le lapin, le toit dépasse la boîte du clapier de 8 cm. Quelle expression algébrique représente l'aire du toit de tôle qui recouvre le clapier?

$(5x + 7)$ cm

$(2x + 4)$ cm

$(6x + 7)$ cm

$(4x + 4)$ cm

14. Double sécurité

Dans un zoo, les tigres sont gardés dans un enclos vitré rectangulaire dont les dimensions sont représentées par des binômes et dont l'aire est de $(10y^2 + 11y + 3)$ m^2. Pour plus de sécurité, une clôture électrique a été installée autour de l'enclos, à 5 m de celui-ci. Quelle expression algébrique représente la longueur totale de la clôture électrique?

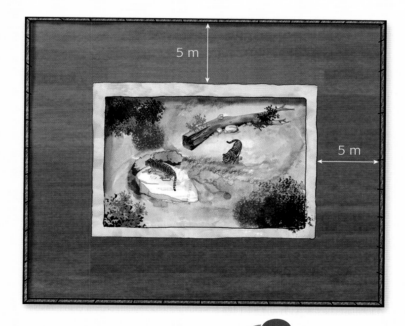

5 m

5 m

15. Jusqu'aux arrière-petits-souriceaux

Scarlett, une souris, a eu plusieurs souriceaux. Devenues adultes, les souris de cette deuxième génération ont chacune eu deux souriceaux de plus que Scarlett. Chaque souris de la troisième génération a eu un souriceau de moins que Scarlett. Si la descendance de Scarlett s'arrêtait ici, quel polynôme représenterait le nombre de descendants? Explique comment former ce polynôme en justifiant les étapes.

16. Rationnellement divisible

Soit la division $\dfrac{10x + 25}{8x} \div \dfrac{15x - 30}{4x}$.

Pour effectuer cette division, Abbie procède ainsi :

$$\text{Si } x \neq 0, \; x \neq 2$$

$$\frac{\cancel{5}(2x + 5)}{2(\cancel{4x})} \div \frac{\overset{3}{\cancel{15}}(x - 2)}{\cancel{4x}}$$

$$= \frac{\dfrac{2x + 5}{2}}{3(x - 2)}$$

$$= \frac{2x + 5}{6(x - 2)}$$

Explique pourquoi cette façon de procéder est valable et dans quel cas elle s'avère efficace.

17. Zone à couvrir

Quatre étudiants en biologie effectuent un recensement des espèces animales se trouvant entre deux boisés sur une rive de la rivière Rapide. Leur professeur partage le terrain en quatre zones : trois zones carrées isométriques et une dernière rectangulaire. Il affirme que les quatre zones ont la même aire : il a ajouté un mètre à la longueur de la quatrième zone qui, à cause du boisé, a un mètre de moins sur la largeur.

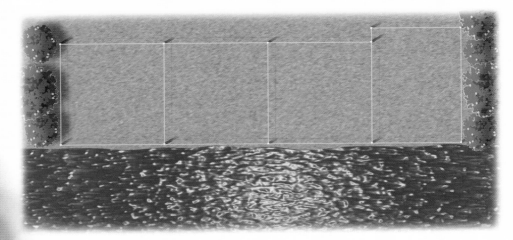

Le professeur a-t-il raison d'affirmer que les quatre zones ont la même aire ? Justifie ta réponse.

18. Produit renversant

Observe les produits suivants.

$$32 \cdot 46 = 1\ 472$$
$$23 \cdot 64 = 1\ 472$$

À quelle condition le produit de deux nombres à deux chiffres est-il le même que le produit des deux nombres où sont intervertis les chiffres des dizaines et des unités? Accompagne ta réponse d'une preuve algébrique et d'un exemple.

19. Vraies ou fausses?

Dans les expressions suivantes, A, B, C, D, E et F représentent des polynômes. En supposant que les restrictions nécessaires pour effectuer les opérations ont été posées, détermine si les égalités sont vraies ou fausses. Accompagne ta réponse d'une preuve algébrique ou d'un contre-exemple, selon le cas.

a) $\dfrac{A}{B} \div \left(\dfrac{C}{D} \cdot \dfrac{E}{F} \right) = \dfrac{A}{B} \cdot \dfrac{DE}{CF}$

b) $\dfrac{A}{B} \cdot \left(\dfrac{C}{D} \div \dfrac{E}{F} \right) = \dfrac{A}{B} \cdot \dfrac{CF}{DE}$

c) $\dfrac{A}{B} + \left(\dfrac{C}{D} - \dfrac{E}{F} \right) = \dfrac{A}{B} - \left(\dfrac{E}{F} + \dfrac{C}{D} \right)$

20. Toujours impair

Démontre algébriquement que le carré d'un nombre impair est aussi un nombre impair.

21. À l'affiche!

L'aire totale d'une affiche reproduite sur le panneau publicitaire ci-contre est représentée par $x^2 + 7x + 10$ et ses dimensions sont représentées par des binômes. Les dimensions du rectangle rose se trouvant sur cette affiche sont représentées par x et $x + 2$.

Quelle expression rationnelle irréductible représente:

a) le rapport des aires du rectangle rose et de l'affiche?

b) le rapport des périmètres du rectangle rose et de l'affiche?

Médias

Contrairement à la radio, aux journaux et à la télévision que nous sommes libres d'écouter, de lire ou de regarder, il est presque impossible d'ignorer les panneaux publicitaires qui longent les routes du Québec. Pourtant, des études ont montré que les conducteurs et les passagers de véhicules n'accordent, en moyenne, que trois secondes de leur attention à un panneau publicitaire. Comment expliques-tu alors la prolifération de ce genre de publicité? Quelle est la différence entre une publicité sur un panneau et une publicité dans un magazine?

22. Un terrain rectangulaire

Pour planifier le traçage des lignes d'un terrain de soccer, on doit connaître les dimensions du terrain et, pour vérifier si le terrain est bien rectangulaire, on peut se servir de la mesure de la diagonale.

Si la longueur du terrain est représentée par $c + d$ et que son aire est représentée par $c^2 - d^2$, quelle expression algébrique représente la mesure de la diagonale de ce rectangle?

23. Une preuve convaincante?

Voici la démonstration que $2 = 1$. Trouve l'erreur.

$$a = b$$
$$a^2 = ab$$
$$a^2 - b^2 = ab - b^2$$
$$(a - b)(a + b) = b(a - b)$$
$$a + b = b$$
$$b + b = b$$
$$2b = b$$
$$2 = 1$$

24. L'algèbre pour ne pas commettre d'impair

L'encadré ci-contre présente les différences des carrés de nombres naturels consécutifs.

a) Généralise la régularité observée à toute paire de nombres naturels consécutifs.

b) Utilise cette régularité pour calculer mentalement $45^2 - 44^2$.

$$1^2 - 0^2 = 1$$
$$2^2 - 1^2 = 3$$
$$3^2 - 2^2 = 5$$
$$4^2 - 3^2 = 7$$
$$5^2 - 4^2 = 9$$

25. Moyenne avant ou moyenne après?

Le carré de la moyenne de deux nombres est-il plus petit, égal ou plus grand que la moyenne des carrés de deux nombres? Justifie ta réponse algébriquement.

26. D'une simplicité déconcertante

a) Sans utiliser de calculatrice, trouve le résultat de:

$$\sqrt{1 + 51\sqrt{1 + 50\sqrt{1 + 49\sqrt{1 + 48\sqrt{1 + 47 \cdot 45}}}}}$$

b) Quelle expression de même forme donnerait 30 après simplification?

27. Partager les côtés

Le polygone **A** de chacune des figures ci-dessous a un côté commun avec le rectangle **B** et un côté commun avec le rectangle **C**. L'aire des rectangles ainsi que la mesure d'un de leurs côtés sont représentées par des polynômes et indiquées sur l'illustration.

Détermine l'expression algébrique qui représente l'aire des polygones **A** de chacune des figures.

a)

$x + 3$

$A_B = 2x^2 + 10x + 12$

B

A

C $x - 1$

$A_C = 2x^2 - 3x + 1$

b)

$A_B = 2t^2 + 5t - 3$

B $2t - 1$

$3t + 1$

A C

$A_C = 3t^2 - 5t - 2$

28. Découpage

Un carton rectangulaire dont la longueur a 10 cm de plus que la largeur est transformé en procédant de la façon suivante.

– Retrancher quatre carrés aux quatre coins du rectangle.
– Replier les quatre rabats le long des pointillés de façon à former les quatre faces latérales d'un prisme droit.

Sachant que l'aire du carton retranché est égale à l'aire de la base du prisme formé, exprime y, la mesure du côté d'un carré retranché, en fonction de x, la largeur du carton.

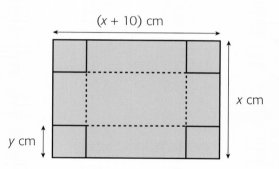

$(x + 10)$ cm

x cm

y cm

29. Architecture italienne

Le campanile de la cathédrale de Florence, en Italie, a été conçu par le peintre et architecte italien Giotto di Bondone. Le campanile est une tour qui a une hauteur de 84,7 m et une base carrée de 14,45 m de côté.

a) Quel est le volume d'une tour dont les dimensions sont celles du campanile augmentées de x m?

b) La tour dont le volume a été calculé en **a** est-elle semblable au campanile de la cathédrale de Florence? Explique ta réponse.

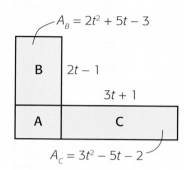

Fait divers

Le peintre italien Giotto di Bondone (1266-1337) est connu pour ses nombreuses fresques d'inspiration religieuse. On raconte que le pape Benoît XI, qui voulait engager Giotto, aurait envoyé un messager chercher une de ses œuvres. Pour montrer son talent extraordinaire, Giotto aurait préféré dessiner, devant le messager, d'un seul mouvement de la main, un cercle parfait avec de la peinture rouge.

30. Cryptage polynomial

L'information qui circule et qui est transmise dans Internet est souvent publique, ce qui présente de nombreux avantages, notamment pour l'accès à l'information, mais qui comporte aussi son lot de risques. En effet, sans le savoir, les utilisateurs laissent des traces lorsqu'ils participent à un blogue, lorsqu'ils répondent à un sondage ou même lorsqu'ils consultent certaines pages Web.

Les administrateurs de sites Internet qui désirent empêcher l'accès aux traces laissées par les utilisateurs de leur site peuvent utiliser plusieurs moyens, dont le protocole sécurisé de transmission de données *https* (*hyper text transfer protocol secure*). On retrouve la mention *https* dans la barre d'adresse des pages qui utilisent ce protocole. Cela signifie que l'information, comme un mot de passe ou un solde bancaire, est cryptée avant sa transmission.

> Crypter une information, c'est la transformer de façon qu'elle soit inintelligible à toute personne non autorisée.

Afin de s'approprier le processus de cryptage de données, Camille et Raphaëlle utilisent une séquence de quatre chiffres et l'expression algébrique suivante :

$$\frac{18x^3 + 3x^2 - 88x - 80}{2x - 5}$$

Camille crypte une séquence de quatre chiffres en la substituant à x dans l'expression algébrique. Elle obtient la séquence 590538601, qu'elle soumet à Raphaëlle.

Décrypte la séquence de Camille et explique à Raphaëlle comment tu as procédé.

Médias

Internet est une importante source d'information et un moyen facile d'échanger des données et des documents. Il est donc essentiel d'élaborer continuellement des moyens toujours plus fiables de sécuriser l'information qui y circule. Le manuscrit d'un livre, les images d'un film en production ou des renseignements personnels sur un site bancaire sont autant de données qui sont cryptées, empêchant ainsi quiconque ne détenant pas la clé de cryptage d'y avoir accès. Selon toi, qui doit assumer les frais liés aux développements techniques dans le secteur de la sécurité électronique bancaire : les clients ou la banque ? Crois-tu qu'à long terme il sera toujours possible de trouver des façons de sécuriser l'information en ligne ? Justifie tes réponses.

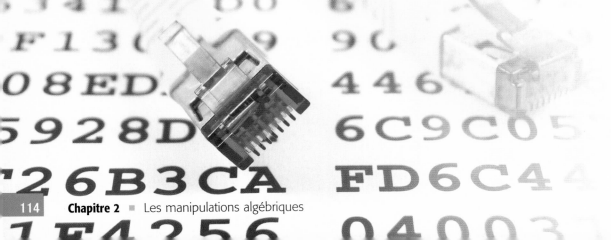

La programmation Internet

Pour les entreprises, les organismes gouvernementaux et les organismes sans but lucratif, avoir un site Internet est essentiel. Étant donné que le nombre de sites augmente chaque année (on estime à 200 millions le nombre de sites Internet en 2009) et que les sites existants ont constamment besoin d'être mis à jour et améliorés, on prévoit que les professionnels qui œuvrent à la mise en ligne de contenu Internet seront en forte demande au cours des prochaines années.

Les programmeurs Internet sont des professionnels qui conçoivent et perfectionnent des sites Internet et Intranet. Ils évaluent les demandes de leurs clients et mettent au point des sites qui répondront à leurs exigences. Ils déterminent leurs besoins, élaborent l'architecture et l'arborescence du site, planifient l'organisation des pages et s'assurent de l'accessibilité et de l'ergonomie de l'interface. En plus de s'occuper de l'organisation des contenus, les programmeurs Internet doivent faire preuve de créativité lors de la conception graphique de l'interface d'un site. En effet, ils doivent savoir conjuguer simplicité et convivialité pour créer des sites qui sauront attirer et retenir les visiteurs.

Par ailleurs, les données confidentielles qui transitent sur les sites transactionnels (boutiques en ligne, sites bancaires, etc.) sont de plus en plus nombreuses. Les programmeurs Internet doivent donc travailler de pair avec des experts en sécurité informatique et s'assurer de mettre en place des protocoles pour protéger l'information échangée et sécuriser les transactions électroniques.

Pour faire carrière dans le domaine de la programmation Internet, il faut avoir terminé une formation collégiale ou universitaire en informatique, en intégration multimédia ou dans une discipline connexe. Il est nécessaire d'avoir une bonne connaissance des langages de programmation et de la gestion des bases de données. De plus, il faut avoir des aptitudes pour le travail d'équipe et être enclin à se perfectionner tout au long de sa carrière, car les connaissances et les outils évoluent rapidement dans ce domaine. Les employeurs qui recrutent des programmeurs Internet sont les sociétés de développement de logiciels, les agences de publicité, les journaux, les magazines, le gouvernement et les agences Web. Certains programmeurs Internet sont des travailleurs autonomes.

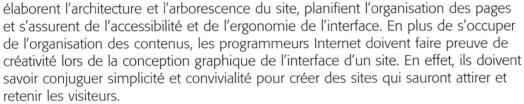

Tout en plastique

De nos jours, les matières plastiques servent à créer des objets de toutes sortes par moulage : des meubles, des bouteilles, des pièces de voitures, etc.

La compagnie Cétan-Plastik est un chef de file dans la fabrication d'objets en plastique et vient de faire l'acquisition de nouvelles machines très performantes. Les machinistes ont fait des tests pour s'assurer du bon fonctionnement de ces machines. En utilisant x kg de plastique, ils ont réussi à produire une petite quantité de bacs de très grande qualité. Cette semaine, la production est lancée à son plein potentiel alors que $(60x^2 - 1140x + 4200)$ kg de plastique sont disponibles et utilisés en entier pour produire un modèle de chaise et trois modèles de bacs de rangement. Ces derniers sont tous des prismes droits à base rectangulaire, mais ils ont des capacités respectives de 15 L, de 25 L et de 45 L.

Pour la production de la semaine, 15 % de la quantité de plastique disponible servira à fabriquer les bacs de rangement de 15 L, 20 % servira à fabriquer les bacs de 25 L et 25 % servira à produire les bacs de 45 L. Le reste du plastique disponible servira à produire les chaises.

La quantité de plastique nécessaire à la fabrication des bacs varie selon le modèle de bac, comme l'indique le tableau suivant.

Modèle	Capacité	Quantité de plastique nécessaire pour la fabrication d'un bac (kg)	Coût de production d'un bac , incluant le coût du plastique ($)
A	15 L	$0,2x - 1$	1,20
B	25 L	$0,5x - 7$	2
C	45 L	$0,5x$	3,50

La fabrication d'une chaise requiert $(x - 5)$ kg de plastique. Le coût de production des chaises varie selon la quantité de plastique disponible, comme le montre le graphique suivant.

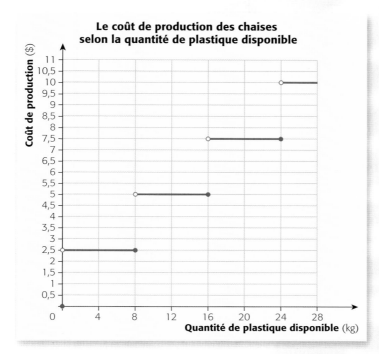

Le coût de production des chaises selon la quantité de plastique disponible

Une fois produits, les bacs et les chaises sont vendus aux prix indiqués dans le tableau suivant.

Article	Prix à l'unité ($)
Bac A	6,00
Bac B	7,00
Bac C	8,50
Chaise	9,00

Suppose que la totalité des bacs et des chaises produits cette semaine est vendue. À l'aide d'expressions algébriques irréductibles, produis un rapport détaillé des dépenses, des revenus et des profits selon la quantité de plastique disponible cette semaine chez Cétan-Plastik.

Problèmes

1. Pierres à jardin

Monsieur Laroche fait l'achat de pierres de différentes formes pour aménager une terrasse dans sa cour arrière. Il achète des pierres de forme carrée, de forme hexagonale et de forme triangulaire. Les pierres carrées ont coûté $(2x^2 - x - 15)$ \$, les pierres hexagonales, $(9x^2 + 12x + 4)$ \$ et les pierres triangulaires, $(18x + 45)$ \$. Le coût unitaire des pierres est respectivement de $(x^2 - 9)$ \$ pour les pierres carrées, de $(3x^2 + 11x + 6)$ \$ pour les pierres hexagonales et de $(8x^2 + 20x)$ \$ pour les pierres triangulaires. Quelle expression rationnelle irréductible représente le nombre total de pierres achetées, toutes formes confondues ?

2. Comparaison

Deux entreprises œuvrent dans le domaine de la construction. Le tableau ci-dessous permet de comparer les salaires hebdomadaires des employés des deux entreprises.

Dolmat		Miribourt	
Ancienneté (années)	Salaire hebdomadaire ($)	Ancienneté (années)	Salaire hebdomadaire ($)
[0, 1[	540	[0, 1[	520
[1, 2[	560	[1, 2[	540
[2, 3[	580	[2, 3[	560
3 et plus	680	[3, 4[	580
		[4, 5[	600
		5 et plus	720

Compare graphiquement les échelles de salaire en vigueur dans ces deux entreprises et émets une recommandation à un menuisier qui a la possibilité d'aller travailler pour l'une ou l'autre de ces entreprises.

3. Étourdissant

Le circuit Gilles-Villeneuve, situé sur l'île Notre-Dame à Montréal, a été inauguré en 1978. Cette piste, d'une longueur d'environ 4,4 km, est composée de 15 virages.

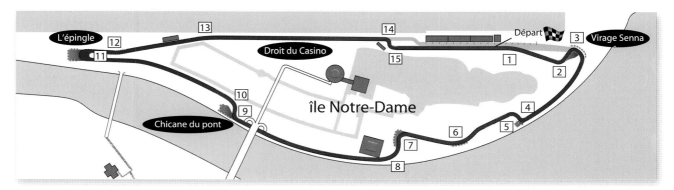

Un spectateur assis dans les gradins du virage Senna observe les voitures qui défilent devant lui. Voici un graphique modélisant la distance entre ce spectateur et la voiture n° 13 en fonction du temps écoulé depuis le début de la course.

a) Quelle est la période de cette fonction et à quoi correspond-elle dans le contexte?

b) À quels moments la voiture n° 13 est-elle:

   1) la plus près du spectateur?

   2) la plus loin du spectateur?

c) Détermine les distances associées à chacune des réponses que tu as fournies en **b**.

d) Si la distance était mesurée entre une autre voiture et le même spectateur, le graphique serait-il identique? Explique ta réponse.

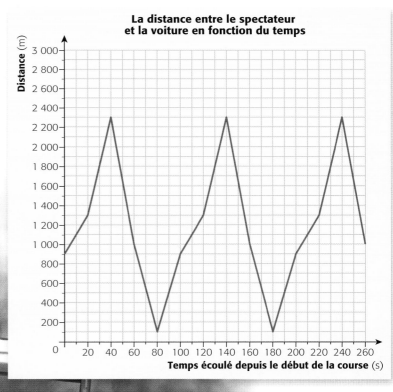

La distance entre le spectateur et la voiture en fonction du temps

4. Style libre

Marc-Antoine s'exerce à la planche à roulettes sur une piste conçue à cet effet. Le graphique ci-dessous représente la hauteur de la planche à roulettes par rapport au niveau du sol en fonction du temps écoulé depuis le début du tour de piste.

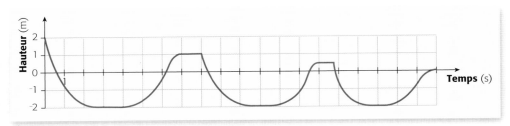

a) Quelle est l'ordonnée à l'origine de cette fonction? À quoi correspond-elle dans ce contexte?

b) Quel est le minimum de cette fonction? À quoi correspond-il dans ce contexte?

5. Un aquarium nouveau genre

La compagnie Ô-mon-poisson se spécialise dans la fabrication d'aquariums. Le modèle ci-dessous, très populaire, est fait de verre trempé et a la forme d'un prisme droit dont les bases sont des trapèzes isocèles. Certaines mesures algébriques y sont indiquées. Les mesures sont en décimètres.

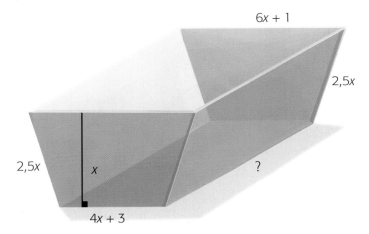

La capacité de l'aquarium, en litres, est représentée par l'expression algébrique $45x^3 - 7x^2 - 10x$. Le fabricant affirme qu'il peut produire un modèle semblable, mais ayant une plus grande capacité. Cette capacité, en litres, serait représentée par l'expression $360x^6 - 56x^5 - 80x^4$.

Exprime la quantité de verre trempé nécessaire à la fabrication du nouvel aquarium à l'aide d'une expression algébrique.

6. Tarifs électrisants

Un distributeur d'électricité annonce une hausse des tarifs pour ses clients. Le tableau suivant présente la structure de tarification avant et après la hausse prévue.

	Tarifs actuels	Nouveaux tarifs
Abonnement par jour	40 ¢	41 ¢
Énergie (¢/kWh)		
30 premiers kWh par jour	5,4 ¢/kWh	5,4 ¢/kWh
kWh supplémentaires	7,3 ¢/kWh	8 ¢/kWh

Avant la hausse des tarifs, la règle suivante permettait de calculer le coût $f(x)$, en dollars, selon la consommation mensuelle x, en kWh, pour un mois de 30 jours.

$$f(x) = \begin{cases} 0,054x + 12 \text{ pour } 0 \leq x \leq 900 \\ 0,073x - 5,1 \text{ pour } x > 900 \end{cases}$$

a) À combien s'élève la facture mensuelle, selon les tarifs actuels, d'un client qui a consommé 1 000 kWh pendant le mois de septembre?

b) Quelle règle permettra de calculer le coût de l'électricité selon les nouveaux tarifs?

c) Quelle sera l'augmentation du coût annuel d'électricité pour un client qui consomme en moyenne 48 kWh d'électricité par jour?

7. L'Égypte entre les doigts

La compagnie Plasti-Jeux se spécialise dans la fabrication de pièces pour les jeux et les jouets. Plasti-Jeux a reçu une commande pour produire une pièce en forme de pyramide droite à base carrée qui servira de pion dans un jeu de société ayant une thématique égyptienne. La pièce produite sera pleine. Ses dimensions ne sont pas encore fixées, mais la hauteur de la pièce sera de $(4x + 8)$ cm et le volume de la pyramide doit être de $(48x^3 + 288x^2 + 576x + 384)$ cm³.

a) Selon les spécifications données, la base de la pyramide peut-elle être carrée? Justifie ta réponse.

b) Plasti-Jeux doit produire 5 000 pièces. Les faces latérales de chaque pièce seront peintes. Quelle expression algébrique représente la surface totale qui sera peinte pour l'ensemble des pièces?

8. Nouveau décor

Benjamin se rend dans une boutique de produits de rénovation afin d'acheter le matériel nécessaire pour tapisser un des murs de sa chambre. L'emballage du rouleau du papier peint qu'il souhaite acheter indique que la largeur du rouleau est de 60 cm et sa longueur, de 10 m.

a) Construis le graphique qui représente le nombre de rouleaux de papier peint que Benjamin doit acheter en fonction de la surface à couvrir.

b) Quelle est la règle de la fonction représentée en **a**?

9. Sans intérêts

Monsieur et madame Aubin ont établi une façon de gérer leurs finances personnelles. Les revenus de monsieur Aubin servent à payer leur hypothèque et un prêt personnel par prélèvement bancaire. Pour toutes les autres dépenses, le couple utilise les revenus de madame Aubin.

Voici le graphique d'une fonction périodique qui présente l'évolution du solde du compte courant de monsieur Aubin au fil du temps.

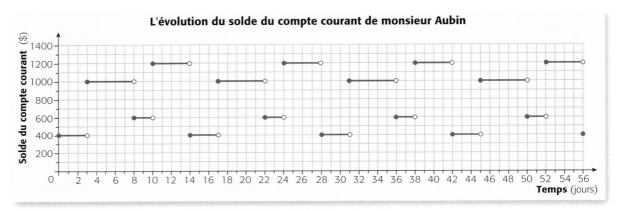

a) Quelle est la période de la fonction qui permet de modéliser cette situation? Que représente-t-elle dans le contexte?

b) À quelle fréquence monsieur Aubin reçoit-il sa paye? Combien son employeur dépose-t-il dans son compte chaque fois?

c) Sachant que le versement hypothécaire est le plus gros retrait au compte de monsieur Aubin, détermine à combien s'élève le versement périodique du prêt personnel.

Énigmes

1 Si *x* représente le nombre de voitures coincées pare-chocs contre pare-chocs, combien de pare-chocs se touchent?

2 Si 29 grenouilles attrapent 29 mouches en 29 minutes, combien faut-il de grenouilles pour attraper 87 mouches en 87 minutes?

3 Observe les schémas ci-contre. Quel nombre devrait remplacer le point d'interrogation?

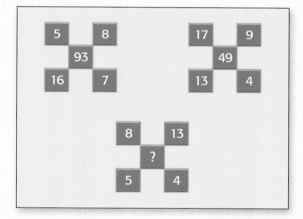

4 Reproduis ce diagramme. Écris un nombre dans chaque disque de façon à respecter les contraintes suivantes.

- Tu dois choisir parmi les nombres suivants: 2, 3, 4, 5, 6, 7, 8, 9 ou 10.
- Tu ne peux pas utiliser deux fois le même nombre.
- Les produits des trois nombres qui se trouvent sur une même ligne doivent être identiques.

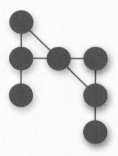

5 Dans l'addition suivante, les lettres **D**, **E** et **F** représentent des nombres naturels différents. Associe chaque lettre au nombre qu'elle représente.

```
    D  E  F
+   D  E  F
    D  E  F
_____
    E  E  E
```

Les triangles semblables et les relations métriques dans le triangle rectangle

L'étude systématique des triangles est essentielle pour arriver à travailler avec des figures géométriques de toutes sortes.

Par exemple, dans le cadre de projets de coopération internationale, divers intervenants peuvent être appelés à assurer la solidité d'une nouvelle structure ou encore à arpenter des terrains afin d'y construire des maisons et des routes. Ces tâches nécessitent l'utilisation de connaissances géométriques, dont celles liées aux propriétés des triangles et des figures semblables. Ces propriétés permettent de déduire des mesures manquantes de façon à rendre plus efficace leurs travaux.

Nomme un organisme qui œuvre en coopération internationale. Selon toi, de quelles façons exploite-t-on la mathématique à l'intérieur de cet organisme?

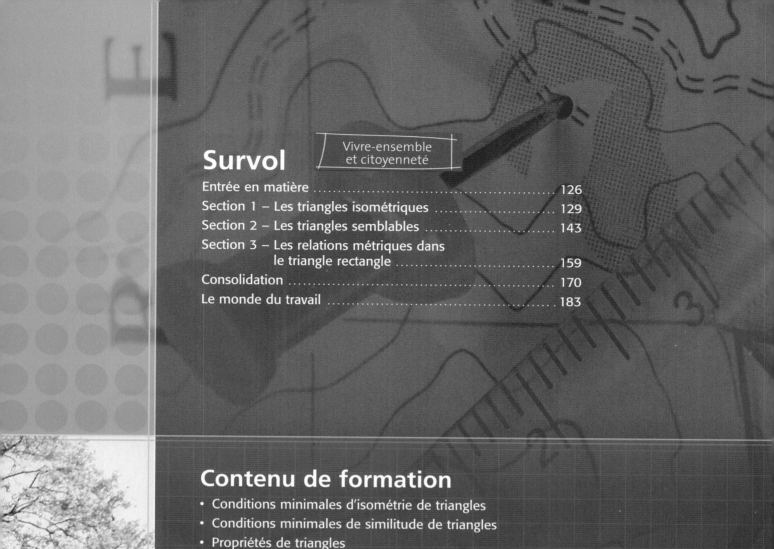

Survol

Vivre-ensemble et citoyenneté

Contenu de formation

- Conditions minimales d'isométrie de triangles
- Conditions minimales de similitude de triangles
- Propriétés de triangles
- Relations métriques dans le triangle rectangle
- Recherche de mesures manquantes

Entrée en matière

Les pages 126 à 128 font appel à tes connaissances en géométrie.

En contexte

Chaque année, dans plusieurs villes canadiennes, des groupes de soutien organisent une course en vue de recueillir des fonds pour la recherche sur le cancer du sein.

1. Madame Lissade est responsable de l'élaboration du parcours de la course qui aura lieu dans le centre-ville de Montréal. Elle a choisi les rues qui délimitent deux parcs : le square Dorchester et la place du Canada. Le parcours est représenté sur la carte ci-dessous.

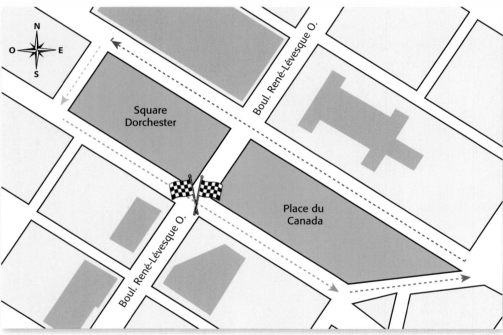

a) Sachant que le tronçon bleu du parcours mesure 440 m, utilise une règle pour déterminer la longueur du tronçon :

   1) orange ;   **2)** vert.

b) Sans le mesurer sur la carte, détermine la longueur du tronçon rouge dans la réalité.

c) La figure qui représente le parcours de la course sur la carte est-elle semblable à la figure correspondant au parcours réel ?

d) À quelles conditions deux figures sont-elles semblables ?

e) Quel est le **rapport de similitude** entre la carte et la réalité ?

Rapport de similitude

Rapport des mesures des côtés homologues dans des figures semblables.

2. Madame Lissade a eu l'idée de fabriquer une banderole en juxtaposant des cerfs-volants **isométriques** ayant la forme de losanges. Elle l'installera pour que les gens qui viennent encourager les coureurs puissent y inscrire le nom d'une personne chère atteinte du cancer.

Voici une illustration de la banderole qui sera installée à la place du Canada.

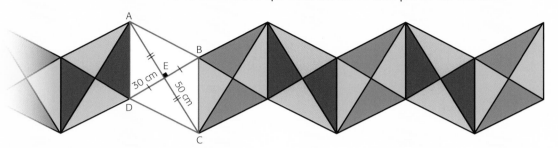

Isométriques
De même mesure.

Le même nombre de traits sur des côtés ou des angles signifie que les côtés ou les angles en question sont isométriques.

a) Identifie une paire d'angles :

1) opposés par le sommet ; **2)** alternes-internes.

b) Est-ce que les paires d'angles identifiées en **a** sont nécessairement isométriques ? Justifie ta réponse.

c) Calcule le périmètre et l'aire d'un des cerfs-volants qui constituent la banderole.

3. L'année dernière, les fonds recueillis ont servi à financer plusieurs projets de recherche ainsi que l'achat d'équipement médical pour un hôpital, qui a reçu 20 000 $.

a) Les 20 000 $ reçus par cet hôpital représentent 15 % du montant total des fonds recueillis. Détermine le montant total de ces fonds.

b) Si 3 % des fonds ayant servi à financer les divers projets de recherche ont été utilisés pour des dépenses administratives, quel montant a servi directement aux projets de recherche ?

Vivre-ensemble et citoyenneté

Les activités visant à recueillir des fonds pour financer des projets de recherche et pour soutenir les personnes atteintes d'une maladie et leur famille sont de plus en plus populaires. En plus de sensibiliser le public, ces activités permettent aux personnes unies par une cause de se rencontrer.

Selon toi, pourquoi les organisations œuvrant pour des causes humanitaires doivent-elles régulièrement entreprendre des collectes de fonds ? Pourquoi est-il bénéfique de rencontrer des gens qui sont dans la même situation que nous et de discuter avec eux ?

En bref

1. Voici une droite sécante à une paire de droites parallèles.

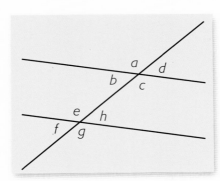

a) Identifie deux paires d'angles :

    1) alternes-internes ;

    2) correspondants ;

    3) alternes-externes ;

    4) opposés par le sommet ;

    5) supplémentaires.

b) Quelles paires d'angles sont isométriques ?

2. Les triangles **ABC** et **DEF** sont isométriques.

a) Si m $\overline{BC}$ = 2 cm, quelle est m $\overline{EF}$?

b) Si la somme des mesures des angles **A** et **B** est de 88°, quelle est la mesure de l'angle **F** ?

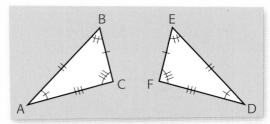

3. Résous les proportions suivantes.

a) $\dfrac{6}{7} = \dfrac{12}{x}$ b) $\dfrac{9}{15} = \dfrac{y}{35}$ c) $\dfrac{91}{z} = \dfrac{13}{12}$ d) $\dfrac{h}{12} = \dfrac{27}{h}$

4. Quel est le rapport de similitude des paires de figures semblables ci-dessous ?

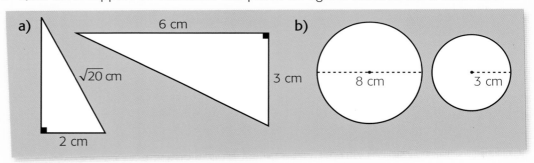

a) 6 cm, $\sqrt{20}$ cm, 2 cm, 3 cm

b) 8 cm, 3 cm

5. Calcule l'aire de chacune des figures ci-dessous.

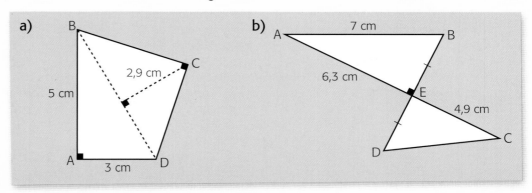

a) B, C, 2,9 cm, 5 cm, A, 3 cm, D

b) A, 7 cm, B, 6,3 cm, E, 4,9 cm, D, C

Parc du Souvenir

Situation **d'application**

Dans le cadre d'un programme visant à renforcer l'identité culturelle des communautés autochtones, de jeunes Autochtones ont obtenu une subvention pour aménager un parc afin de commémorer l'histoire de leur peuple.

L'équipe de jeunes, appuyée par des membres de la communauté, a déterminé que le terrain vague situé à l'intersection des rues Goéland et de la Savane sera réaménagé et baptisé « Parc du Souvenir ».

L'équipe de jeunes doit d'abord prendre les mesures du terrain et les fournir à la municipalité puisque celle-ci exige que le terrain soit inscrit au cadastre. Les jeunes décident d'organiser leur travail en déterminant les mesures de côtés et d'angles du terrain triangulaire qui suffisent pour fournir une information complète à la municipalité. Pour ce faire, ils invitent un membre de la communauté à venir partager son expérience avec eux et à les conseiller sur la marche à suivre.

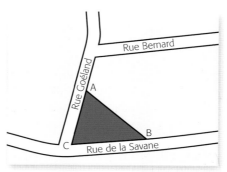

Celui-ci leur confirme qu'il est possible de décrire un triangle sans ambiguïté même si on ne fournit pas toutes les mesures de ses angles et de ses côtés. Il les laisse ensuite déterminer par eux-mêmes les mesures qu'il suffit de fournir à la municipalité.

Propose au moins deux ensembles de mesures distincts qui contiennent le moins de mesures possible d'angles ou de côtés et qui permettent de décrire le terrain sans ambiguïté.

Le cadastre est un registre public consignant tous les documents et les plans qui donnent la représentation géographique d'un terrain, ses limites et ses mesures, ainsi qu'un numéro de référence afin de l'identifier.

Vivre-ensemble et citoyenneté

Plusieurs programmes gouvernementaux, comme le Programme des Autochtones, appuient la revitalisation culturelle des peuples autochtones et leur pleine participation à la société canadienne. De ce fait, chaque initiative prise par des membres de ces communautés culturelles leur assure une voix représentative et favorise le développement culturel. Selon toi, comment de telles mesures permettent-elles aux communautés autochtones de nouer des liens entre elles et avec la population canadienne?

Superposable

- **Triangles isométriques**
- **Conditions minimales d'isométrie de triangles**

Marie-Claude, une enseignante de mathématique, a divisé son groupe en trois équipes. Elle a ensuite distribué des bâtonnets à chaque élève des équipes.

Équipe 1	Équipe 2	Équipe 3

Chaque élève doit construire un triangle à l'aide de trois bâtonnets.

A Identifie les équipes où tous les élèves ont nécessairement construit des triangles isométriques. Justifie ta réponse.

B Combien de mesures d'angles et de côtés sont nécessairement les mêmes si deux triangles sont isométriques?

Homologues
Éléments de deux figures géométriques qui correspondent entre eux par une certaine relation.

C Soit deux triangles dont les côtés **homologues** ont les mêmes mesures.
   1) Les triangles ont-ils nécessairement les mêmes mesures d'angles? Justifie ta réponse.
   2) Les triangles sont-ils nécessairement isométriques? Justifie ta réponse.

D Soit deux triangles dont les angles homologues ont les mêmes mesures.
   1) Les triangles ont-ils nécessairement les mêmes mesures de côtés? Justifie ta réponse.
   2) Les triangles sont-ils nécessairement isométriques? Justifie ta réponse.

E Est-il suffisant de comparer les mesures de deux côtés homologues pour pouvoir affirmer que deux triangles sont isométriques? Justifie ta réponse.

Ai-je bien compris?

1. Détermine si chacune des paires suivantes est constituée de triangles isométriques.
   a) Deux triangles dont les côtés mesurent 7 cm, 8 cm et 9 cm.
   b) Deux triangles dont les angles mesurent 50°, 60° et 70°.
   c) Deux triangles dont deux côtés mesurent 7 cm et 8 cm.

2. Identifie les paires de triangles isométriques.

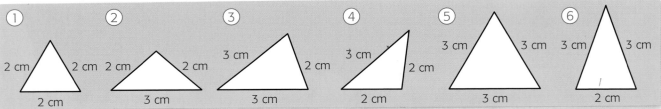

Bologo

Le conseil d'administration d'une entreprise qui fournit un service de connexion sans fil à Internet vient d'approuver le logo ci-dessous formé de trois triangles isométriques. Les triangles représentent les trois aspects de l'engagement de l'entreprise envers sa clientèle : rapidité, fiabilité et sécurité.

Charles doit intégrer le logo à la page Web de l'entreprise. Il voulait faire tracer les triangles en se basant sur les mesures de leurs côtés, qui sont de 15 mm, de 45 mm et de 55 mm. Toutefois, les deux procédés que le logiciel utilise pour tracer des triangles requièrent au moins une mesure d'angle.

Charles mesure donc les deux plus petits angles d'un triangle du logo (13° et 43°), puis il fait deux essais avec le logiciel.

Essai	Triangle tracé par le logiciel
Premier procédé	
Tracer un triangle Côté 1 : 15 mm Côté 2 : 45 mm Angle 1 : 13°	45 mm, 13°, 15 mm
Deuxième procédé	
Tracer un triangle Côté 1 : 45 mm Angle 1 : 13° Angle 2 : 43°	13°, 43°, 45 mm

A Peut-il y avoir un côté de 55 mm dans un des triangles tracés par le logiciel? Justifie ta réponse.

B Charles a-t-il réussi à tracer un triangle isométrique aux triangles du logo? Explique ta réponse.

C Explique comment le logiciel tient compte des mesures qu'on lui fournit pour tracer un triangle.

D Selon la réponse que tu as donnée en **C**, est-il possible que le logiciel trace deux triangles différents à partir des mesures qu'on lui fournit? Justifie ta réponse.

E Quelles mesures Charles peut-il entrer dans le logiciel pour que celui-ci trace un triangle isométrique à ceux du logo:
  1) selon le premier procédé?
  2) selon le deuxième procédé?

> **Condition minimale d'isométrie**
>
> Ensemble minimal de mesures qu'il suffit de comparer pour affirmer que deux triangles sont isométriques.

F Si la **condition minimale d'isométrie** de triangles dont les côtés homologues sont isométriques s'écrit CCC, comment écrirais-tu la condition minimale d'isométrie:
  1) associée au premier procédé?
  2) associée au deuxième procédé?

G Comment t'y prendrais-tu pour convaincre un autre utilisateur de ce logiciel:
  1) que la position de l'angle dans le premier procédé est un élément déterminant pour construire le triangle?
  2) que la position du côté dans le deuxième procédé est un élément déterminant pour construire le triangle?

Ai-je bien compris?

Trouve les paires de triangles qui sont nécessairement isométriques et indique la condition minimale d'isométrie qui te permet d'affirmer qu'ils le sont.

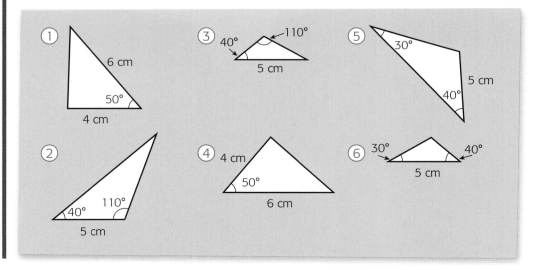

Viser la bouée

À son chalet, Clémence lance des galets en les faisant ricocher sur l'eau. Le dernier galet qu'elle a lancé a touché une bouée indiquant la limite de la zone de baignade.

Clémence entreprend alors de calculer à quelle distance elle a lancé le galet.

Elle plante donc un piquet (**A**) à l'endroit où elle se trouvait lorsqu'elle a lancé le galet, vis-à-vis de la bouée, puis elle marche en suivant le bord de l'eau. Elle plante un deuxième piquet (**B**) après 10 pas et un troisième (**C**) après 10 autres pas. Elle recule ensuite perpendiculairement au bord de la plage en prenant soin de compter ses pas jusqu'à ce qu'elle voie la bouée alignée avec le deuxième piquet (**B**). Après 34 pas, elle plante le piquet **D**.

A Quel côté du triangle **DBC** est homologue au côté **EA** du triangle **EBA**?

B Est-il nécessaire de s'assurer que les triangles sont isométriques avant de déduire que le côté **EA** du triangle **EBA** est isométrique au côté **DC** du triangle **DBC**? Justifie ta réponse.

C Relève, à partir des données de la situation, les éléments homologues isométriques dans ces deux triangles.

D À partir des éléments relevés en **C**, quelle condition minimale permettrait de démontrer que les triangles formés par Clémence sont isométriques?

Recherche de mesures manquantes

Fait divers

Quatre facteurs sont déterminants pour faire ricocher un galet sur l'eau: la forme du galet, la vitesse à laquelle on le lance, la vitesse de rotation du galet sur lui-même et, surtout, l'angle avec lequel il frappe l'eau la première fois. Des recherches ont montré qu'un angle de 20° avec l'horizontale est optimal et maximise le nombre de ricochets qu'un galet peut effectuer avant de finalement percer la surface de l'eau. En juillet 2007, l'Américain Russell Byars a réussi un coup étonnant: il a lancé un galet qui a ricoché 51 fois! Son lancer est homologué par le *Livre des records Guinness*.

Voici une façon de démontrer que les triangles formés par Clémence sont isométriques.

> Le symbole «≅» se lit «est isométrique à».

Affirmation	Justification
∠ A ≅ ∠ C	Par hypothèse
$\overline{AB} \cong \overline{BC}$	Par hypothèse
∠ EBA ≅ ∠ DBC	Deux angles opposés par le sommet sont nécessairement isométriques.
∆EBA ≅ ∆DBC	Deux triangles ayant un côté isométrique compris entre des angles homologues isométriques sont nécessairement isométriques (condition minimale ACA).

E Selon toi, que signifie «Par hypothèse» dans la colonne Justification?

F Nomme un avantage à utiliser un tableau comme celui ci-dessus.

G Selon toi, est-ce que l'ordre dans lequel on présente les éléments homologues est important? Justifie ta réponse.

H Est-ce que le côté **EA** du triangle **EBA** est nécessairement isométrique au côté **DC** du triangle **DBC**? Justifie ta réponse.

I À quelle distance Clémence a-t-elle lancé le galet si elle a fait des pas de 80 cm?

Ai-je bien compris?

Pour chacune des paires de triangles ci-dessous:

a) démontre que les triangles sont isométriques en t'appuyant sur une condition minimale d'isométrie;

b) trouve la ou les mesures manquantes.

①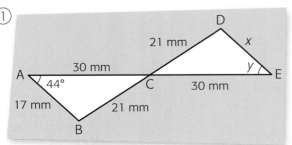

②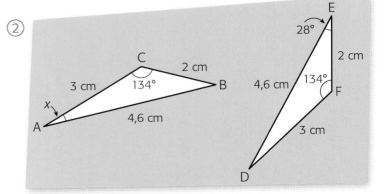

Les triangles isométriques

Deux triangles isométriques ont leurs éléments homologues (trois angles et trois côtés) isométriques.

Exemple :

Les triangles **ABC** et **DEF** sont isométriques, car leurs angles homologues sont isométriques et leurs côtés homologues sont isométriques.

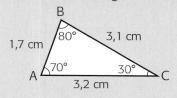
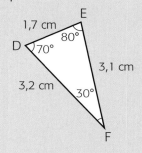

> Le symbole d'égalité concerne des nombres alors que le symbole d'isométrie (≅) concerne des objets géométriques. On a donc m $\overline{AB}$ = m $\overline{DE}$, mais $\overline{AB}$ ≅ $\overline{DE}$.

On a ∠ A ≅ ∠ D, ∠ B ≅ ∠ E et ∠ C ≅ ∠ F et $\overline{AB}$ ≅ $\overline{DE}$, $\overline{BC}$ ≅ $\overline{EF}$ et $\overline{CA}$ ≅ $\overline{FD}$.

On écrit alors ∆**ABC** ≅ ∆**DEF**.

Remarque : On nomme des triangles isométriques selon leurs sommets homologues. Donc, si ∆**ABC** ≅ ∆**DEF**, on peut affirmer que l'angle **A** est homologue à l'angle **D**, que l'angle **B** est homologue à l'angle **E** et que l'angle **C** est homologue à l'angle **F**.

Les conditions minimales d'isométrie de triangles

Pour pouvoir affirmer que deux triangles sont isométriques, il n'est pas nécessaire de vérifier que tous leurs côtés homologues et tous leurs angles homologues sont isométriques. Il suffit de s'assurer que les triangles respectent une des trois conditions minimales suivantes.

La condition minimale d'isométrie CCC

Deux triangles ayant leurs côtés homologues isométriques sont nécessairement isométriques.

Exemple :

∆**ABC** ≅ ∆**DEF**, car $\overline{AB}$ ≅ $\overline{DE}$, $\overline{BC}$ ≅ $\overline{EF}$ et $\overline{CA}$ ≅ $\overline{FD}$.

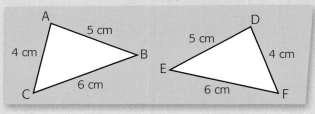

La condition minimale d'isométrie CAC

Deux triangles ayant un angle isométrique compris entre deux côtés homologues isométriques sont nécessairement isométriques.

Exemple :

ΔGHJ ≅ ΔKLM, car ∠ H ≅ ∠ L, $\overline{GH}$ ≅ $\overline{KL}$ et $\overline{JH}$ ≅ $\overline{ML}$.

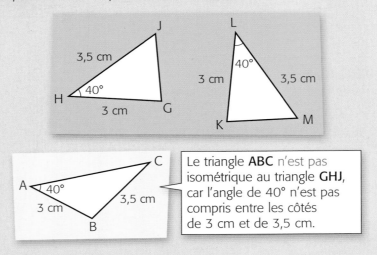

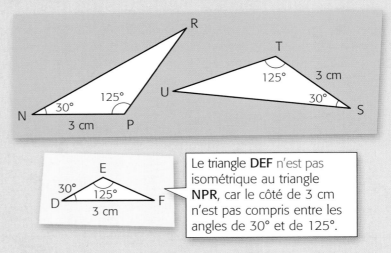

Le triangle **ABC** n'est pas isométrique au triangle **GHJ**, car l'angle de 40° n'est pas compris entre les côtés de 3 cm et de 3,5 cm.

La condition minimale d'isométrie ACA

Deux triangles ayant un côté isométrique compris entre deux angles homologues isométriques sont nécessairement isométriques.

Exemple :

ΔNPR ≅ ΔSTU, car ∠ N ≅ ∠ S, ∠ P ≅ ∠ T et $\overline{NP}$ ≅ $\overline{ST}$.

Le triangle **DEF** n'est pas isométrique au triangle **NPR**, car le côté de 3 cm n'est pas compris entre les angles de 30° et de 125°.

La recherche de mesures manquantes

Les relations entre les angles

L'observation de certaines relations entre les angles est une étape fondamentale de la recherche de mesures manquantes.

On trouve notamment plusieurs paires d'angles isométriques lorsqu'une sécante coupe deux droites parallèles.

Dans le schéma ci-dessous, les angles ombrés de couleurs différentes sont supplémentaires et les angles ombrés de la même couleur sont isométriques.

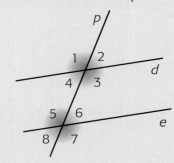

- Les angles 1 et 3, 2 et 4, 5 et 7, 6 et 8 sont opposés par le sommet.
- Les angles 1 et 5, 2 et 6, 3 et 7, 4 et 8 sont correspondants.
- Les angles 3 et 5, 4 et 6 sont alternes-internes.
- Les angles 1 et 7, 2 et 8 sont alternes-externes.

Le processus de recherche de mesures manquantes s'appuie sur les relations qui existent entre les éléments homologues de triangles isométriques. C'est pourquoi il est essentiel de démontrer que les triangles en jeu sont isométriques avant de déduire la mesure en question.

> **Pièges et astuces**
>
> Pour trouver quelle condition minimale d'isométrie est respectée, il est utile de se baser sur le triangle pour lequel on connaît le moins de mesures.

Exemple :

Quelle est la mesure du segment **DE** et de l'angle **D** dans la figure ci-contre ?

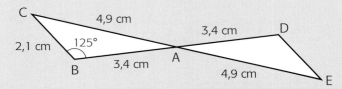

Étape	Affirmation	Justification
1. Démontrer que les triangles sont isométriques en s'assurant qu'une condition minimale d'isométrie est respectée.	m $\overline{AB}$ = m $\overline{AD}$	Par hypothèse
	∠ CAB ≅ ∠ EAD	Deux angles opposés par le sommet sont nécessairement isométriques.
	m $\overline{AC}$ = m $\overline{AE}$	Par hypothèse
	△ABC ≅ △ADE	Deux triangles ayant un angle isométrique compris entre deux côtés homologues isométriques sont nécessairement isométriques (condition minimale CAC).
2. Déduire les mesures manquantes à partir de celles des éléments homologues.	m $\overline{DE}$ = 2,1 cm	Dans les triangles isométriques, les côtés homologues sont isométriques.
	m ∠ D = 125°	Dans les triangles isométriques, les angles homologues sont isométriques.

Remarque : Une hypothèse est un énoncé du problème qui contient une information dont on se sert pour la démonstration.

Mise en pratique

1. Soit les triangles **ABC** et **DEF** ci-dessous.

   a) Ces triangles sont-ils isométriques? Explique ta réponse.

   b) Formule six énoncés concernant les six paires d'éléments homologues de ces triangles.

   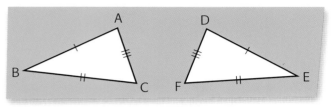

2. Sachant que △**ABC** ≅ △**DEF**, détermine le périmètre de chaque triangle.

   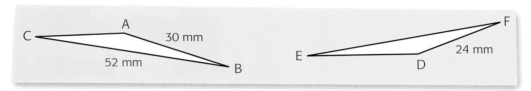

3. Justin et Benjamin ont chacun dessiné un triangle ayant un côté de 2 cm et un autre de 3 cm. Ils ont ensuite comparé leurs dessins et constaté qu'ils avaient dessiné des triangles isométriques.

   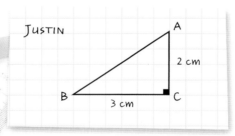 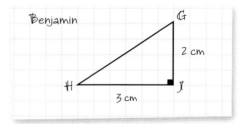

   Ils concluent donc que le fait d'avoir deux côtés isométriques est une condition suffisante pour que deux triangles soient isométriques. Ont-ils raison? Justifie ta réponse.

4. Dessine deux triangles qui ne sont pas isométriques, mais dont tous les angles homologues sont isométriques.

5. Dans la figure ci-contre, relève une paire de triangles isométriques et deux paires de triangles qui ne sont pas nécessairement isométriques.

   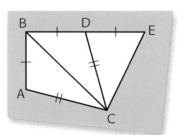

6. Parmi les triangles suivants, relève les paires de triangles isométriques. Indique ensuite la condition minimale d'isométrie qu'ils respectent.

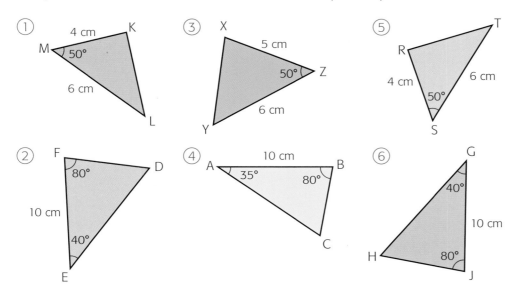

① 4 cm, K, M, 50°, 6 cm, L

③ X, 5 cm, 50°, Z, Y, 6 cm

⑤ T, R, 4 cm, 6 cm, 50°, S

② F, 80°, D, 10 cm, 40°, E

④ 10 cm, A, 35°, 80°, B, C

⑥ G, 40°, 10 cm, H, 80°, J

7. Explique pourquoi les paires de triangles suivantes ne sont pas constituées de triangles isométriques.

a)

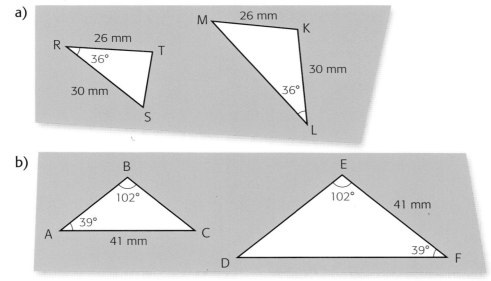

R, 26 mm, T, 36°, 30 mm, S

M, 26 mm, K, 30 mm, 36°, L

b)

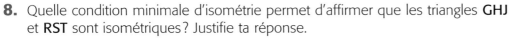

B, 102°, 39°, A, 41 mm, C

E, 102°, 41 mm, D, 39°, F

8. Quelle condition minimale d'isométrie permet d'affirmer que les triangles **GHJ** et **RST** sont isométriques? Justifie ta réponse.

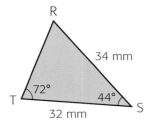

R, 34 mm, 72°, 44°, T, 32 mm, S

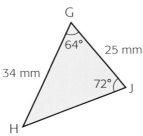

G, 64°, 25 mm, 34 mm, 72°, J, H

9. Si possible, trouve la mesure manquante dans la paire de triangles ci-dessous et laisse une trace de ta démarche. Si c'est impossible, explique pourquoi.

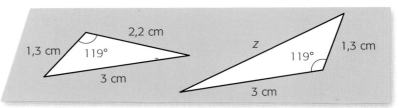

10. Pour déduire une mesure manquante dans une figure, il importe de procéder de façon ordonnée. Place les étapes suivantes dans l'ordre où elles doivent être réalisées.

① Déterminer la mesure manquante dans un triangle en se basant sur la mesure de l'élément homologue de l'autre triangle.

③ Constater ou déduire que certains éléments homologues sont isométriques.

⑤ Déterminer quels sont les éléments homologues des triangles en question.

② Relever la présence de triangles.

④ Conclure qu'une condition minimale d'isométrie est respectée.

11. Quels triangles sont nécessairement isométriques au triangle **PQR**? Indique quelle condition minimale d'isométrie est respectée dans chaque cas.

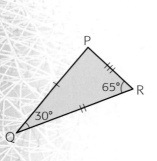

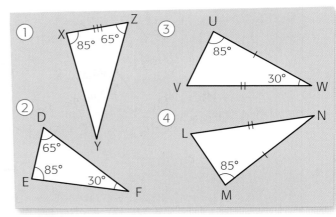

12. Dans la figure ci-contre, les droites **AD** et **BE** coupent les droites parallèles **AB** et **DE**.

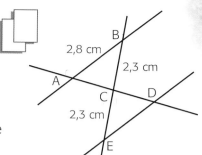

Reproduis le tableau suivant. Complète ensuite le raisonnement qui permet de déduire la mesure de **DE**.

Affirmation	Justification
∠ ACB ▬▬ ∠ DCE	
	Par hypothèse
	Puisque les droites **AB** et **DE** sont ▬▬, les angles ▬▬ sont isométriques.
	Deux triangles ayant un côté isométrique compris entre deux angles homologues isométriques sont nécessairement isométriques.
m $\overline{DE}$ = ▬▬	

13. Dans la figure ci-dessous, **PS // RQ** et $\overline{PS} \cong \overline{RQ}$.

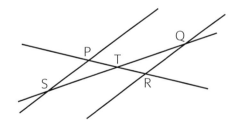

Reproduis le tableau suivant. Complète ensuite le raisonnement qui permet de déduire que le point **T** est le point milieu de $\overline{PR}$.

Affirmation	Justification
	Par hypothèse
ΔPTS ≅ ΔRTQ	
$\overline{PT} \cong$ ▬▬ Donc, le point **T** est le point milieu de **PR**.	Dans des triangles isométriques, les côtés homologues sont isométriques.

14. Voici un parallélogramme dans lequel on a tracé une diagonale.

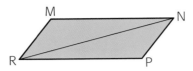

Démontre que ΔRMN ≅ ΔNPR.

15. Démontre les conjectures suivantes.

a) Les diagonales d'un rectangle se coupent en leur milieu.

b) La hauteur issue d'un des sommets d'un triangle équilatéral partage le côté sur lequel elle est abaissée en deux segments isométriques.

16. L'échelle **AB** est appuyée contre un mur. Elle glisse et se retrouve à la position représentée par le segment **CD**. Si ∠ **BAE** ≅ ∠ **CDE**, prouve que $\overline{AE}$ ≅ $\overline{ED}$.

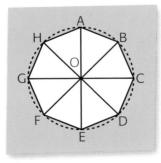

17. L'octogone régulier **ABCDEFGH** est inscrit dans un cercle de centre **O**.

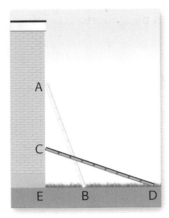

a) Démontre que ΔOAB ≅ ΔODE.

b) Quelle isométrie permet d'associer ces triangles?

Les triangles semblables

L'eau ou l'école?

Situation d'application

Dans certains pays en développement, de nombreuses familles n'ont pas accès à de l'eau potable à proximité de leur village. Ces familles confient à leurs enfants, et particulièrement à leurs filles, la tâche d'aller chercher de l'eau. Ces enfants peuvent donc consacrer plusieurs heures par jour à cette corvée.

Fatou, une enfant de neuf ans, va chercher de l'eau au ruisseau tous les jours. Un jour sur deux, elle apporte de l'eau chez sa tante et y reste 15 minutes. Au retour, elle rapporte de l'eau pour sa famille.

Voici un schéma qui montre le domicile de Fatou, celui de sa tante, le ruisseau où Fatou va chercher l'eau ainsi que les trajets qu'elle parcourt selon qu'elle se rend ou non chez sa tante. Au fil du temps, Fatou a fini par parcourir les trajets les plus courts possible, selon chaque situation.

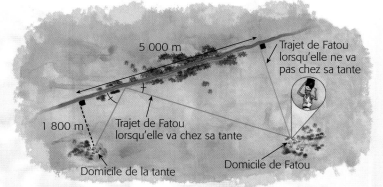

La vitesse moyenne à laquelle Fatou marche est de 2,7 km/h. Elle met 10 minutes à remplir ses récipients au ruisseau. Lorsqu'elle ne va pas chez sa tante, Fatou met deux heures dix minutes à s'acquitter de sa tâche. Combien de temps Fatou met-elle à s'acquitter de sa tâche lorsqu'elle va chez sa tante?

Vivre-ensemble et citoyenneté

L'initiative «Entreprendre au bénéfice de tous», dirigée par le Programme des Nations unies pour le développement, vise à faciliter l'engagement des entreprises dans les pays en développement. C'est ainsi qu'en Afrique du Sud, le gouvernement a fait appel aux services de l'entreprise Amanz'abantu pour approvisionner en eau les populations rurales. Auparavant, les habitants des villages, essentiellement les femmes, devaient marcher plusieurs heures par jour pour puiser l'eau des rivières, bien souvent insalubre. Aujourd'hui, des cartes à puce leur permettent d'utiliser un robinet commun pour accéder à une eau propre. Grâce au système de cartes à puce, le gouvernement sud-africain peut garantir un accès libre et équitable à 25 litres d'eau par personne par jour.

Selon toi, quelles répercussions cet accès à l'eau a-t-il sur la vie des jeunes Africaines? Nomme un autre avantage qu'il y a à mettre la technologie au service des pays en développement.

Une règle en pouces

- **Triangles semblables**
- **Conditions minimales de similitude de triangles**

Originaire de Boston aux États-Unis, Guido suit un programme d'immersion linguistique. Pendant quatre semaines, il séjournera dans une famille québécoise et fréquentera une école francophone.

Dans le premier cours de mathématique de Guido, l'enseignant demande à tous les élèves de la classe de construire un triangle dont les côtés mesurent 2 cm, 3 cm et 4 cm.

Voici les triangles qu'ont tracés Guido et Gaëlle, une autre élève de la classe.

> Le pouce est une mesure de longueur encore utilisée aux États-Unis. Un pouce correspond à environ 2,54 cm. Le symbole du pouce est « " ».

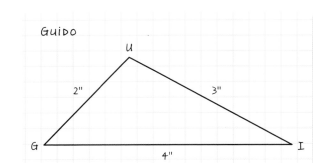

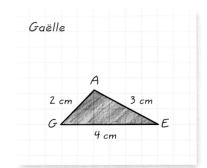

A Pourquoi leurs triangles ne sont-ils pas isométriques?

B Quelles sont les mesures des côtés du triangle de Guido en centimètres?

C Quel est le rapport des mesures des côtés homologues des deux triangles?

D Selon toi, peut-on dire que les triangles de Guido et de Gaëlle sont des **triangles semblables**? Justifie ta réponse.

Triangles semblables

Triangles dont les angles homologues sont isométriques et dont les mesures des côtés homologues sont proportionnelles.

Fait divers

En 2009, seulement 3 des 193 pays de la Terre n'avaient pas encore adopté le système international d'unités (SI): les États-Unis, en Amérique, le Liberia, en Afrique, ainsi que le Myanmar, en Asie.

Pour vérifier si les angles de leurs triangles sont isométriques, Gaëlle a découpé son triangle puis a placé le sommet **G** sur le sommet **G** du triangle de Guido, en prenant soin de bien aligner les côtés homologues.

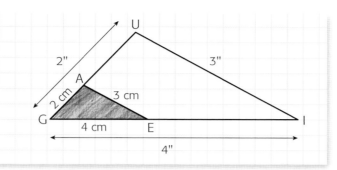

E Selon toi, Gaëlle pourrait-elle aligner les côtés homologues des triangles en plaçant :

1) le sommet **A** sur le sommet **U** ?

2) le sommet **E** sur le sommet **I** ?

F Selon toi, lorsque les mesures des côtés homologues de deux triangles sont proportionnelles, les angles homologues de ces triangles sont-ils nécessairement isométriques ? Justifie ta réponse.

G Formule une condition minimale de similitude de triangles qui repose sur les mesures des côtés homologues.

Ai-je bien compris ?

a) Parmi les triangles ci-dessous, identifie les triangles semblables au triangle **ABC** ci-contre.

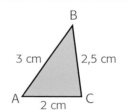

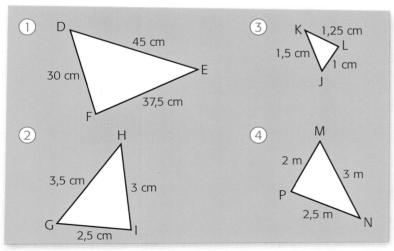

b) Les triangles que tu as identifiés en **a** sont-ils nécessairement semblables entre eux ? Justifie ta réponse.

Sans troisième côté

Conditions minimales de similitude de triangles

On a formé le triangle **ADE** en joignant les points milieu des côtés **AB** et **AC** du triangle **ABC**.

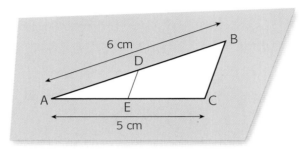

A) Quel est le rapport:

1) $\dfrac{m\,\overline{AC}}{m\,\overline{AE}}$?

2) $\dfrac{m\,\overline{AB}}{m\,\overline{AD}}$?

Le symbole «~» signifie «… est semblable à…».

B) Selon toi, est-il possible de conclure que △**ABC** ~ △**ADE** sans connaître les mesures des côtés **BC** et **DE**? Justifie ta réponse.

C) Les triangles **ABC** et **ADE** possèdent-ils nécessairement un angle isométrique? Si oui, lequel?

Voici deux autres triangles qui ont un angle isométrique et deux paires de côtés dont les mesures sont proportionnelles.

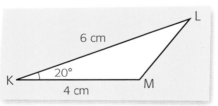
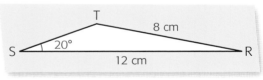

D) Les triangles **KLM** et **RST** sont-ils nécessairement semblables? Justifie ta réponse.

E) Utilise les réponses que tu as données en **A**, **B**, **C** et **D** pour formuler une condition minimale de similitude de triangles.

On a demandé à Renaud et à Alice de déterminer si les triangles **ABC** et **DEF** seront nécessairement semblables une fois entièrement tracés.

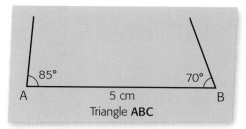

Triangle **ABC**

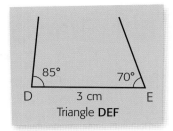

Triangle **DEF**

Voici ce que chacun a répondu.

Renaud
Les triangles ne seront pas nécessairement semblables. J'aurais besoin des mesures d'au moins une autre paire de côtés pour vérifier la proportionnalité.

ALICE
Les triangles ABC et DEF seront nécessairement semblables. Comme la condition minimale d'isométrie ACA permet d'affirmer que deux triangles sont isométriques, deux paires d'angles isométriques et une paire de côtés proportionnels assurent que deux triangles sont semblables.

F Que peux-tu dire à Renaud pour le faire changer d'avis ?

G Qu'est-ce qui est superflu dans la justification d'Alice ?

H Quelle est la mesure du troisième angle de chaque triangle ?

I Formule une condition minimale de similitude de triangles qui repose sur des mesures d'angles.

Ai-je bien compris ?

Parmi les triangles ci-dessous, trouve les paires de triangles qui sont nécessairement semblables. Indique ensuite la condition minimale de similitude qui te permet d'affirmer qu'ils sont semblables.

Pièges et astuces

Tracer des triangles semblables côte à côte et orientés de la même façon facilite le repérage de leurs éléments homologues.

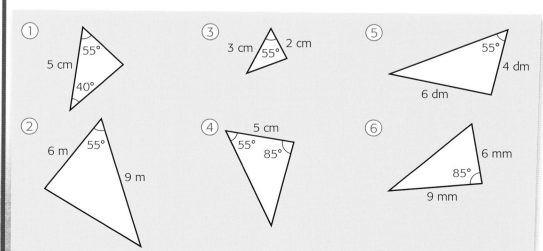

Transporter Internet

Bruno est responsable de la modernisation du réseau de distribution de données informatiques d'une entreprise de communication. Aujourd'hui, il évalue les coûts d'achat et d'enfouissement de nouveaux câbles optiques dans un arrondissement du sud-ouest de Montréal.

Une partie de l'arrondissement en question est représentée sur la carte ci-contre.
Les tronçons de rue en bleu, soit les boulevards Décarie et Cavendish et la rue Montclair, sont parallèles entre eux.

A Démontre, à l'aide d'un tableau affirmation-justification :

1) que les triangles **ABC** et **ADE** sont semblables ;

2) que les triangles **ABC** et **AFG** sont semblables.

Pour calculer la longueur des divers tronçons de rue où des travaux doivent être effectués, Bruno utilise les données suivantes fournies par les arpenteurs.

- La distance entre les intersections Monkland-Décarie et Monkland-Sherbrooke ($\overline{BA}$) est de 1 849 m.

- La distance entre les intersections Sherbrooke-Décarie et Monkland-Sherbrooke ($\overline{CA}$) est de 2 728 m.

- La distance entre les intersections Cavendish-Monkland et Monkland-Sherbrooke ($\overline{DA}$) est de 711 m.

B Quel est le rapport de similitude des triangles **ABC** et **ADE** ?

C Quelle est la distance entre les intersections Monkland-Sherbrooke et Cavendish-Sherbrooke (m $\overline{AE}$) ?

D Si $\overline{AF}$ et $\overline{FG}$ mesurent respectivement 433 m et 187 m, détermine :

1) m $\overline{AG}$;   2) m $\overline{BC}$;   3) m $\overline{DE}$.

E Détermine la mesure des segments $\overline{FD}$, $\overline{DB}$, $\overline{GE}$ et $\overline{EC}$, puis vérifie l'égalité suivante : $\dfrac{m\,\overline{FD}}{m\,\overline{DB}} = \dfrac{m\,\overline{GE}}{m\,\overline{EC}}$. Que remarques-tu ?

F Émets une conjecture à partir de ta réponse à la question **E**.

Bruno appelle ensuite le bureau d'arpentage et obtient l'information dont il a besoin : le chemin de fer ($\overline{SR}$) est parallèle au tronçon de la rue Sherbrooke, entre les points **A** et **C**, et m $\overline{CR}$ = 319 m.

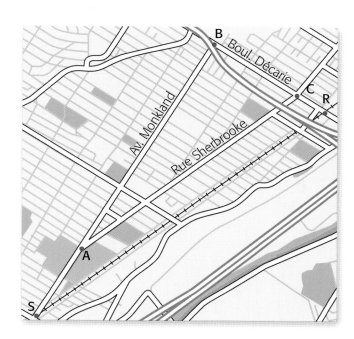

G Démontre que
$\triangle$**ABC** ~ $\triangle$**SBR**.

H Détermine la longueur de câble optique dont Bruno aura besoin pour relier une entreprise située au point **S** au centre de distribution situé au point **A**.

Ai-je bien compris ?

Détermine les mesures manquantes dans les figures ci-dessous, où des sécantes coupent des droites parallèles.

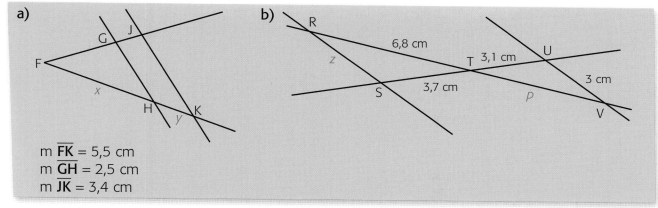

a)
m $\overline{FK}$ = 5,5 cm
m $\overline{GH}$ = 2,5 cm
m $\overline{JK}$ = 3,4 cm

Laisse une trace de ta démarche en indiquant :

1) la condition minimale de similitude qui est respectée ;

2) la proportion que tu as établie ;

3) les mesures manquantes.

Faire le  point

Les triangles semblables

Deux triangles sont semblables si leurs angles homologues sont isométriques et si les mesures de leurs côtés homologues sont proportionnelles. Le coefficient de proportionnalité correspond alors au rapport de similitude (k) des deux triangles.

Exemple :

Les triangles **ABC** et **DEF** sont semblables, car leurs angles homologues sont isométriques et les mesures de leurs côtés homologues sont proportionnelles.

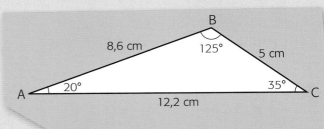

> Des triangles semblables sont isométriques lorsque $k = 1$.

On a $\angle\,\mathbf{A} \cong \angle\,\mathbf{D}$, $\angle\,\mathbf{B} \cong \angle\,\mathbf{E}$ et $\angle\,\mathbf{C} \cong \angle\,\mathbf{F}$

et $\dfrac{m\,\overline{\mathbf{AB}}}{m\,\overline{\mathbf{DE}}} = \dfrac{m\,\overline{\mathbf{BC}}}{m\,\overline{\mathbf{EF}}} = \dfrac{m\,\overline{\mathbf{CA}}}{m\,\overline{\mathbf{FD}}} = 2 = k$.

On écrit alors $\triangle\mathbf{ABC} \sim \triangle\mathbf{DEF}$.

Remarque : On nomme des triangles semblables selon leurs sommets homologues. Donc, si $\triangle\mathbf{ABC} \sim \triangle\mathbf{DEF}$, on peut affirmer que l'angle **A** est homologue à l'angle **D**, que l'angle **B** est homologue à l'angle **E** et que l'angle **C** est homologue à l'angle **F**.

Les conditions minimales de similitude de triangles

Pour affirmer que deux triangles sont semblables, il suffit de s'assurer que les triangles respectent une des trois conditions minimales suivantes.

La condition minimale de similitude CCC

Deux triangles dont les mesures des côtés homologues sont proportionnelles sont nécessairement semblables.

Exemple :

$\triangle\mathbf{ABC} \sim \triangle\mathbf{DEF}$, car

$\dfrac{m\,\overline{\mathbf{AB}}}{m\,\overline{\mathbf{DE}}} = \dfrac{m\,\overline{\mathbf{BC}}}{m\,\overline{\mathbf{EF}}} = \dfrac{m\,\overline{\mathbf{CA}}}{m\,\overline{\mathbf{FD}}} = \dfrac{1}{3}$

ou

$\dfrac{m\,\overline{\mathbf{DE}}}{m\,\overline{\mathbf{AB}}} = \dfrac{m\,\overline{\mathbf{EF}}}{m\,\overline{\mathbf{BC}}} = \dfrac{m\,\overline{\mathbf{FD}}}{m\,\overline{\mathbf{CA}}} = 3$

> L'inverse multiplicatif du rapport de similitude $\left(\dfrac{1}{k}\right)$ est aussi un rapport de similitude.

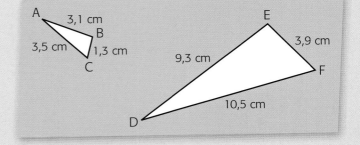

La condition minimale de similitude CAC

Deux triangles ayant un angle isométrique compris entre des côtés homologues dont les mesures sont proportionnelles sont nécessairement semblables.

Exemple :

$\triangle$GHJ $\sim$ $\triangle$KLM, car $\angle$ H $\cong$ $\angle$ L et $\dfrac{m\,\overline{KL}}{m\,\overline{GH}} = \dfrac{m\,\overline{ML}}{m\,\overline{JH}} = 2$.

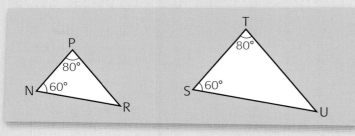

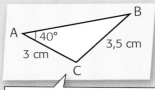

Le triangle **ABC** n'est pas semblable au triangle **GHJ**, car l'angle de 40° n'est pas compris entre les côtés de 3 cm et de 3,5 cm.

La condition minimale de similitude AA

Deux triangles ayant deux angles homologues isométriques sont nécessairement semblables.

Exemple :

$\triangle$NPR $\sim$ $\triangle$STU, car $\angle$ N $\cong$ $\angle$ S et $\angle$ P $\cong$ $\angle$ T.

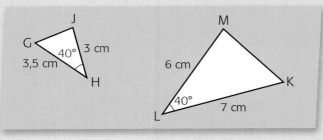

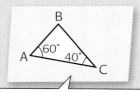

Le triangle **ABC** est semblable au triangle **NPR**, car la somme des mesures des angles intérieurs d'un triangle est de 180°.

Remarques :

– Une droite parallèle à celle portée par un côté d'un triangle détermine des triangles semblables puisque la condition minimale de similitude AA est respectée.

Puisque **GH // BC**, alors $\triangle$AGH $\sim$ $\triangle$ABC.

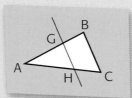

– Des sécantes coupées par des droites parallèles sont partagées en segments de longueurs proportionnelles. C'est ce qu'on appelle le théorème de Thalès.

Dans l'exemple ci-contre, **DR**, **ES** et **FT** sont parallèles, alors

$\dfrac{m\,\overline{EF}}{m\,\overline{DE}} = \dfrac{m\,\overline{ST}}{m\,\overline{RS}}$ et $\dfrac{m\,\overline{EF}}{m\,\overline{DF}} = \dfrac{m\,\overline{ST}}{m\,\overline{RT}}$.

Point de repère

Thalès

Thalès de Milet (624-546 av. J.-C.) est un philosophe et mathématicien grec. Il fut un des premiers à tenter d'expliquer rationnellement les phénomènes naturels au lieu de faire appel aux mythes. On lui attribue plusieurs découvertes en géométrie, en particulier celle qui concerne le fait que des droites parallèles déterminent, sur des sécantes, des segments de longueurs proportionnelles.

La recherche de mesures manquantes

Le processus de recherche de mesures manquantes s'appuie sur les relations qui existent entre les éléments homologues de triangles semblables. C'est pourquoi il est essentiel de démontrer que les triangles en jeu sont semblables avant de déterminer une mesure manquante.

Exemple :

Voici comment déterminer la mesure du segment **BC** et la mesure de l'angle **BCA** dans la figure ci-contre.

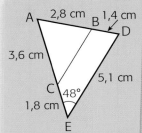

Étape	Affirmation	Justification
1. Démontrer que les triangles sont semblables en s'assurant qu'une condition minimale de similitude est respectée.	$\dfrac{m\,\overline{AC}}{m\,\overline{AE}} = \dfrac{3,6}{5,4} = \dfrac{2}{3}$ $\dfrac{m\,\overline{AB}}{m\,\overline{AD}} = \dfrac{2,8}{4,2} = \dfrac{2}{3}$	Les côtés homologues ont des mesures proportionnelles.
	$\angle\, CAB \cong \angle\, EAD$	L'angle compris entre les côtés homologues est commun aux deux triangles.
	$\triangle ABC \sim \triangle ADE$	Deux triangles ayant un angle isométrique compris entre des côtés homologues dont les mesures sont proportionnelles sont nécessairement semblables (condition minimale CAC).
2. Calculer les mesures manquantes à partir de celles des éléments homologues.	$\dfrac{m\,\overline{BC}}{m\,\overline{DE}} = \dfrac{2}{3}$ $\dfrac{m\,\overline{BC}}{5,1} = \dfrac{2}{3}$ $m\,\overline{BC} = 3,4$ cm	Dans des triangles semblables, les côtés homologues ont des mesures proportionnelles.
	$m \angle\, BCA = m \angle\, DEA = 48°$	Dans des triangles semblables, les angles homologues sont isométriques.

Mise en pratique

1. Soit les triangles **ABC**, **DEF** et **MNP** ci-dessous.

   a) Lequel des triangles **DEF** et **MNP** est semblable au triangle **ABC**?

   b) Quelle est la mesure des deux côtés isométriques d'un triangle isocèle dont la base mesure 3 cm et qui est semblable au triangle **ABC**?

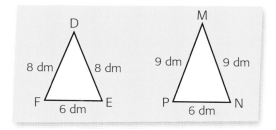

2. Sachant que $\triangle$**ABC** ~ $\triangle$**DEF**, complète les égalités suivantes.

   a) $\dfrac{\text{m } \overline{AB}}{\text{m } \overline{DE}} = \dfrac{\text{m } \overline{CA}}{\rule{2cm}{0.6cm}}$

   c) m $\angle$ **A** = $\rule{2cm}{0.4cm}$

   b) $\dfrac{\text{m } \overline{FE}}{\rule{2cm}{0.6cm}} = \dfrac{\rule{2cm}{0.6cm}}{\text{m } \overline{AC}}$

   d) $\rule{2cm}{0.4cm}$ = m $\angle$ **B**

3. Parmi les triangles ci-dessous, lesquels sont semblables au triangle ci-contre?

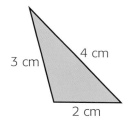

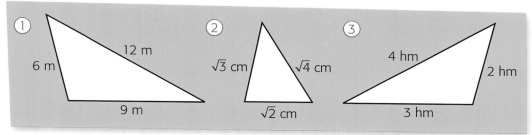

4. Soit le triangle **ABC** ci-contre.

   a) Lequel des triangles **UVW** et **DEF** est semblable au triangle **ABC**?

   b) Quel est le rapport de similitude entre le triangle **ABC** et celui que tu as identifié en **a**?

   c) Pourquoi y a-t-il deux réponses possibles en **b**?

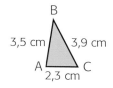

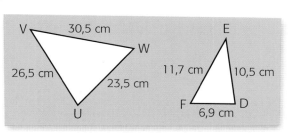

5. Valérie affirme que les triangles ci-dessous sont semblables parce qu'ils respectent la condition minimale de similitude CAC.

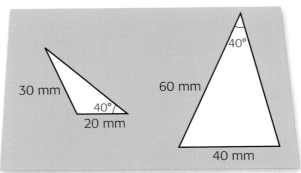

A-t-elle raison ? Justifie ta réponse.

6. Soit les six triangles ci-dessous.

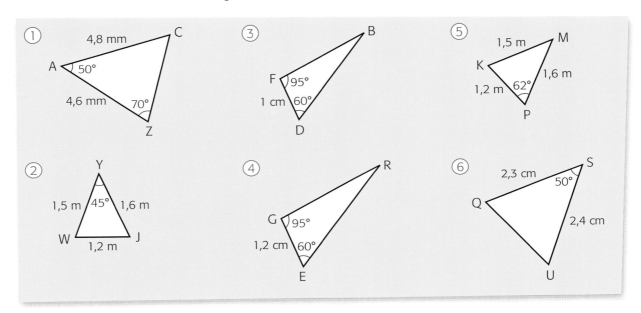

a) Trouve les paires de triangles semblables.

b) Pour chacune de ces paires :

   1) indique quelle condition minimale de similitude est respectée ;

   2) trouve un rapport de similitude.

7. Soit les six triangles ci-dessous.

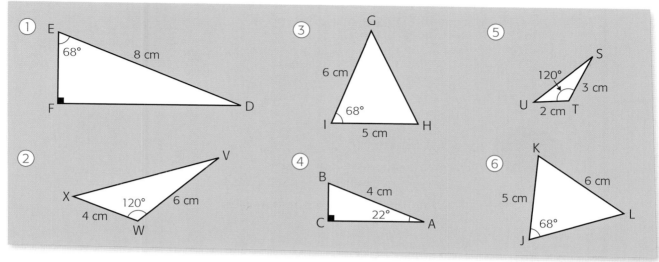

a) Trouve les paires de triangles semblables.

b) Pour chacune de ces paires :

    1) indique quelle condition minimale de similitude est respectée ;

    2) trouve un rapport de similitude.

8. Trois élèves devaient construire un triangle semblable au triangle **ABC** ci-dessous.

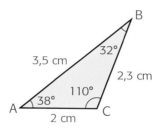

Voici les triangles qu'elles ont construits.

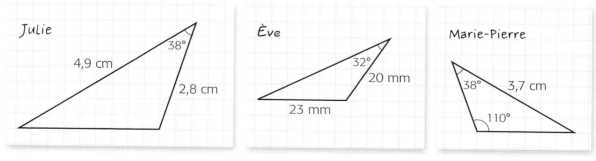

a) Qui a réussi ?

b) Explique pourquoi les autres n'ont pas réussi.

9. À l'aide d'un tableau affirmation-justification, élabore un raisonnement qui permet de déduire m $\overline{BD}$ dans la figure ci-contre.

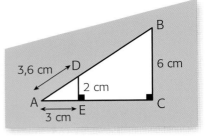

10. Voici comment Brigitte et John ont procédé pour déterminer la hauteur d'un lampadaire.

1) Les triangles sont semblables. Ils vérifient la condition de similitude AA.

2) Le rapport de similitude des triangles est de $\frac{10}{2,5}$ = 4.

3) La hauteur du lampadaire est donc de 1,6 · 4 = 6,4 m.

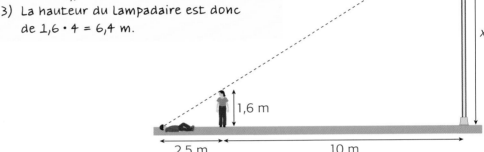

a) En quoi le raisonnement de Brigitte et John est-il erroné?

b) Comment auraient-ils dû procéder pour trouver le rapport de similitude?

c) Quelle est la hauteur du lampadaire?

11. Dans la figure ci-contre, les triangles **DAE** et **ECD** sont rectangles.

Quelle est la mesure du segment **CD**?

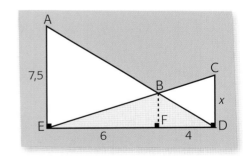

12. Dans la figure ci-dessous, chacune des droites *m*, *n* et *s* est parallèle à un des côtés du triangle **ABC** et passe par le point **O**.

Démontre que les triangles colorés sont semblables.

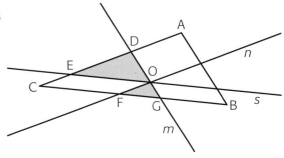

13. Les données fournies dans la figure suivante permettent de déduire la largeur de la rivière.

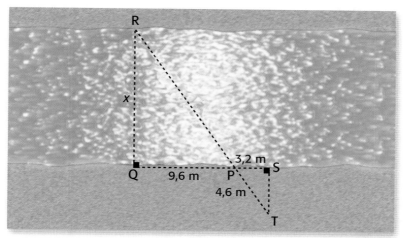

a) Quelle est la largeur de la rivière?

b) Donne un avantage à utiliser des triangles semblables plutôt que des triangles isométriques pour déduire la mesure d'objets qu'on ne peut mesurer directement.

14. Voici une photo d'un édifice de Melbourne, en Australie, dont les étages sont délimités par des segments orangés. Pour vérifier que les étages sont bien parallèles, Martin a tracé deux traits en vert sur la photo et a pris quelques mesures.

The 1010 Building, Melbourne, Australie.

a) Quelles mesures peut-il prendre pour vérifier que le toit est bien parallèle au premier étage? Prends ces mesures et fais la vérification pour Martin.

b) De combien d'étages les traits qu'il a dessinés permettent-ils de vérifier le parallélisme?

c) Vérifie le parallélisme de deux autres étages à l'aide de mesures prises sur les traits verts.

15. Dans la figure suivante, les droites **AD** et **AE** sont sécantes aux droites parallèles **BC** et **DE**.

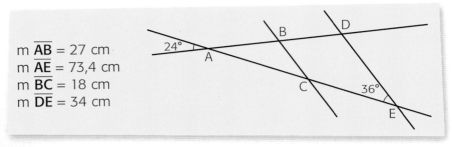

m $\overline{AB}$ = 27 cm
m $\overline{AE}$ = 73,4 cm
m $\overline{BC}$ = 18 cm
m $\overline{DE}$ = 34 cm

a) Trouve la mesure de l'angle **ABC**. Justifie ta réponse.

b) Trouve la mesure du segment **BD**. Justifie ta réponse.

16. Le rétroprojecteur est un appareil qui utilise une lampe pour projeter une image sur un écran. La projection de l'image s'effectue grâce à un système de lentilles et de miroirs. La première lentille, située sur la surface de projection, est une lentille de Fresnel. Elle permet de faire converger les faisceaux lumineux provenant de la lampe en un point situé près de la tête de projection. La deuxième lentille, située sous la tête de projection, permet de grossir l'image. Les miroirs ne servent qu'à rediriger la lumière.

On trace un trait **AB** mesurant 20 cm sur la surface de projection d'un rétroprojecteur. Le schéma suivant présente le parcours des deux faisceaux lumineux passant par les points **A** et **B**.

Si on enlevait la tête de projection, l'image serait projetée directement au plafond. Dans ce cas:

a) l'image serait-elle orientée dans le même sens que $\overline{AB}$ sur la surface de projection? Explique ta réponse.

b) quelle serait la taille de cette image, si le plafond est situé à 2,5 m au-dessus de la deuxième lentille?

Rétroprojecteur

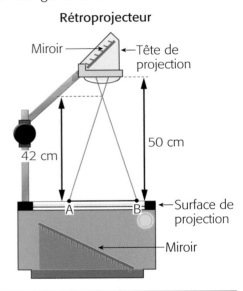

Fait divers

La lentille de Fresnel est un type de lentille fait à partir d'un ingénieux système de découpage de la lentille simple. Cette forme réduit considérablement la quantité de verre à utiliser et, par le fait même, la masse de la lentille. Elle a été inventée par Augustin Fresnel en 1822 pour équiper les phares de signalisation marine. Les rayons provenant de la source lumineuse sont déviés par la lentille et sortent en un faisceau parallèle qui peut être vu à de très grandes distances par les bateaux. De nos jours, la lentille de Fresnel est encore utilisée dans les phares maritimes, les phares automobiles, les projecteurs de cinéma, les rétroprojecteurs et certaines loupes.

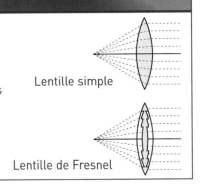

Un toit pour dormir

Situation-problème

Un organisme à but non lucratif a pour mission d'offrir un logis décent aux familles à faible revenu. Grâce à des dons d'argent et de matériaux, les nombreux bénévoles de l'organisme construisent des maisons simples, convenables et abordables, en partenariat avec les familles bénéficiaires.

L'organisme commencera bientôt la construction d'une maison pour une famille sherbrookoise. Le propriétaire d'une cour à bois de la région a accepté de faire don des madriers nécessaires à l'assemblage des fermes de toit.

La figure ci-dessous représente une des 15 fermes de toit qui soutiendront la toiture. Pour assurer la solidité de cette structure, aucune des sept composantes ne doit être faite de madriers réunis bout à bout.

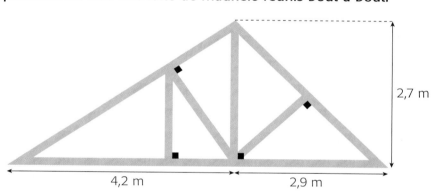

Le propriétaire de la cour à bois dispose de madriers de 5 m, de 6 m et de 8 m et désire minimiser la perte de bois. Suggère-lui un nombre de madriers de chaque longueur qui lui permettra de minimiser les pertes. Évalue ensuite le pourcentage des pertes.

Vivre-ensemble et citoyenneté

Habitat pour l'humanité International est un organisme à but non lucratif dont le principal objectif est d'offrir un habitat décent aux personnes défavorisées ou victimes de catastrophes naturelles. Le succès de cet organisme repose sur la collaboration entre les bénévoles et les futurs propriétaires. Ensemble, ils travaillent à la construction ou à la rénovation de maisons qui sont ensuite vendues à prix modique aux familles bénéficiaires. Les sommes perçues au moment de la vente de chaque maison servent à financer les nouveaux projets de construction. Depuis 1976, Habitat pour l'humanité International a aidé plus de 1,5 million de personnes dans près de 100 pays en construisant plus de 300 000 maisons.

Selon toi, qu'est-ce qu'un organisme à but non lucratif? Crois-tu qu'il est important que les familles bénéficiaires s'impliquent dans la construction de leur maison? Justifie ta réponse.

Vocabulaire triangulaire

Soit le triangle rectangle **ABC** ci-dessous.

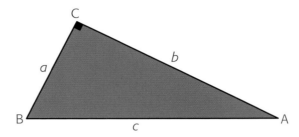

Pour nommer un côté
d'un triangle, on utilise
habituellement la lettre
qui identifie le sommet
opposé, mais en
minuscule.

**Hauteur relative
à l'hypoténuse**
Hauteur issue de l'angle
droit d'un triangle
rectangle.

A Nomme les cathètes de ce triangle de deux façons différentes.

B Reproduis ce triangle. Traces-y $\overline{CH}$, la **hauteur relative à l'hypoténuse**.

Le point **H** est la projection orthogonale de **C** sur l'hypoténuse **AB**, car le point **H**
appartient à la droite **AB** et **CH** est perpendiculaire à **AB**.

C Quel segment est la projection orthogonale sur l'hypoténuse :
  1) de la cathète **AC** ?   **2)** de la cathète **BC** ?

D Démontre que chacun des triangles déterminés par la hauteur relative à
l'hypoténuse, les triangles **CBH** et **ACH**, sont semblables au triangle **ABC**.

E Qu'est-ce qui permet d'affirmer que les deux triangles déterminés par la hauteur
relative à l'hypoténuse sont semblables entre eux ?

Ai-je bien compris ?

Soit la figure ci-contre.

a) Dans le triangle **DEF**, quelle est la
projection orthogonale sur l'hypoténuse
de la cathète **FD** ?

b) Identifie toutes les paires de triangles
semblables.

c) Détermine le rapport de similitude
entre chacune des paires de triangles
identifiées en **b**.

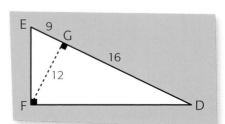

En plus de Pythagore

Les triangles semblables formés en traçant la hauteur relative à l'hypoténuse d'un triangle rectangle permettent de déduire des **relations métriques dans le triangle rectangle**. Ces relations sont tout aussi utiles que la relation de Pythagore pour la recherche de mesures manquantes.

Soit un triangle rectangle **ABC** dans lequel on a tracé **CD**, la hauteur relative à l'hypoténuse.

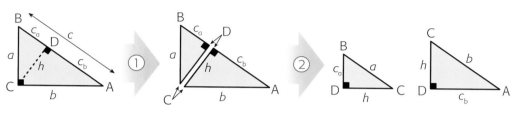

① On découpe le triangle **ABC** en suivant la hauteur relative à l'hypoténuse.

② On oriente les triangles **CBD** et **ACD** comme le triangle **ABC** à l'aide d'isométries du plan.

Les triangles **ABC**, **CBD** et **ACD** sont semblables.

> **Relations métriques dans le triangle rectangle**
> Relations entre les mesures de certains segments du triangle rectangle.

A Repère les éléments homologues des triangles :

1) ABC et CBD ; **2)** CBD et ACD ; **3)** ABC et ACD.

B Établis les proportions entre les mesures des côtés des triangles semblables **CBD** et **ACD**. Exprime ensuite la mesure de la hauteur relative à l'hypoténuse, h, en fonction de deux autres mesures.

C Utilise la réponse que tu as obtenue en **B** pour compléter la phrase suivante.

> Dans un triangle rectangle, ▬▬▬▬▬ est la **moyenne proportionnelle** des ▬▬▬▬▬.

> **Moyenne proportionnelle**
> Racine carrée du produit de deux nombres.

D Utilise la relation métrique établie en **C** pour déterminer la mesure de la hauteur relative à l'hypoténuse du triangle ci-contre.

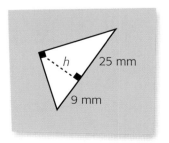

On s'intéresse à la mesure de la cathète **SQ** du triangle rectangle **QRS** ci-dessous.

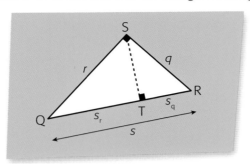

E Dessine les triangles **QRS** et **QST** en les orientant de la même façon.

F En utilisant les proportions qu'on peut établir à partir des côtés homologues des triangles semblables que tu as dessinés en **E**, exprime la mesure de la cathète **SQ** en fonction de deux autres mesures.

G Sachant que s_r mesure 20 mm et que s_q mesure 11 mm, détermine la mesure de la cathète **SQ**.

H À l'aide d'un procédé analogue à celui utilisé pour déterminer la mesure de la cathète **SQ**, détermine la mesure de la cathète **SR**.

I Complète la phrase suivante.

> Dans un triangle rectangle, la mesure de chaque cathète est la moyenne proportionnelle de la mesure de ▓▓▓▓▓▓▓▓ et de la mesure de ▓▓▓▓▓▓▓▓.

J Utilise la relation métrique établie en **I** pour déterminer la valeur de x et de y dans le triangle ci-dessous.

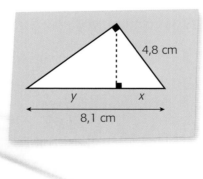

Voici deux façons de former un rectangle à partir du triangle rectangle **ABC**.

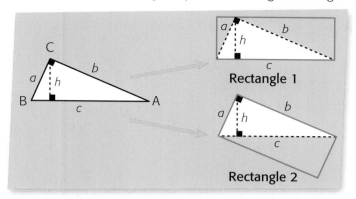

Rectangle 1

Rectangle 2

K Explique pourquoi les rectangles 1 et 2 ont la même aire.

L Quelle expression algébrique représente l'aire :

1) du **rectangle 1** ? **2)** du **rectangle 2** ?

M À l'aide des réponses que tu as obtenues en **K** et en **L**, exprime la hauteur relative à l'hypoténuse d'un triangle rectangle en fonction des mesures de ses cathètes.

N Complète la phrase suivante.

> Dans un triangle rectangle, le produit des mesures des cathètes égale le produit des mesures de ▮▮▮▮▮▮ et de ▮▮▮▮▮▮.

O Utilise la relation métrique établie en **N** pour déterminer la hauteur du triangle ci-contre.

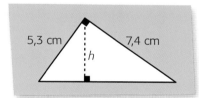

5,3 cm   7,4 cm   h

Ai-je bien compris ?

1. Détermine les mesures manquantes dans les triangles ci-dessous.

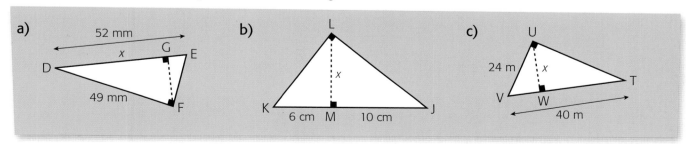

a)
52 mm
x
G
E
D
49 mm
F

b)
L
x
K
6 cm M 10 cm
J

c)
U
24 m x
T
V
W
40 m

2. Calcule l'aire du triangle **DEF** de la question précédente de deux façons différentes.

Les triangles rectangles semblables déterminés par la hauteur relative à l'hypoténuse

Dans un triangle rectangle, la hauteur relative à l'hypoténuse détermine deux autres triangles rectangles, semblables au premier.

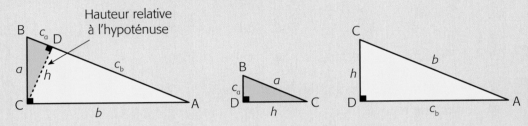

Par la condition minimale de similitude AA :

- $\triangle \mathbf{ABC} \sim \triangle \mathbf{CBD}$ puisque ces deux triangles ont un angle droit et qu'ils ont l'angle **B** en commun ;
- $\triangle \mathbf{ABC} \sim \triangle \mathbf{ACD}$ puisque ces deux triangles ont un angle droit et qu'ils ont l'angle **A** en commun.

La relation de similitude est transitive, c'est-à-dire que si $\triangle \mathbf{ABC} \sim \triangle \mathbf{CBD}$ et $\triangle \mathbf{ABC} \sim \triangle \mathbf{ACD}$, alors $\triangle \mathbf{CBD} \sim \triangle \mathbf{ACD}$.

Les relations métriques dans le triangle rectangle

À partir des côtés homologues des triangles semblables déterminés par la hauteur relative à l'hypoténuse, il est possible d'établir plusieurs proportions. Ces proportions permettent d'énoncer trois relations métriques importantes qui facilitent la recherche de mesures manquantes.

> Lorsque les deux extrêmes ou les deux moyens d'une proportion ont la même valeur, cette valeur est appelée «moyenne proportionnelle des deux autres valeurs».

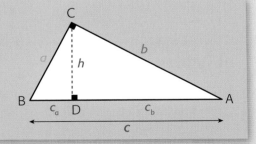

Dans un triangle rectangle, la mesure de la hauteur relative à l'hypoténuse est la moyenne proportionnelle des mesures des deux segments qu'elle détermine sur l'hypoténuse.

$$\frac{c_a}{h} = \frac{h}{c_b} \Rightarrow h^2 = c_a \cdot c_b$$

C'est ce qu'on appelle parfois le théorème de la hauteur relative à l'hypoténuse.

Exemple :

Voici comment déterminer la mesure de $\overline{\mathbf{BD}}$ dans le triangle ci-contre à l'aide de cette relation métrique.

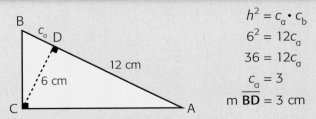

$$h^2 = c_a \cdot c_b$$
$$6^2 = 12c_a$$
$$36 = 12c_a$$
$$c_a = 3$$
$$\text{m } \overline{\mathbf{BD}} = 3 \text{ cm}$$

Dans un triangle rectangle, la mesure de chaque cathète est la moyenne proportionnelle de la mesure de sa projection orthogonale sur l'hypoténuse et de la mesure de l'hypoténuse.

$$\frac{c_a}{a} = \frac{a}{c} \Rightarrow a^2 = c_a \cdot c$$

$$\frac{c_b}{b} = \frac{b}{c} \Rightarrow b^2 = c_b \cdot c$$

C'est ce qu'on appelle parfois le théorème de la cathète.

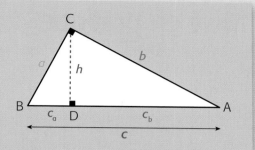

Dans la figure ci-dessous, $\overline{A'B'}$ est la projection orthogonale de $\overline{AB}$ sur la droite d et $\overline{B'C}$ est la projection orthogonale de $\overline{BC}$ sur la droite d.

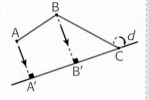

Exemple :

Voici comment déterminer la mesure de $\overline{BC}$ dans le triangle ci-dessous à l'aide de cette relation métrique.

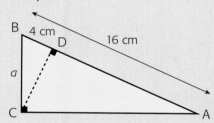

$$a^2 = c_a \cdot c$$
$$a^2 = 4 \cdot 16$$
$$a^2 = 64$$
$$a = 8$$
$$m\,\overline{BC} = 8 \text{ cm}$$

Dans un triangle rectangle, le produit des mesures des cathètes égale le produit des mesures de l'hypoténuse et de la hauteur relative à l'hypoténuse.

$$a \cdot b = h \cdot c$$

C'est ce qu'on appelle parfois le théorème du produit des cathètes.

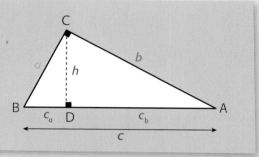

Exemple :

Voici comment déterminer la mesure de $\overline{CD}$ dans le triangle ci-dessous à l'aide de cette relation métrique.

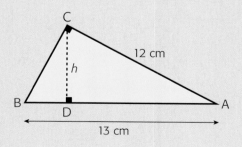

1. Utiliser la relation de Pythagore pour déterminer la mesure de la cathète **BC**.
$$a^2 + 12^2 = 13^2$$
$$a^2 = 169 - 144 = 25$$
$$a = 5$$
$$m\,\overline{BC} = 5 \text{ cm}$$

2. Calculer la mesure de $\overline{CD}$.
$$a \cdot b = h \cdot c$$
$$5 \cdot 12 = h \cdot 13$$
$$h = \frac{60}{13} \approx 4,6$$
$$m\,\overline{CD} \approx 4,6 \text{ cm}$$

Mise en pratique

TIC

Le logiciel de géométrie dynamique permet de constater que la hauteur relative à l'hypoténuse détermine des triangles rectangles semblables. Pour en savoir plus, consulte la page 273 de ce manuel.

1. Soit le triangle rectangle ci-contre.

a) Identifie toutes les paires de triangles semblables.

b) Identifie les éléments homologues des paires de triangles semblables.

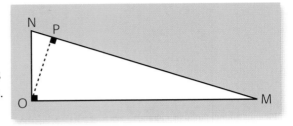

2. Voici un triangle rectangle dans lequel on a tracé la hauteur relative à l'hypoténuse.

a) Quel est le rapport de similitude :

1) des triangles **PRS** et **RQS** ?

2) des triangles **PQR** et **PRS** ?

3) des triangles **RQS** et **PQR** ?

b) Calcule l'aire des trois triangles rectangles.

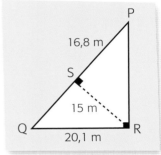

3. Détermine la mesure manquante dans chacun des triangles rectangles suivants.

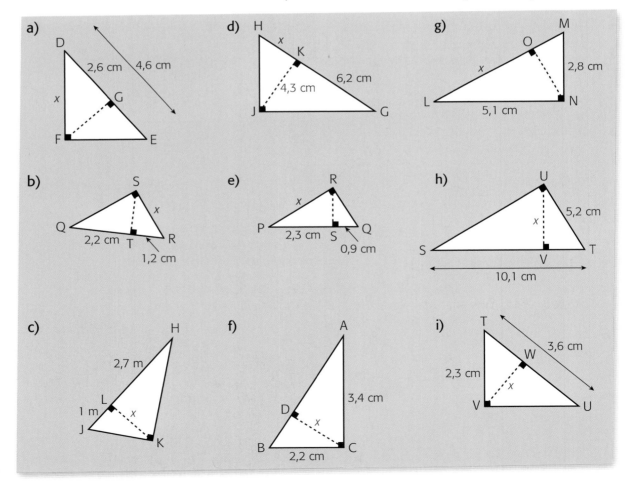

4. Martine travaille avec un logiciel de géométrie dynamique.

Elle a construit le triangle **ABC** à partir des droites perpendiculaires **AB** et **CD**.

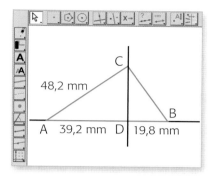

Le triangle **ABC** est-il rectangle? Justifie ta réponse.

TIC

Le logiciel de géométrie dynamique permet de construire des figures à partir des relations entre les angles ou les côtés de celles-ci. Il permet aussi de vérifier que deux triangles rectangles sont semblables. Pour en savoir plus, consulte la page 272 de ce manuel.

5. Voici six triangles rectangles.

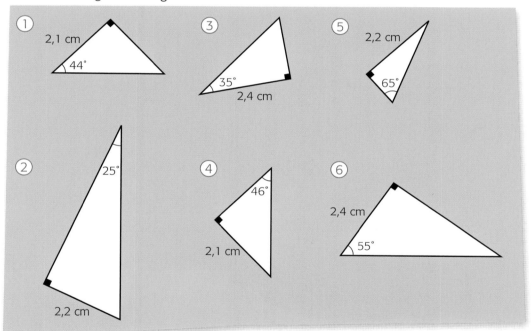

a) Trouve les paires de triangles semblables.

b) Quelles paires de triangles semblables peux-tu juxtaposer de façon à former un troisième triangle qui leur est semblable?

6. Détermine le périmètre de la région colorée dans les figures ci-dessous.

a)
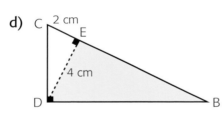

e)
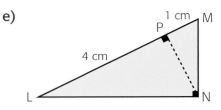

b)

c)

d)

f)

g)

h)
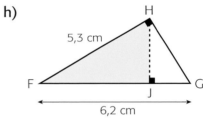

7. La pointe de flèche ci-dessous, d'une longueur de 6 cm, est formée de deux triangles rectangles isométriques. Quelle est la largeur de la pointe de flèche?

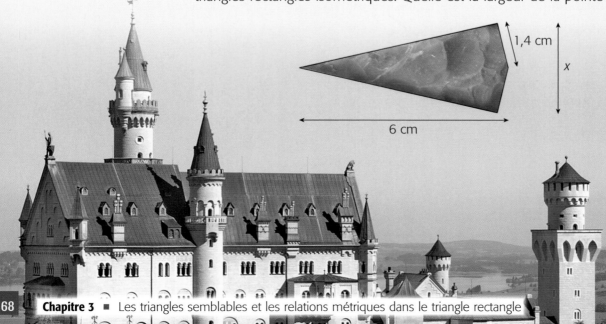

8. Soit le parallélogramme **ABCE** ci-dessous.

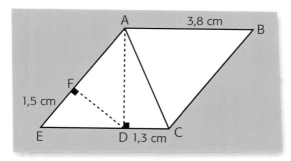

Détermine le périmètre du triangle **ABC**.

9. La figure ci-dessous est constituée d'un triangle équilatéral inscrit dans un hexagone régulier.

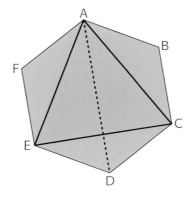

a) Montre que le triangle **ADE** est rectangle.

b) Sachant que le périmètre du triangle **ACE** mesure 21 cm, détermine l'aire de l'hexagone.

10. Soit l'attache-feuilles suivant. $\overline{DC}$, $\overline{EF}$, $\overline{CA}$ et $\overline{FH}$ sont respectivement les hauteurs relatives à l'hypoténuse des triangles rectangles **BED**, **GDE**, **BDC** et **EGF**.

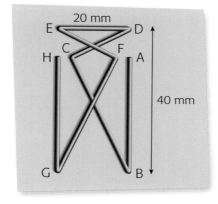

Quelle longueur de fil de fer a-t-on plié pour fabriquer cet attache-feuilles?

Consolidation

1. Pour chaque ensemble de mesures, détermine si △ABC ≅ △DEF.
   a) m $\overline{AB}$ = m $\overline{DE}$, m $\overline{BC}$ = m $\overline{EF}$, m $\overline{CA}$ = m $\overline{FD}$
   b) $\overline{AB}$ ≅ $\overline{DE}$, $\overline{BC}$ ≅ $\overline{EF}$, ∠ A ≅ ∠ D
   c) ∠ A ≅ ∠ D, ∠ B ≅ ∠ E, $\overline{AB}$ ≅ $\overline{DE}$

> Un triangle unique est un triangle dont on connaît un nombre suffisant de mesures pour pouvoir le reproduire.

2. Parmi les triangles suivants, lesquels sont uniques?

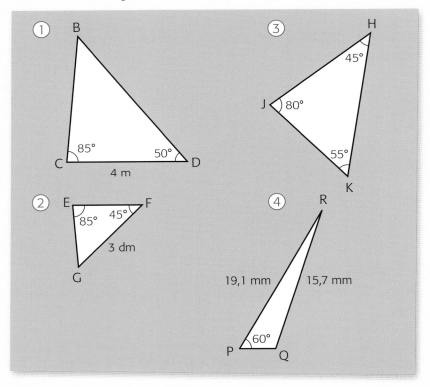

3. Les triangles ci-contre sont-ils nécessairement isométriques? Justifie ta réponse.

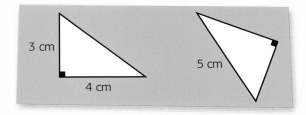

4. Bianca a vérifié que les triangles **FGH** et **RST** sont isométriques, et que les triangles **RST** et **KLM** le sont aussi. Que peut-on dire des triangles **FGH** et **KLM**? Justifie ta réponse.

5. Voici six triangles.

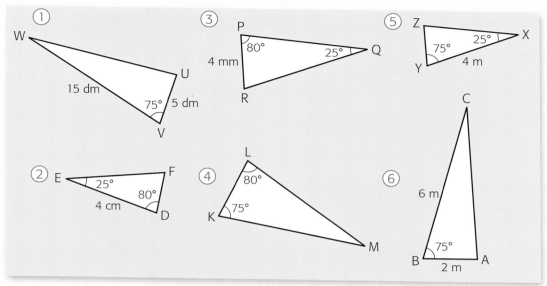

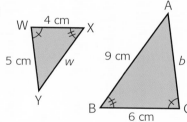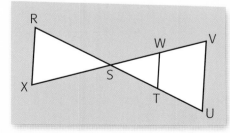

a) Trouve toutes les paires de triangles semblables.

b) Pour chacune de ces paires, indique quelle condition minimale de similitude est respectée.

6. Détermine les mesures manquantes dans les paires de triangles semblables suivantes.

a)

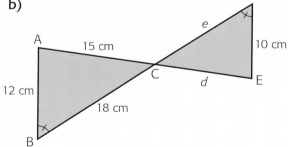

b)

7. Dans la figure suivante, **RX** // **VU** et **WT** // **VU**.

m $\overline{SW}$ = 2,2 cm
m $\overline{ST}$ = 2,3 cm
m $\overline{WT}$ = 1,6 cm
m $\overline{RS}$ = 3,7 cm
m $\overline{VU}$ = 3,1 cm

a) Démontre que :

   1) ΔSXR ~ ΔSVU ;   **2)** ΔSWT ~ ΔSVU.

b) Détermine :

   1) m $\overline{RX}$;   **2)** m $\overline{SV}$;   **3)** m $\overline{TU}$.

8. L'aire du triangle **PQR** est de 90 cm². Détermine l'aire du triangle **STU**.

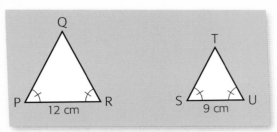

9. Détermine la mesure manquante dans chacun des triangles rectangles suivants.

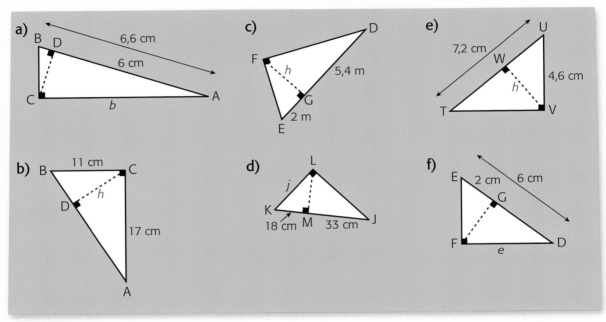

10. Détermine le périmètre et l'aire de la région colorée dans les figures ci-dessous.

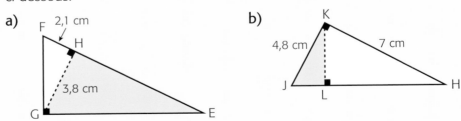

11. Un triangle rectangle isocèle a une aire de 72 cm². Quelle est la mesure de la hauteur relative à son hypoténuse?

12. Déduction algébrique

Les triangles ci-dessous sont-ils rectangles? Justifie ta réponse.

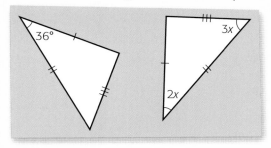

13. Subtil

Brahim affirme que deux triangles rectangles ayant des hypoténuses isométriques et une paire de cathètes isométriques sont nécessairement isométriques. Démontre qu'il a raison.

14. Voisins en coin

Un entrepreneur immobilier souhaite diviser en deux un terrain en vue de construire une maison unifamiliale sur chaque partie.

Afin de délimiter les terrains, une clôture sera érigée à l'endroit où se trouve le segment blanc en tirets sur l'illustration ci-dessous. Cette clôture partagera l'angle du fond des terrains en deux angles isométriques.

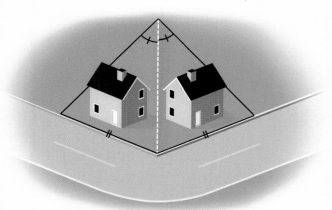

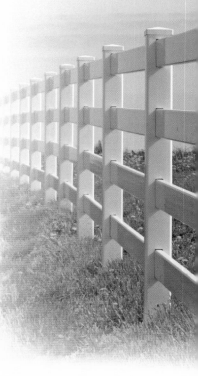

L'entrepreneur affirme que les deux terrains triangulaires seront nécessairement isométriques puisqu'ils auront deux côtés isométriques (la façade et la clôture) en plus des angles isométriques formés par la clôture et les côtés latéraux du terrain.

L'entrepreneur a-t-il raison? Justifie ta réponse.

15. À démontrer

Démontre que les diagonales d'un trapèze isocèle sont isométriques.

16. Nécessairement?

Deux triangles ayant la même base et la même hauteur:

a) ont-ils nécessairement la même aire? Justifie ta réponse.

b) sont-ils nécessairement isométriques? Justifie ta réponse.

c) peuvent-ils être semblables sans être isométriques? Justifie ta réponse.

17. Reproductions

La norme internationale ISO 216 définit les formats de papier ISO utilisés dans la plupart des pays. Le schéma ci-contre illustre les formats de papier ISO de la série A, dont les mesures sont en mm. La surface d'une feuille de format A1 correspond à la moitié de la surface d'une feuille de format A0; la surface d'une feuille de format A2 correspond à la moitié d'une feuille de format A1 et ainsi de suite. Le chiffre à la suite du A indique donc le nombre de fois que la feuille de base, A0, a été divisée en deux.

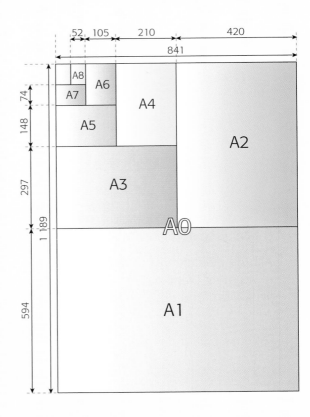

Sur une feuille de format A4, Romain a tracé un triangle rectangle dont un angle mesure 31° et dont l'hypoténuse mesure 5 cm. Il a ensuite reproduit le triangle, à l'échelle, sur des feuilles de formats A2 et A6.

Détermine si chacun des énoncés ci-dessous est vrai ou faux. Justifie ta réponse.

a) L'hypoténuse du triangle reproduit sur la feuille de format A2 mesure maintenant 10 cm.

b) La mesure de chacun des angles du triangle reproduit sur la feuille de format A6 se trouve réduite de 50 %.

c) Dans chacun des deux triangles reproduits, il y a nécessairement un angle de 59°.

d) L'aire du triangle reproduit sur la feuille de format A2 est le double de l'aire du triangle initial.

18. Du triangle au quadrilatère

Détermine l'aire du quadrilatère **CBDE** de la figure ci-dessous. Explique ton raisonnement.

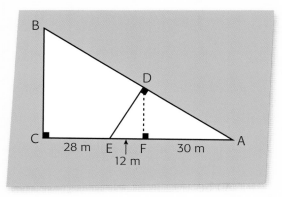

19. Attention : sable mouvant !

Pour trouver la longueur d'une étendue de sable mouvant, Maude et Stéphanie ont pris des mesures sur le terrain et tracé le schéma suivant à l'échelle.

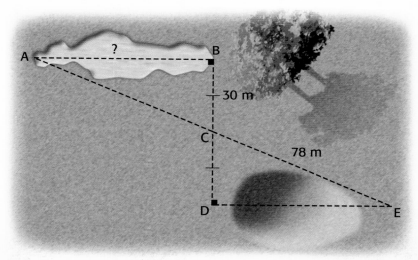

Quelle est la longueur de l'étendue de sable mouvant ?

Fait divers

Le sable mouvant se forme lorsque l'eau provenant de sources souterraines s'infiltre à travers les grains de sable, réduisant ainsi la friction entre les particules. De ce fait, la consistance du sol s'apparente plus à un liquide qu'à un solide et le sable devient « mouvant ». Le sable mouvant a inspiré des scientifiques qui ont mis au point des pièges à insectes nuisibles basés sur le même principe. Une poudre parfumée attire l'insecte et l'ensevelit peu à peu lorsqu'il s'y pose, car des jets d'air circulant dans la poudre la rendent incapable de supporter la masse de l'insecte.

20. Pas si inaccessible...

Pour calculer la hauteur d'un arbre, monsieur Fillion a placé un miroir sur le sol à 17,5 m de l'arbre. Il a ensuite reculé jusqu'à ce qu'il puisse apercevoir le sommet de l'arbre dans le miroir. Monsieur Fillion se trouvait à ce moment à 21 m de l'arbre.

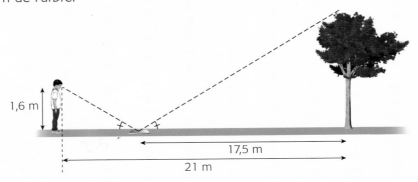

1,6 m

17,5 m

21 m

Calcule la hauteur de l'arbre. Explique ton raisonnement.

21. Stratégique

Many s'apprête à déterminer la hauteur de son école à l'aide d'un instrument qu'on appelle un bâton de Gerbert.

Sur son bâton, les deux repères en noir mesurent 50 cm et sont perpendiculaires.

Many recule jusqu'à ce que l'extrémité du repère vertical de son bâton soit dans la ligne de visée du toit de l'école. Le bâton est alors à 15 m de l'école, et le repère horizontal du bâton à 1 m du sol.

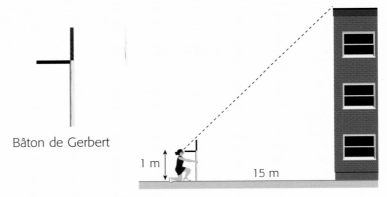

Bâton de Gerbert

1 m

15 m

Quelle est la hauteur de l'école de Many? Explique ton raisonnement.

22. Sans se mouiller

Jacob et Rose se sont entendus sur une façon de procéder pour mesurer la largeur d'une rivière à l'aide de la branche d'arbre à deux tiges ci-contre.

1) Rose plante un piquet (**A**) vis-à-vis d'un arbre (**B**) situé près de l'autre rive. Elle recule ensuite en longeant le bord de la rivière jusqu'à ce qu'une des tiges de la branche d'arbre (**C**) pointe vers le piquet (**A**) et que l'autre tige pointe vers l'arbre.

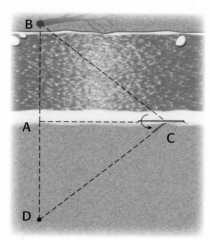

2) Elle fait ensuite pivoter la branche de 180° en maintenant la première tige pointée vers le piquet (**A**). La deuxième tige indique alors l'endroit où Jacob doit placer le deuxième piquet (**D**) sur la ligne formée par l'arbre (**B**) et le premier piquet (**A**).

Comment, à l'aide de cet instrument de fortune, Jacob et Rose peuvent-ils déterminer la largeur de la rivière?

Fait divers

Un instrument de fortune est un objet qui, sans être transformé de quelque façon que ce soit, peut remplir une fonction autre que sa fonction première. Par exemple, un couteau à beurre devient un instrument de fortune si on s'en sert en guise de tournevis.

23. Pythagore

Soit la relation métrique suivante.

> Dans un triangle rectangle, la mesure de chaque cathète est la moyenne proportionnelle de la mesure de sa projection orthogonale sur l'hypoténuse et de la mesure de l'hypoténuse.

a) Utilise cette relation métrique pour démontrer que, dans tout triangle rectangle, la somme des carrés des cathètes égale le carré de l'hypoténuse $(a^2 + b^2 = c^2)$.

b) Démontre que $\dfrac{1}{a^2} + \dfrac{1}{b^2} = \dfrac{1}{h^2}$.

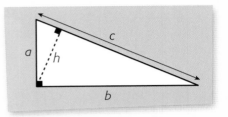

24. Construction virtuelle

À l'aide d'un logiciel de géométrie dynamique, Marie-Claire a construit le triangle rectangle **ABC** en utilisant le diamètre du cercle de centre **O** dont le rayon mesure 2,5 cm en guise d'hypoténuse.

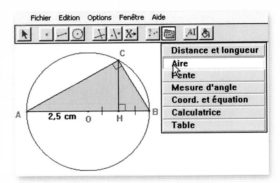

Dans le triangle qu'elle a construit, la hauteur relative à l'hypoténuse partage le rayon du cercle en deux segments isométriques : $\overline{OH}$ et $\overline{HB}$.

Si le logiciel arrondit les valeurs au centième près, quelles valeurs Marie-Claire obtiendra-t-elle lorsqu'elle fera calculer le périmètre et l'aire du triangle **ABC** par le logiciel ?

25. Le carré orange

Sachant que les côtés du triangle rectangle **BAC** mesurent 6 cm, 8 cm et 10 cm, détermine l'aire du carré **CDEF** dans cette figure.

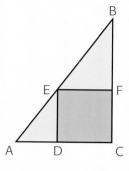

26. Arpenteurs au travail

Deux arpenteurs ont pris des mesures pour une cliente dans des rues de Montréal et les ont reportées sur le plan ci-dessous.

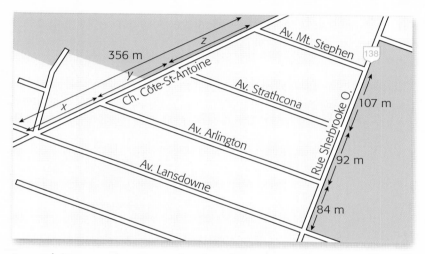

La cliente voulait cependant connaître les distances exactes entre chaque intersection du chemin de la Côte-Saint-Antoine, représentées par *x*, *y* et *z* sur le plan.

Un des deux arpenteurs est prêt à retourner sur les lieux, mais son collègue sort sa calculatrice et lui dit que ce n'est pas nécessaire puisque les quatre rues transversales sont parallèles entre elles.

Trouve les distances *x*, *y* et *z* qu'il a calculées et explique comment il a procédé.

Fait divers

L'arpentage permet de dresser des cartes de toutes sortes sur lesquelles on représente par une ligne la distance qui sépare deux points. Pour déterminer ces distances, on peut utiliser des instruments électroniques, comme le radar ou le laser. Le radar est un système qui utilise les ondes radio. Un émetteur envoie des ondes radio, qui sont réfléchies par la cible et détectées par un récepteur, souvent situé au même endroit que l'émetteur. Le laser, quant à lui, émet des signaux qui sont réfléchis par une cible qui les renvoie vers l'instrument de lecture. Dans les deux cas, la mesure du temps écoulé entre l'émission de l'onde et sa réception permet d'établir très précisément la distance qui sépare les deux points.

27. Le théorème de la bissectrice

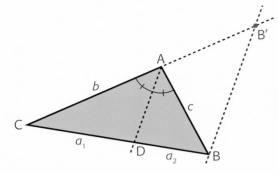

Dans la figure ci-contre, **AD** est la bissectrice de l'angle **BAC** et **BB'** est parallèle à cette bissectrice.

Démontre que :

> Dans un triangle, la bissectrice d'un angle divise le côté opposé à cet angle en deux segments de longueurs proportionnelles à celles des côtés adjacents à l'angle.
>
> Dans la figure ci-contre, ce théorème se traduit ainsi : $\dfrac{a_1}{b} = \dfrac{a_2}{c}$.

28. Wouf !

Véronique est à la recherche d'une niche pour son chiot. Elle désire placer cette niche sous son balcon. Voici l'illustration d'une niche qu'elle a trouvée dans Internet, sur laquelle sont indiquées quelques mesures.

a) Quelle est la hauteur de cette niche ?

b) Détermine les mesures de la plus grande niche semblable à celle-ci qui entrerait tout juste sous le balcon de Véronique, si ce balcon est situé à 0,85 m du sol.

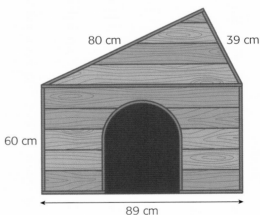

29. Unique

Carolina a tracé un triangle puis elle a inscrit les trois mesures de côtés arrondies au millimètre près et les trois mesures d'angles arrondies au degré près sur six cartons différents.

Elle a ensuite placé les cartons dans une enveloppe et a tiré un carton à la fois dans l'ordre suivant.

① 59 mm   ③ 48 mm   ⑤ 105°

② 42°   ④ 85 mm   ⑥ 33°

Après quel carton es-tu certaine ou certain de pouvoir dessiner une reproduction exacte du triangle qu'a tracé Carolina ? Justifie ta réponse.

30. Des petits pas isométriques

Pour traverser une rue, Julien a fait 45 pas, tandis que sa sœur Mathilde en a fait 28. Une fois de l'autre côté de la rue, ils sont à 60 pas l'un de l'autre. Quelle est la largeur de la rue en pas? Justifie ta réponse.

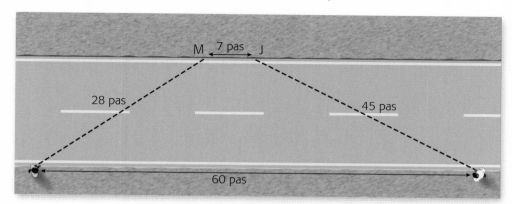

31. En quête de mesure indirecte

L'illustration ci-contre, tirée d'un livre de Levinus Hulsius (1546-1606), lexicographe et imprimeur belge, montre qu'au XVIe siècle on possédait les instruments nécessaires pour déterminer la largeur d'un cours d'eau sans le traverser.

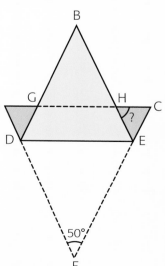

Le contremaître ② demande aux opérateurs ① et ③ de viser, à l'aide de leur lunette, le même arbre situé de l'autre côté de la rivière. L'opérateur ④ doit s'assurer que l'angle formé par les branches **A** et **C** de l'instrument est droit.

L'instrument de l'opérateur ① permet aussi de mesurer l'angle entre la ligne de visée de sa lunette et le prolongement de la branche **A**.

Explique comment le contremaître peut déterminer la largeur de la rivière, qui correspond à l'hypoténuse du triangle rectangle, à partir de la longueur de la branche **A** ainsi que de deux autres mesures auxquelles il a accès.

32. Origami

Un carton a la forme d'un triangle isocèle dont les côtés **AF** et **CF** sont isométriques. On le plie de façon à ce que le côté **DE** soit parallèle à la base **AC**. Détermine la mesure de l'angle **EHC** en justifiant toutes les étapes de ta démarche.

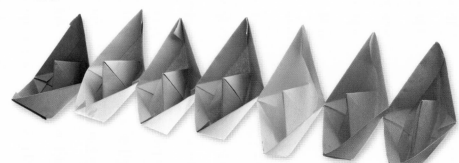

33. Le triangle noir

La Montérégie privée d'électricité

Par Carmen Gagnon

En 1998, le Québec a connu l'un des pires épisodes de pluie verglaçante de son histoire. Ceux qui en ont été témoins et, dans certains cas, victimes, vont se rappeler longtemps la fameuse « crise du verglas ».

Le verglas a particulièrement affecté la région de la Montérégie. Les habitants de ce que les médias ont appelé le « triangle noir », c'est-à-dire le triangle formé par les villes de Saint-Jean-sur-Richelieu, de Granby et de Saint-Hyacinthe, ont été privés d'électricité pendant plus de trois semaines.

À 22 h, le 17 janvier 1998, le service d'urgence reçoit un appel: un bénévole qui travaille au centre d'hébergement temporaire de Sainte-Angèle-de-Monnoir est grièvement blessé. Il doit être transporté d'urgence à l'hôpital de Saint-Jean-sur-Richelieu. Comme les routes sont impraticables, le blessé sera transporté en hélicoptère de la base militaire de Farnham.

La carte ci-contre représente une région qui se situe à l'intérieur du triangle noir. La carte indique les chemins les plus courts, à vol d'oiseau, entre les municipalités de Saint-Jean-sur-Richelieu, de Farnham, de Saint-Hyacinthe et de Sainte-Angèle-de-Monnoir.

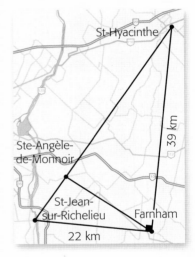

La municipalité de Sainte-Angèle-de-Monnoir a une position géographique particulière:

– elle est alignée avec Saint-Jean-sur-Richelieu et Saint-Hyacinthe;

– la ligne qui l'unit à Farnham est perpendiculaire à celle qui unit Saint-Jean-sur-Richelieu et Saint-Hyacinthe.

Tu as la tâche de déterminer l'heure à laquelle le blessé arrivera à l'hôpital afin que le personnel qui doit l'accueillir puisse s'y préparer. Pour t'aider dans ta tâche, tu dois savoir que l'hélicoptère vole à une vitesse de pointe de 60 km/h, qu'il décolle et atterrit à vitesse réduite et qu'un certain temps doit être prévu pour y installer le blessé. Explique ton raisonnement.

L'ingénierie électrique

L'ingénierie électrique est une discipline qui traite aussi bien des applications de l'électricité que de celles de l'électronique et de l'informatique. Les ingénieurs électriciens peuvent s'occuper de la production et de la distribution de l'électricité, mais c'est également à eux que nous devons la conception du lecteur de CD, du téléphone cellulaire et du téléviseur à haute définition.

Les ingénieurs électriciens peuvent travailler autant dans des firmes d'ingénieurs que dans des centrales électriques, dans l'industrie de l'informatique ou pour les gouvernements. Leur travail consiste à concevoir, à dessiner et à analyser des plans d'équipements électriques, de systèmes informatiques ou de systèmes électroniques. À l'occasion, les ingénieurs électriciens doivent superviser la construction, l'installation et le fonctionnement des systèmes ou des équipements qu'ils ont conçus et dessinés.

Afin d'accomplir toutes les tâches liées à leur profession, les ingénieurs électriciens doivent être polyvalents. En effet, la conception d'équipements ou de systèmes complexes requiert une grande capacité d'analyse tandis que la gestion de projets exige de bonnes aptitudes sociales et un solide sens de l'organisation.

Pour faire carrière en ingénierie électrique, il faut d'abord posséder un diplôme d'études collégiales en sciences de la nature ou avoir réussi tous les cours de mathématique, de physique et de chimie de ce programme. L'obtention d'un diplôme universitaire en génie électrique et la réussite aux examens de l'Ordre des ingénieurs du Québec permettent ensuite d'exercer la profession.

Chapitre 4

La géométrie analytique et les systèmes d'équations

La production de biens a d'importantes répercussions sur l'environnement. Pour sensibiliser les consommateurs au coût environnemental lié à leurs achats, le prix de vente de certains biens et services inclut parfois des frais relatifs à l'environnement ou au recyclage.

Par ailleurs, certains outils mathématiques permettent de faire des choix en matière d'environnement. Par exemple, on a recours à la géométrie en tant qu'outil de modélisation pour décrire l'emplacement d'une voie ferrée ou le périmètre d'une zone à protéger. On utilise les systèmes d'équations afin de comparer des situations et de déterminer des solutions dans des domaines touchant l'environnement, comme la pétrochimie ou l'agriculture.

Selon toi, de quels facteurs faut-il tenir compte pour déterminer si un produit est meilleur qu'un autre au plan environnemental? Nomme un projet d'actualité dont la réalisation pourrait menacer un écosystème.

Survol

Contenu de formation

- Distance entre deux points
- Coordonnées d'un point de partage
- Droite : pente, équation, droites perpendiculaires
  et parallèles, médiatrice
- Inéquation du premier degré à deux variables
- Système d'équations du premier degré à deux variables
- Résolution de systèmes d'équations du premier degré
  à deux variables graphiquement ou algébriquement

$$y = ax +$$

Les pages 186 à 188 font appel à tes connaissances sur les fonctions, les systèmes d'équations et la géométrie.

En contexte

Depuis plusieurs années, des biologistes de la vie aquatique observent la présence de résidus miniers dans la rivière Colombière, située en Abitibi. Ces résidus font augmenter les concentrations des métaux dissous dans l'eau de la rivière, tels le fer, le cuivre ou l'aluminium. Les biologistes sont particulièrement préoccupés par la santé de deux espèces de poissons sensibles à la présence d'aluminium dans l'eau : la perchaude et le doré jaune.

Une station où l'on mesure la concentration d'aluminium dans l'eau.

Un microgramme, noté μg, équivaut à 10^{-6} g.

1. Le graphique ci-dessous présente une modélisation des taux de mortalité de la perchaude et du doré jaune selon la concentration d'aluminium dans l'eau.

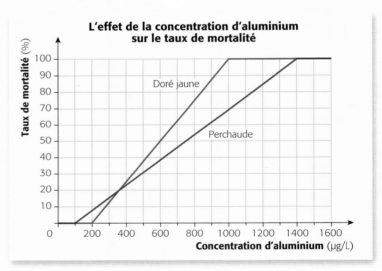

a) Selon ce modèle, laquelle des espèces présente le plus haut taux de mortalité lorsque la concentration d'aluminium dans l'eau est de :

1) 250 μg/L ?   2) 700 μg/L ?

b) Si x représente la concentration d'aluminium, en microgrammes par litre, et que y représente le taux de mortalité, en pourcentage, détermine la règle associée au taux de mortalité :

1) de la perchaude pour $x \in [100, 1400]$;

2) du doré jaune pour $x \in [200, 1000]$.

c) Le dernier prélèvement d'un échantillon d'eau de la rivière révèle que la concentration d'aluminium est telle que le taux de mortalité de ces deux espèces est le même. Au moment de ce prélèvement :

1) quel est le taux de mortalité de chacune des espèces ?

2) quelle est la concentration d'aluminium dans la rivière ?

2. Le seuil de toxicité d'un contaminant, pour une espèce, est établi selon la dose létale 50 (DL50). À l'aide des règles déterminées en **1**, calcule la DL50 d'aluminium pour :

   a) la perchaude ;   **b)** le doré jaune.

> La dose létale 50 (DL50) d'un contaminant cause la mort de 50 % des individus d'une espèce qui y sont exposés. Cette dose varie d'une espèce à l'autre.

3. Dans la rivière Colombière, on trouve d'autres substances qui ne sont pas nocives pour l'écosystème. Le graphique ci-contre modélise l'évolution dans le temps de trois de ces substances.

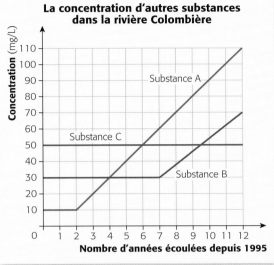

La concentration d'autres substances dans la rivière Colombière

   a) Pour chaque substance, indique l'intervalle de temps pendant lequel sa concentration est la plus faible des trois.

   b) Pendant combien d'années la concentration de la substance **A** a-t-elle augmenté alors que celle de la substance **B** était constante ?

   c) En quelle année la moyenne des concentrations des substances **A** et **C** a-t-elle été :

      1) de 40 mg/L ?   **2)** de 65 mg/L ?

   d) Parmi les concentrations des substances **A** et **B**, laquelle a augmenté le plus rapidement depuis 2002 ? Justifie ta réponse.

> **Environnement et consommation**
>
> Le seuil de toxicité d'un contaminant varie d'une espèce animale à l'autre, mais aussi au sein d'une même espèce. Chez les humains, par exemple, les enfants et les personnes âgées sont plus sensibles aux produits chimiques présents dans leur environnement que les adultes. Nomme quelques substances toxiques pour l'être humain. Selon toi, quels facteurs rendent les enfants ou les personnes âgées plus vulnérables à leur environnement que les adultes ?

En bref

1. Hier, Françoise avait rendez-vous avec Jawaad et Éliane. Elle est arrivée 20 minutes après Éliane, qui est arrivée 6 minutes avant l'heure du rendez-vous. Si Jawaad est arrivé exactement à mi-temps entre les heures d'arrivée de Françoise et d'Éliane, était-il en retard ou en avance? De combien de minutes?

2. **a)** On a coupé un carton au quart de sa longueur. Quel est le rapport des longueurs des deux morceaux de carton obtenus?

   b) À quelle fraction de sa longueur doit-on couper un autre carton pour que les longueurs des morceaux obtenus soient dans un rapport de 2:5?

3. Quelle est la mesure manquante dans les triangles rectangles suivants?

   a)

   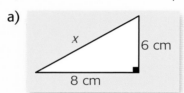

   b)

   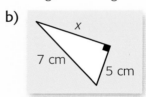

4. Résous les inéquations suivantes. Représente ensuite l'ensemble-solution de chacune d'elles sur une droite numérique.

   a) $x + 9 < 11$ **b)** $^-3x \geq 6$ **c)** $4,6 - 1,8x \leq {}^-0,8$

5. Résous les équations suivantes.

   a) $2x + 5 = 5x - 10$ **b)** $2x = 3x + 1$ **c)** $^-x + 4 = \frac{1}{2}x + 6$

6. Dans un plan cartésien, représente la fonction affine dont l'ordonnée à l'origine est 2 et dont le taux de variation est $\frac{2}{3}$.

7. Voici différents modes de représentation des équations de quatre systèmes d'équations du premier degré. Trouve la solution de chacun d'eux.

   a)

   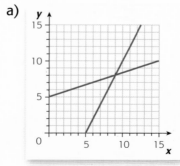

   c)

x	1	2	4	6	8
y_1	135	130	120	110	100
y_2	35	50	80	110	140

   > L'accolade est utilisée pour regrouper et lier les équations d'un système d'équations.

   b) $\begin{cases} y = 2x + 6 \\ y = 5x - 3 \end{cases}$

   d) $\begin{cases} y = 10x + 100 \\ y = 550 - 26x \end{cases}$

La distance et le point de partage

Quand les icebergs s'amènent

Hibernia est une plate-forme d'exploitation pétrolière située à 350 km au large de l'île de Terre-Neuve. Les icebergs qui se détachent de la côte ouest du Groenland et qui dérivent par le couloir du Labrador menacent la sécurité des travailleurs de la plate-forme et l'exploitation pétrolière.

Hibernia est équipée d'un système radar permettant de détecter les icebergs dans un rayon de 30 km. La zone balayée par le radar est représentée ci-contre.

Ce matin, un contrôleur détecte un iceberg sur le système radar d'Hibernia. La position actuelle de l'iceberg, représentée par le point rouge, est 12 km à l'est et 20 km au nord de la plate-forme. L'iceberg se déplace en ligne droite, directement vers Hibernia. Puisqu'il menace d'entrer en collision avec la plate-forme, on doit envoyer un bateau-remorque afin qu'il le fasse dévier de sa trajectoire.

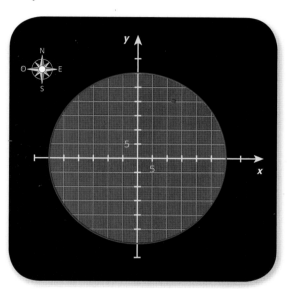

On évalue qu'à partir du moment où il quittera la plate-forme, le bateau-remorque rejoindra l'iceberg lorsque ce dernier sera trois fois plus près de sa position actuelle que d'Hibernia. Détermine les coordonnées du point où le bateau-remorque rencontrera l'iceberg ainsi que la distance qu'il doit parcourir pour s'y rendre.

Environnement et consommation

Des écosystèmes marins jusqu'à maintenant épargnés par les diverses formes de pollution se trouvent maintenant déséquilibrés à cause de l'exploitation pétrolière. Des chercheurs de Pêches et Océans Canada analysent les effets du rejet des déchets de forage autour de la plate-forme Hibernia en étudiant les pétoncles. En effet, les pétoncles jouent le rôle de filtreurs et ingèrent les particules fines présentes dans l'eau. Ils réagissent donc de façon très marquée à la contamination de l'eau.

Selon toi, quelle autre source de pollution est reliée à l'exploitation pétrolière en mer? Nomme une autre espèce marine qui est sensible à la pollution.

ACTIVITÉ
D'EXPLORATION
1

À la recherche de la distance

Distance entre deux points

Donald pratique la course à pied. Aujourd'hui, il commence à courir à l'intersection de l'avenue du Parc-Lafontaine et de la rue Cherrier.

Le parcours de Donald est représenté par un tireté sur la carte ci-dessous.

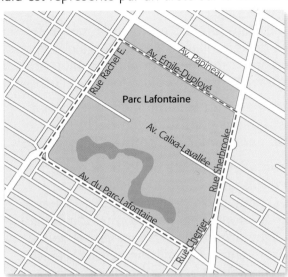

De retour chez lui, Donald imprime une carte du quartier qu'il a trouvée dans Internet et calque son parcours dans le plan cartésien ci-dessous afin de déterminer la distance qu'il a parcourue. Il sait que la distance entre son point de départ (**A**) et le dépanneur situé au coin de l'avenue du Parc-Lafontaine et de la rue Rachel (**B**) est de 700 m.

A Selon toi, pourquoi Donald a-t-il placé le segment **AB** sur l'axe des abscisses?

B Quelles sont les coordonnées des points **B**, **C**, **D** et **E**?

C Explique comment calculer la distance entre les points **B** et **C** et entre les points **C** et **D** à partir de leurs coordonnées.

D Peut-on procéder de la même façon qu'en **C** pour calculer la distance entre les points **D** et **E**? Justifie ta réponse.

E Calcule la distance entre les points **D** et **E** et explique comment tu as procédé.

F Lorsque Donald fait quatre fois ce parcours, quelle distance parcourt-il?

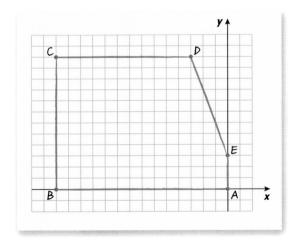

Le lendemain, Donald veut varier son parcours et il emprunte le sentier pédestre dont l'entrée est située sur l'avenue Émile-Duployé. Il a représenté le sentier dans le plan cartésien ci-contre.

G Détermine la longueur du sentier à partir des coordonnées de ses extrémités.

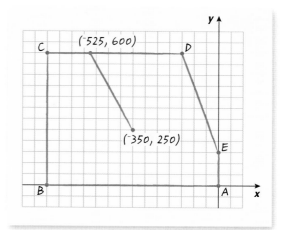

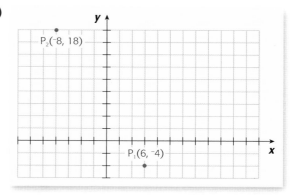

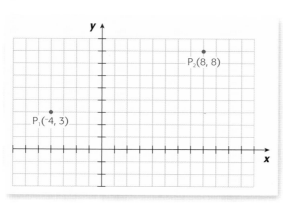

Ai-je bien compris?

1. Calcule la distance entre les points P_1 et P_2 de chacun des plans cartésiens suivants.

a)

$P_2(8, 8)$
$P_1(^-4, 3)$

b)
$P_2(^-8, 18)$
$P_1(6, ^-4)$

2. Détermine la mesure de chacun des segments dont les extrémités ont pour coordonnées:

a) $(^-4, ^-3)$ et $(^-9, ^-3)$ **b)** $(0, ^-50)$ et $(40, 75)$ **c)** $(8, 7)$ et $(12, 4)$

Moitié-moitié

**Point de partage
d'un segment:
le point milieu**

Soit le triangle rectangle **DEF** tracé dans le plan cartésien ci-dessous.

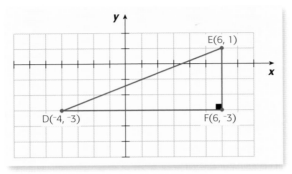

A Détermine les coordonnées du point milieu M_1 de $\overline{EF}$ et du point milieu M_2 de $\overline{DF}$ à partir :

1) du quadrillage du plan cartésien ;

2) des coordonnées des points **D**, **E** et **F**.

B Détermine les coordonnées du point milieu **M** de $\overline{DE}$ à partir du quadrillage du plan cartésien.

C Comment peux-tu déterminer les coordonnées du point milieu **M** de $\overline{DE}$ à partir des coordonnées des points M_1 et M_2 ?

Dans le plan cartésien ci-contre, on a formé les triangles rectangles DMM_2 et MEM_1, semblables au triangle rectangle **DEF**, à partir des points milieu M_1 et M_2.

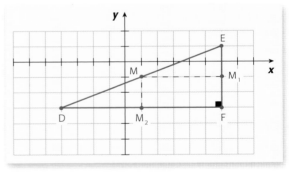

D Quel est le rapport de similitude des triangles **DEF** et DMM_2 ?

E Le point **M** est-il nécessairement situé au milieu de $\overline{DE}$? Justifie ta réponse.

F Trace le segment **AB** d'extrémités **A**(⁻8, 10) et **B**(⁻4, 12) dans un plan cartésien. Détermine ensuite les coordonnées du point milieu de ce segment.

G Comment peux-tu utiliser les coordonnées du point milieu du segment **AB** pour déterminer les coordonnées d'un point situé au quart de ce segment à partir du point **A**?

H Quelles sont les coordonnées du point **Q** situé au quart du segment **AB** à partir du point **A**?

I Lequel des rapports $\frac{m\overline{AQ}}{m\overline{QB}}$ et $\frac{m\overline{AQ}}{m\overline{AB}}$ égale $\frac{1}{4}$? Quelle est la valeur de l'autre rapport?

Ai-je bien compris?

1. Détermine les coordonnées du point milieu des segments tracés dans les plans cartésiens ci-dessous.

a)

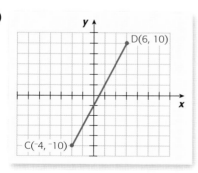

b)

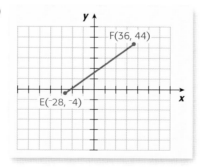

2. Quelles sont les coordonnées du point milieu du segment **AB** d'extrémités **A**(⁻9, 32) et **B**(16, ⁻51)?

3. Soit le segment **RS** d'extrémités **R**(422, 290) et **S**(⁻2, 114). Détermine les coordonnées:
   a) du point milieu du segment **RS**;
   b) du point **Q** situé au quart du segment **RS** à partir du point **S**;
   c) du point **H** situé au huitième du segment **RS** à partir du point **S**.

> **Pièges et astuces**
>
> Une esquisse où l'on place les extrémités d'un segment dans leur quadrant respectif suffit souvent pour déterminer dans quel quadrant se trouve le point milieu de ce segment.

La remontée mécanique

Point de partage d'un segment

Le Piccolo, un remonte-pente de la station de ski alpin BlackComb de Whistler, en Colombie-Britannique, permet aux skieurs d'effectuer, grâce à un télésiège quadruple débrayable, une ascension verticale d'environ 500 m sur une distance de plus de 2 000 m.

On a modélisé le Piccolo dans le plan cartésien ci-dessous. Les points P_1 à P_6 sont les points de contact des pylônes avec le câble. Ces pylônes sont espacés de façon régulière.

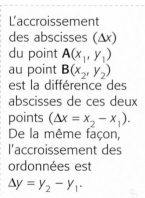

L'accroissement des abscisses (Δx) du point $A(x_1, y_1)$ au point $B(x_2, y_2)$ est la différence des abscisses de ces deux points ($\Delta x = x_2 - x_1$). De la même façon, l'accroissement des ordonnées est $\Delta y = y_2 - y_1$.

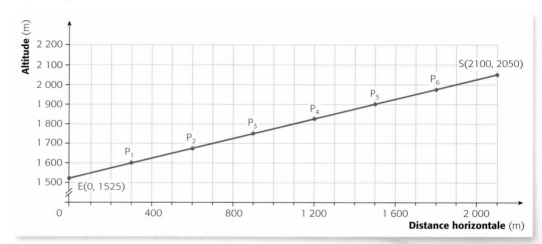

A Quel est l'accroissement :

1) des abscisses du point **E** au point **S** ?

2) des ordonnées du point **E** au point **S** ?

B En combien de parties isométriques les points P_1 à P_6 partagent-ils le câble du Piccolo ?

C Quelle est la distance :

1) horizontale entre **E** et P_1 ?

2) verticale entre **E** et P_1 ?

D Quelle est la valeur du rapport $\dfrac{m \overline{EP_1}}{m \overline{ES}}$?

E Comment pourrais-tu déterminer les coordonnées du point P_1 à partir de tes réponses aux questions **A**, **B**, **C** et **D** ?

F Quelles sont les coordonnées des autres points de contact des pylônes avec le câble de ce remonte-pente ?

Fait divers

Un télésiège débrayable est constitué d'une série de sièges retenus au câble par une pince à ressorts qui a la particularité de se détacher du câble le temps que les skieurs montent à bord du siège et en descendent. Ce système permet d'obtenir une vitesse d'environ 5 m/s au cours de la remontée.

Comme lorsqu'il s'agit de déterminer les coordonnées du point milieu d'un segment, il est avantageux de déterminer séparément l'abscisse et l'ordonnée du **point de partage d'un segment.**

Soit le segment **AB** tracé dans le plan cartésien ci-contre.

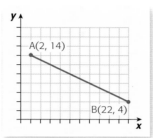

G Quel est l'accroissement:

1) des abscisses du point **A** au point **B**?

2) des ordonnées du point **A** au point **B**?

H Quelles sont les coordonnées du point **C** situé au cinquième de $\overline{AB}$ à partir du point **A**? Comment peux-tu valider ta réponse?

I Quelle est la valeur du rapport $\frac{m\,\overline{AC}}{m\,\overline{CB}}$?

J Quel est le lien entre la réponse que tu as donnée en **I** et le fait que le point **C** est situé au cinquième de $\overline{AB}$ à partir du point **A**?

Pour assurer la sécurité des skieurs, la station de ski a prévu l'installation de deux caméras situées à des intervalles réguliers entre les points **E** et **S**.

K Détermine les coordonnées des emplacements de ces deux caméras.

Ai-je bien compris?

1. Détermine les coordonnées du point **T** situé au tiers du segment **GH**, d'extrémités **G**(⁻3, 6) et **H**(6, 18), à partir du point **H**.

2. Soit le segment **AB** d'extrémités **A**(4, 11) et **B**(⁻2, ⁻1).

a) Parmi les questions suivantes, lesquelles sont équivalentes?

①
Quelles sont les coordonnées du point situé au tiers du segment **AB** à partir du point **A**?

③
Quelles sont les coordonnées du point qui partage le segment **AB** en segments de rapport 2:1 à partir du point **B**?

②
Quelles sont les coordonnées du point qui partage le segment **AB** en segments de rapport 1:3 à partir du point **A**?

④
Quelles sont les coordonnées du point situé aux $\frac{3}{4}$ du segment **AB** à partir du point **B**?

b) Réponds aux quatre questions ci-dessus.

Faire le point

La distance entre deux points

La distance entre deux points $\mathbf{A}(x_1, y_1)$ et $\mathbf{B}(x_2, y_2)$ dans un plan cartésien, notée d($\mathbf{A}$, $\mathbf{B}$), correspond à la longueur du segment $\overline{\mathbf{AB}}$. À partir de l'accroissement des abscisses ($\Delta x = x_2 - x_1$) et de l'accroissement des ordonnées ($\Delta y = y_2 - y_1$) entre ces deux points, on utilise la relation de Pythagore pour calculer d($\mathbf{A}$, $\mathbf{B}$).

> Puisque l'accroissement est une différence, on utilise la lettre delta (Δ) pour le représenter. Delta est la lettre «D» dans l'alphabet grec.

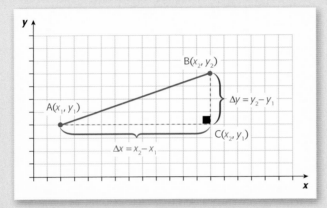

$$(m\ \overline{\mathbf{AB}})^2 = (m\ \overline{\mathbf{AC}})^2 + (m\ \overline{\mathbf{BC}})^2$$
$$(d(\mathbf{A}, \mathbf{B}))^2 = (\Delta x)^2 + (\Delta y)^2$$
$$(d(\mathbf{A}, \mathbf{B}))^2 = (x_2 - x_1)^2 + (y_2 - y_1)^2$$

L'expression qui permet de calculer la distance entre $\mathbf{A}$ et $\mathbf{B}$ est

$$d(\mathbf{A}, \mathbf{B}) = \sqrt{(x_2 - x_1)^2 + (y_2 - y_1)^2}.$$

Exemple :
Voici comment calculer la distance entre les points $\mathbf{C}(8, 7)$ et $\mathbf{D}(^-1, 10)$.
$$d(\mathbf{C}, \mathbf{D}) = \sqrt{(^-1 - 8)^2 + (10 - 7)^2} = \sqrt{(^-9)^2 + 3^2} = \sqrt{81 + 9} = \sqrt{90} \approx 9,5$$

Point de repère

Le plan cartésien

Une légende veut que ce soit pour décrire la position d'une araignée sur un plafond que René Descartes (1596-1650) aurait eu l'idée d'élaborer un système de repérage des points d'un plan. Aujourd'hui, le plan cartésien est un mode de représentation qui permet de décrire le monde qui nous entoure en alliant la géométrie et l'algèbre. L'adjectif «cartésien» tire d'ailleurs son origine du nom de Descartes.

Le point de partage d'un segment

Il est possible de déterminer les coordonnées d'un point de partage d'un segment, c'est-à-dire d'un point situé à une certaine fraction d'un segment.

Pour ce faire, on détermine séparément l'abscisse et l'ordonnée de ce point de partage.

Soit le segment **UV** tracé dans le plan cartésien ci-dessous. On s'intéresse aux coordonnées du point de partage **P**, situé à la fraction $\frac{a}{b}$ du segment **UV** à partir du point **U**.

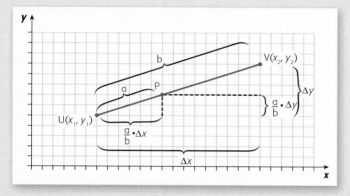

Remarque: Le point **P** situé à la fraction $\frac{a}{b}$ à partir du point **U** partage le segment **UV** dans un rapport $a : b - a$.

Abscisse du point de partage	Ordonnée du point de partage
L'accroissement des abscisses du point **U** au point **P** est $\frac{a}{b} \cdot \Delta x$.	L'accroissement des ordonnées du point **U** au point **P** est $\frac{a}{b} \cdot \Delta y$.
L'abscisse du point **P** est donc $x_1 + \frac{a}{b} \cdot \Delta x$.	L'ordonnée du point **P** est donc $y_1 + \frac{a}{b} \cdot \Delta y$.

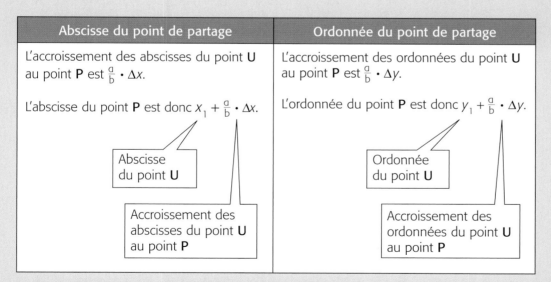

Abscisse du point **U**

Accroissement des abscisses du point **U** au point **P**

Ordonnée du point **U**

Accroissement des ordonnées du point **U** au point **P**

Les coordonnées du point **P** situé à la fraction $\frac{a}{b}$ du segment **UV** à partir du point $\mathbf{U}(x_1, y_1)$ sont donc $\mathbf{P}\left(x_1 + \frac{a}{b} \cdot \Delta x, \ y_1 + \frac{a}{b} \cdot \Delta y\right)$.

Exemples :

1) Voici les étapes à suivre pour déterminer les coordonnées du point **P** situé aux $\frac{3}{5}$ du segment **UV**, d'extrémités **U**(4, 6) et **V**(9, 16), à partir du point **U.**

Étape	Démarche	
	Abscisse du point de partage	Ordonnée du point de partage
1. Calculer l'accroissement des abscisses et l'accroissement des ordonnées du segment en considérant que les coordonnées du point de départ (**U**) correspondent à (x_1, y_1).	$\Delta x = x_2 - x_1$ $\Delta x = 9 - 4$ $\Delta x = 5$	$\Delta y = y_2 - y_1$ $\Delta y = 16 - 6$ $\Delta y = 10$
2. Déterminer l'abscisse et l'ordonnée du point de partage en additionnant la fraction $\left(\frac{3}{5}\right)$ des accroissements calculés à l'étape **1** aux coordonnées du point de départ.	$x = x_1 + \frac{a}{b} \cdot \Delta x$ $x = 4 + \frac{3}{5} \cdot (5)$ $x = 7$	$y = y_1 + \frac{a}{b} \cdot \Delta y$ $y = 6 + \frac{3}{5} \cdot (10)$ $y = 12$
3. Déterminer les coordonnées du point de partage **P**.	P(7, 12)	

Remarque : Le point situé aux $\frac{3}{5}$ du segment **UV** à partir du point **U** est le point qui partage le segment **UV** en segments de rapport 3 : 2 à partir du point **U.**

2) Voici les étapes à suivre pour déterminer les coordonnées du point milieu **M** du segment **EF** d'extrémités **E**(⁻3, 5) et **F**(1, ⁻3).

Étape	Démarche	
	Abscisse du point milieu	Ordonnée du point milieu
1. Calculer l'accroissement des abscisses et l'accroissement des ordonnées du segment en considérant que les coordonnées du point de départ (**E**) correspondent à (x_1, y_1).	$\Delta x = x_2 - x_1$ $\Delta x = 1 - {}^-3$ $\Delta x = 4$	$\Delta y = y_2 - y_1$ $\Delta y = {}^-3 - 5$ $\Delta y = {}^-8$
2. Déterminer l'abscisse et l'ordonnée du point milieu **M** en additionnant la moitié des accroissements calculés à l'étape **1** aux coordonnées du point de départ.	$x = x_1 + \frac{1}{2} \cdot \Delta x$ $x = {}^-3 + \frac{1}{2} \cdot (4)$ $x = {}^-1$	$y = y_1 + \frac{1}{2} \cdot \Delta y$ $y = 5 + \frac{1}{2} \cdot ({}^-8)$ $y = 1$
3. Déterminer les coordonnées du point milieu **M**.	M(⁻1, 1)	

Remarques :

– Le point milieu est un cas particulier du point de partage d'un segment.

– Le point milieu d'un segment partage celui-ci en deux segments isométriques.

– Afin de déterminer les coordonnées du point milieu **M** d'un segment, on peut calculer la moyenne des abscisses et la moyenne des ordonnées des extrémités de ce segment.

Ainsi, les coordonnées du point milieu **M** du segment **AB** d'extrémités **A**(x_1, y_1) et **B**(x_2, y_2) sont $\left(\frac{x_1 + x_2}{2}, \frac{y_1 + y_2}{2}\right)$.

Mise en pratique

1. Dominique a commis une erreur en calculant la distance entre les points **A**($^-$8, 5) et **B**(2, $^-$1). Corrige cette erreur.

$$\Delta x = (x_2 - x_1) = (2 - {}^-8) = 10$$
$$\Delta y = (y_2 - y_1) = ({}^-1 - 5) = {}^-6$$

$$d(A, B) = \sqrt{10^2 + {}^-6^2}$$
$$d(A, B) = \sqrt{100 + {}^-36}$$
$$d(A, B) = \sqrt{64} = 8$$

2. On a placé les points **A**, **B** et **C** dans le plan cartésien ci-contre.

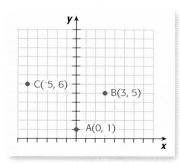

   a) Calcule :

      1) d(**A**, **B**) ;   **2)** d(**B**, **C**) ;   **3)** d(**A**, **C**).

   b) À l'aide des distances calculées en **a**, détermine si le triangle **ABC** est rectangle.

3. Calcule la distance entre les points suivants.

   a) **F**(4, $^-$7) et **G**(11, $^-$7)   **c)** **D**(2, 1) et **E**(3, 5)

   b) **H**(2, 1) et **J**(2, 9)   **d)** **K**($^-$2, $^-$1) et **L**(6, $^-$3)

4. On a représenté les emplacements des maisons de Jérémie, de Laurence et de Maxime dans le plan cartésien ci-dessous. L'origine du plan correspond à l'emplacement de leur école. Chaque graduation du plan cartésien représente 100 m.

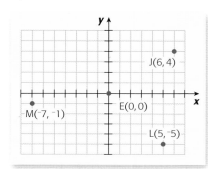

   a) Qui habite le plus loin de l'école ?

   b) Quelle distance sépare les maisons de Jérémie et de Laurence ?

5. Chaque ensemble de points suivant constitue les sommets d'un triangle.

   ①   **A**(2, 5), **B**($^-$2, $^-$1), **C**(6, $^-$1)   ②   **D**($^-$2, $^-$5), **E**($^-$3, 2), **F**(1, 3)

   a) Indique si chacun des triangles est équilatéral, isocèle ou scalène.

   b) Calcule le périmètre de chaque triangle. Arrondis tes réponses au dixième près.

6. Détermine les coordonnées du point milieu **M** de $\overline{AB}$ d'extrémités :

a) **A**(4, 2) et **B**(6, 8) ;

b) **A**($^-$3, $^-$3) et **B**($^-$2, $^-$7) ;

c) **A**($^-$2, $^-$4) et **B**(6, 12) ;

d) **A**(0,2, 1,5) et **B**(3,6, 0,3) ;

e) **A**$\left(\frac{1}{2}, \frac{2}{5}\right)$ et **B**$\left(\frac{-7}{2}, \frac{9}{5}\right)$;

f) **A**$\left(\frac{-3}{4}, \frac{9}{7}\right)$ et **B**$\left(\frac{1}{2}, \frac{1}{14}\right)$;

g) **A**(123, $^-$98) et **B**($^-$45, 678) ;

h) **A**(m, n) et **B**(p, r).

7. Le diamètre d'un cercle relie les points **C**($^-$7, $^-$4) et **D**($^-$1, 10) de la circonférence. Quelles sont les coordonnées du centre du cercle ?

8. Détermine les coordonnées de l'extrémité **B** de $\overline{AB}$, sachant que les coordonnées du point **A** sont ($^-$4, 5) et que celles du point milieu **M** sont (8, 0).

Le segment qui relie un sommet d'un triangle au point milieu du côté opposé est une médiane.

9. Dans l'illustration ci-dessous, le segment **AM** est une médiane du triangle **ABC**.

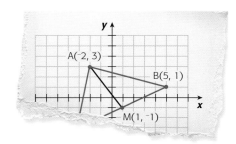

Détermine les coordonnées du sommet **C**.

10. Détermine les coordonnées du point :

a) situé au quart de $\overline{MN}$, d'extrémités **M**($^-$6, 4) et **N**(2, 0), à partir du point **M** ;

b) situé au huitième de $\overline{PQ}$, d'extrémités **P**(0, 2) et **Q**(12, 6), à partir du point **Q** ;

c) situé aux trois huitièmes de $\overline{ST}$, d'extrémités **S**($^-$3, $^-$8) et **T**(13, 0), à partir du point **S**.

11. Quelles sont les coordonnées des trois points qui partagent le segment **RS**, d'extrémités **R**($^-$5, 19) et **S**(23, $^-$1), en quatre segments isométriques ?

12. a) On partage $\overline{AB}$, d'extrémités **A**(0, 1) et **B**(10, 16), en cinq segments isométriques. Détermine les coordonnées du troisième point de partage à partir du point **A**.

b) On partage $\overline{CD}$, d'extrémités **C**($^-$11, 1) et **D**(10, $^-$8), en trois segments isométriques. Détermine les coordonnées du deuxième point de partage à partir du point **C**.

c) On partage $\overline{EF}$, d'extrémités **E**(12, 110) et **F**(60, 50), en six segments isométriques. Détermine les coordonnées du quatrième point de partage à partir du point **E**.

13. **a)** Associe deux des énoncés ci-dessous au schéma correspondant.

① Le point **P** partage $\overline{AB}$ en segments de rapport 2:3 à partir du point **A**.

② Le point **P** est situé aux $\frac{2}{3}$ de $\overline{AB}$ à partir du point **A**.

③ Le point **P** partage $\overline{AB}$ en segments de rapport 3:2 à partir du point **A**.

Ⓐ 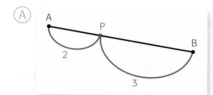   Ⓑ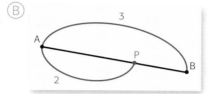

b) Schématise l'énoncé que tu n'as pas associé en **a**.

c) Sachant que les coordonnées du point **A** sont $(^-21, 5)$ et que les coordonnées du point **B** sont $(9, ^-10)$, détermine les coordonnées du point **P** qui satisfont :

1) l'énoncé ① ;   **2)** l'énoncé ② ;   **3)** l'énoncé ③.

14. Détermine les coordonnées :

a) du point **P** qui partage $\overline{CD}$, d'extrémités **C**(10, 15) et **D**($^-5$, 25), en segments de rapport 3 : 2 à partir du point **C** ;

b) du point **N**, situé deux fois plus près de l'extrémité **R**(8, 2) que de l'extrémité **S**($^-1$, 2) de $\overline{RS}$.

15. Voici comment Béatrice a procédé pour déterminer les coordonnées du point **T**, situé au tiers de $\overline{AB}$ à partir du point **A**.

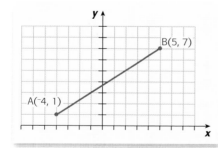

Le tiers de l'accroissement des abscisses :
$$\frac{\Delta x}{3} = \frac{x_2 - x_1}{3} = \frac{5 - ^-4}{3} = 3$$
Le tiers de l'accroissement des ordonnées :
$$\frac{\Delta y}{3} = \frac{y_2 - y_1}{3} = \frac{7 - 1}{3} = 2$$
Les coordonnées du point T sont (3, 2).

a) Quelle erreur Béatrice a-t-elle commise ?

b) Quelles sont les coordonnées du point **T** ?

16. Soit les points **A**(4, 6), **B**($^-$2, 8), **C**(9, $^-$1) et **D**($^-$3, $^-$3). Quelle est la distance entre les points milieu de $\overline{AB}$ et de $\overline{CD}$?

17. Léon a déterminé les coordonnées du point **P**, situé aux $\frac{3}{5}$ de $\overline{AB}$ à partir du point **A**. Julie, quant à elle, a déterminé les coordonnées du point **R** qui partage le même segment, mais dans un rapport 2 : 3, à partir du point **B**. Quelle est la distance entre les points **P** et **R** ? Justifie ta réponse.

18. Les sommets d'un triangle sont les points **R**($^-$5, 5), **S**(3, 5) et **T**($^-$1, $^-$3).

    a) Démontre que le triangle **RST** est isocèle.

    b) Quelle est l'aire du triangle **RST** ?

19. On a représenté un losange de baseball, qui est en fait un carré, dans le plan cartésien ci-contre, gradué en mètres. Les coordonnées du premier but sont (19,4, 19,4).

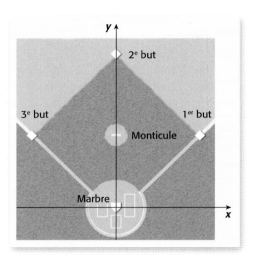

    a) Quelle est la distance entre le marbre et le premier but ?

    b) Si le centre du monticule est à 18,4 m du marbre, à quelle distance est-il :

        1) du premier but ?

        2) du deuxième but ?

Fait divers

Éric Gagné, lanceur, et Russell Martin, receveur, ont étudié à la même école secondaire de Montréal.

Le 6 juin 2006, ils ont joué ensemble pour les Dodgers de Los Angeles.

Pour la première fois de l'histoire des ligues majeures de baseball, le lanceur et le receveur d'une même équipe étaient d'origine québécoise.

La droite dans le plan cartésien

Voies parallèles

Situation d'application

Le développement des transports routiers et ferroviaires nécessite de nombreuses études et doit tenir compte de facteurs de nature économique et environnementale. Dans le cadre d'un projet d'aménagement de train rapide reliant les villes de Québec et de Montréal, on prévoit construire une nouvelle voie ferrée sur la rive sud du fleuve Saint-Laurent. Ce projet comprend aussi la construction d'une gare attenante à la route 155. Les opinions des consultants divergent quant à l'emplacement de la voie ferrée. Bien qu'ils s'entendent pour qu'elle passe par Bécancour, certains affirment qu'elle doit être perpendiculaire à la route 155 et d'autres, non.

Voici une carte de la région placée dans un plan cartésien gradué en kilomètres. L'origine du plan coïncide avec l'intersection des routes 55 et 40, et la ville de Bécancour est située au point B$\left(\frac{25}{3}, 0\right)$. L'emplacement de la nouvelle voie ferrée est représenté par le tireté vert. Voici également les équations des droites qui modélisent les routes 132 et 155.

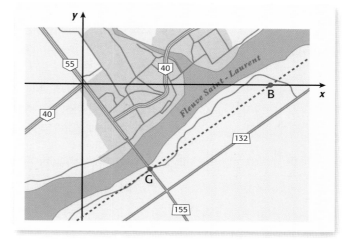

Route	Équation
132	$8x - 10y - 80 = 0$
155	$4x + 3y = 0$

Le comité chargé du projet a tranché et projette de construire la nouvelle gare au point **G**$(3, {}^-4)$. À l'aide d'arguments mathématiques, démontre que, contrairement à la route 132, la nouvelle voie ferrée passant par Bécancour sera perpendiculaire à la route 155.

Environnement et consommation

Au Québec, le Bureau d'audiences publiques sur l'environnement (BAPE) est un organisme indépendant qui a pour mission de consulter la population sur des questions environnementales. Après avoir analysé les mémoires soumis par la population, il émet des recommandations au ministre du Développement durable, de l'Environnement et des Parcs afin d'éclairer la prise de décision dans une perspective de développement durable. Le BAPE n'a toutefois aucun pouvoir décisionnel, ce que décrient plusieurs environnementalistes. Selon toi, quelle importance devrait-on accorder aux critères environnementaux dans des projets nécessitant d'importants investissements? Nomme un projet qui a suscité des discussions à ce sujet dans les médias.

Deux formes d'équation

- Pente
- Équation d'une droite sous la forme fonctionnelle
- Équation d'une droite sous la forme symétrique

On a tracé la droite **AB** dans le plan cartésien ci-dessous.

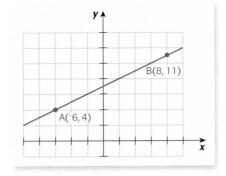

B(8, 11)

A(⁻6, 4)

Pente

Rapport de l'accroissement des ordonnées (Δy) à l'accroissement des abscisses (Δx) entre deux points d'une droite.

Pente = $\frac{\Delta y}{\Delta x}$

A Calcule la **pente** de la droite **AB**.

B Qu'arrive-t-il à la pente de la droite **AB** si on déplace le point **B** de façon que :

1) Δy augmente et Δx demeure inchangé ?

2) Δy diminue et Δx demeure inchangé ?

3) Δy demeure inchangé et Δx augmente ?

C Détermine l'équation de la droite **AB** sous la forme fonctionnelle, c'est-à-dire sous la forme $y = ax + b$. À quel paramètre correspond la pente de la droite dans cette forme d'équation ?

Les points qui constituent une droite sont ceux dont les coordonnées vérifient son équation.

D Vérifie si les points **P**(⁻1, 5) et **R**(⁻2, 6) appartiennent à la droite **AB** :

1) à partir de la représentation graphique de la droite ;

2) à partir de l'équation de la droite.

L'équation de la droite **AB**, exprimée sous la forme symétrique, est $\frac{x}{-14} + \frac{y}{7} = 1$.

E Vérifie que la forme symétrique de l'équation de la droite **AB** est équivalente à la forme fonctionnelle que tu as déterminée en **C**.

Voici deux équations de droites exprimées sous la forme symétrique et trois représentations graphiques.

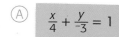 $\dfrac{x}{4} + \dfrac{y}{-3} = 1$ 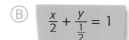 $\dfrac{x}{2} + \dfrac{y}{\frac{1}{2}} = 1$

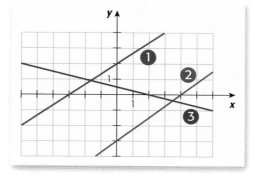

F Associe chacune des deux équations à sa représentation graphique. Détermine ensuite l'équation de la troisième droite sous la forme symétrique.

G À quoi correspondent les dénominateurs des termes en x et en y de chaque équation exprimée sous la forme symétrique?

H Comment peut-on déterminer le signe de la pente d'une droite à partir de la forme symétrique de son équation?

I Détermine l'équation d'une droite, sous la forme fonctionnelle, qui passe par les points suivants.

1) $(0, 4)$ et $(6, 0)$ **2)** $(0, 5)$ et $(3, 5)$ **3)** $(0, 0)$ et $(3, 2)$

J Parmi les équations des droites déterminées en **I**, lesquelles ne peuvent s'exprimer sous la forme symétrique? Justifie ta réponse.

Ai-je bien compris?

1. Soit les droites tracées dans les plans cartésiens ci-dessous.

① 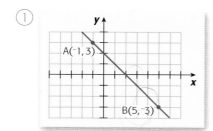   ② 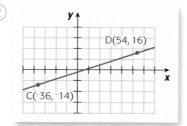   ③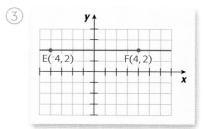

a) Calcule la pente de chaque droite.

b) Détermine la forme fonctionnelle de l'équation de chaque droite.

2. Parmi les points **A**(4, $^-$2), **B**($^-$5, 5) et **C**(9, $^-$1), lequel appartient à la droite d'équation:

a) $y = {}^-3x + 10$?   **b)** $y = x - 10$?   **c)** $\dfrac{x}{-10} + \dfrac{y}{10} = 1$?

Équation d'une droite sous la forme générale

Une autre forme d'équation

Alors qu'il doit déterminer l'équation décrivant les droites tracées dans les plans cartésiens ci-dessous, Philippe constate qu'il ne peut pas décrire toutes ces droites à l'aide de la forme fonctionnelle ou symétrique de l'équation d'une droite.

① 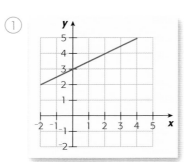 ② 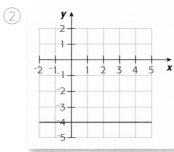 ③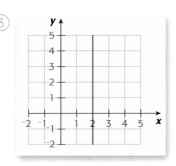

A Selon toi, quelle droite ou quelles droites Philippe ne peut-il pas décrire par une équation exprimée :

1) sous la forme fonctionnelle? **2)** sous la forme symétrique?

Forme générale de l'équation d'une droite

Équation de la forme $Ax + By + C = 0$.

Voici la **forme générale de l'équation de la droite** tracée dans le plan cartésien ③ proposée par Philippe.

$$x - 2 = 0$$

B Détermine la forme générale de l'équation de la droite tracée dans le plan cartésien ②.

C Parmi les équations ci-dessous, lesquelles correspondent à la forme générale de l'équation de la droite tracée dans le plan cartésien ①?

Ⓐ $x + 2y + 6 = 0$ Ⓒ $x - 2y + 6 = 0$

Ⓑ $2x - y - 3 = 0$ Ⓓ $^-2x + 4y - 12 = 0$

Les lettres qui constituent les paramètres de l'équation d'une droite sous la forme générale sont notées en majuscules.

D Quelles sont les valeurs des paramètres A, B et C dans :

1) l'équation proposée par Philippe pour décrire la droite tracée dans le plan cartésien ③?

2) les équations que tu as identifiées en **C**?

E Détermine une autre forme générale de l'équation de la droite tracée dans le plan cartésien ①. Peut-on aussi en déterminer d'autres pour les droites ② et ③? Justifie ta réponse.

Soit la droite d'équation $3x + 2y - 36 = 0$ tracée dans le plan cartésien ci-dessous.

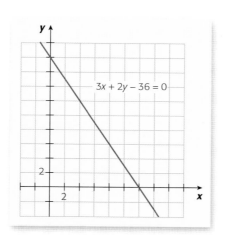

$3x + 2y - 36 = 0$

F Quelle est l'ordonnée à l'origine de cette droite?

G Quelle est la pente de cette droite?

H Valide tes réponses aux questions **F** et **G** à l'aide de la forme fonctionnelle de l'équation de cette droite.

I À partir de l'équation écrite sous la forme générale $Ax + By + C = 0$, exprime à l'aide des paramètres:
   1) la pente de la droite;
   2) l'ordonnée à l'origine de la droite;
   3) l'abscisse à l'origine de la droite.

J Trace la droite d'équation $4x - 2y + 8 = 0$ dans un plan cartésien.

Pièges et astuces

Pour tracer une droite à partir de la forme générale de son équation, on peut déterminer ses coordonnées à l'origine en remplaçant successivement x et y par 0.

Ai-je bien compris?

Voici les équations de quatre droites.

① $4x + 2y - 8 = 0$ ② $y = 0,5x + 4$ ③ $7x - 3y + 21 = 0$ ④ $y = {^-2}x - 2,5$

a) Détermine la pente, l'ordonnée à l'origine et l'abscisse à l'origine de chacune de ces droites.

b) Exprime les équations ① et ③ sous la forme fonctionnelle et les équations ② et ④ sous la forme générale.

c) Trace les droites décrites par les équations ① à ④ dans un plan cartésien.

- Droites parallèles
- Droites perpendiculaires
- Médiatrice d'un segment de droite

Des rues à la carte

Dans certains sites Internet, il est possible de visiter presque n'importe quel endroit de la planète comme si on le survolait en hélicoptère.

Voici une vue satellite des alentours de la Maison-Blanche, située à Washington, la capitale des États-Unis.

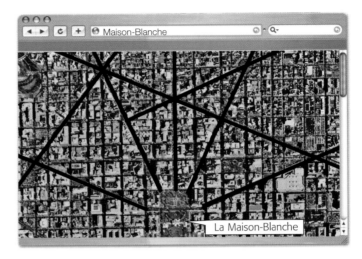

Pour déterminer si certaines avenues des alentours de la Maison-Blanche sont parallèles ou perpendiculaires entre elles, on les a représentées dans le plan cartésien ci-dessous, gradué en mètres. Les équations des droites qui supportent ces avenues sont numérotées de 1 à 7.

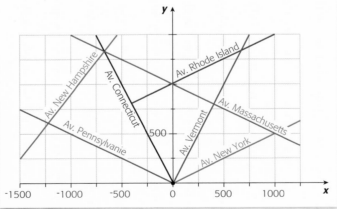

① $x + 2y - 2\ 000 = 0$

② $y = \dfrac{-1}{2}x$

③ $y = \dfrac{1}{2}x$

④ $2x - y = 0$

⑤ $2x + y = 0$

⑥ $12x - 9y + 20\ 000 = 0$

⑦ $y = \dfrac{1}{2}x + 1\ 000$

A Associe chaque équation à l'avenue correspondante.

B Quelle est la particularité de deux droites parallèles ?

C Comment peux-tu déterminer quelles avenues sont parallèles à partir des équations des droites qui les supportent ?

On sait que l'avenue Vermont est perpendiculaire à l'avenue Massachusetts.

D Quelle autre avenue est nécessairement perpendiculaire à l'avenue Vermont? Justifie ta réponse.

E À partir des équations qui décrivent l'avenue que tu as nommée en **D** ainsi que les avenues Vermont et Massachusetts, formule une conjecture sur la relation qui existe entre les pentes de droites perpendiculaires.

F À partir des équations qui décrivent les paires d'avenues suivantes, détermine celles qui sont perpendiculaires.

① Avenue New Hampshire et avenue Pennsylvanie

② Avenue Connecticut et avenue Rhode Island

③ Avenue New York et avenue Connecticut

G L'avenue Vermont est modélisée par un segment dont les extrémités sont l'origine et le point (1120, 2240). Détermine l'équation de la **médiatrice** de ce segment.

> **Médiatrice**
> Droite perpendiculaire à un segment et qui passe par le point milieu de celui-ci.

H L'équation $3x + 6y - 6\,000 = 0$ supporte une ligne de métro située aux alentours de la Maison-Blanche. Sous quelle avenue la ligne de métro passe-t-elle?

I De quelle façon peut-on déterminer si deux **droites** sont **parallèles confondues** à partir de leurs équations exprimées sous la forme générale?

> **Droites parallèles confondues**
> Droites qui ont la même représentation graphique.

Ai-je bien compris?

1. Voici les équations de cinq droites.

① $y = 2x + 1$ ② $y = {}^-2x + 4$ ③ $x + 2y - 10 = 0$

④ $8x + 4y - 12 = 0$ ⑤ ${}^-2x + 4y + 8 = 0$

À partir des équations de ces droites, identifie:
a) les paires de droites parallèles;
b) les paires de droites perpendiculaires.

2. Détermine l'équation d'une droite sous la forme fonctionnelle:
a) parallèle à la droite d'équation $3x - 5y + 15 = 0$;
b) perpendiculaire à la droite d'équation $y = {}^-2x + 5$;
c) parallèle confondue à la droite d'équation $x + 3y - 6 = 0$.

Faire le point

La droite

En géométrie analytique, la droite se définit comme l'ensemble des points d'un plan cartésien dont les coordonnées vérifient une équation du premier degré à deux variables.

La pente

La pente de la droite qui passe par les points $A(x_1, y_1)$ et $B(x_2, y_2)$ est le rapport de l'accroissement des ordonnées à l'accroissement des abscisses entre deux points de cette droite.

$$\text{Pente de } AB = \frac{\Delta y}{\Delta x} = \frac{y_2 - y_1}{x_2 - x_1}$$

Exemple :

Voici comment calculer la pente de la droite qui passe par les points $R(^-2, 5)$ et $S(3, ^-15)$.

$$\text{Pente de } RS = \frac{\Delta y}{\Delta x} = \frac{y_2 - y_1}{x_2 - x_1} = \frac{^-15 - 5}{3 - ^-2} = \frac{^-20}{5} = ^-4$$

L'équation d'une droite sous la forme fonctionnelle

Pièges et astuces

Attention ! Dans l'équation d'une droite sous la forme fonctionnelle et dans celle d'une droite sous la forme symétrique, le paramètre a ne représente pas la même chose.

Une équation de la forme $y = ax + b$ est l'équation d'une droite sous la forme fonctionnelle.

Dans l'équation d'une droite sous la forme fonctionnelle :
– le paramètre a représente la pente de la droite ;
– le paramètre b représente son ordonnée à l'origine.

L'équation d'une droite sous la forme symétrique

Une équation de la forme $\frac{x}{a} + \frac{y}{b} = 1$ où a et $b \in \mathbb{R}^*$ est l'équation d'une droite sous la forme symétrique.

Dans l'équation d'une droite sous la forme symétrique :
– le paramètre a représente l'abscisse à l'origine de la droite ;
– le paramètre b représente son ordonnée à l'origine ;
– la pente correspond à $\frac{^-b}{a}$.

L'équation d'une droite sous la forme générale

La forme générale de l'équation d'une droite est la seule forme d'équation qui permet de décrire n'importe quelle droite d'un plan cartésien.

Une équation de la forme $Ax + By + C = 0$ est l'équation d'une droite sous la forme générale.

Dans l'équation d'une droite sous la forme générale :
– l'ordonnée à l'origine correspond à $\frac{^-C}{B}$;
– l'abscisse à l'origine correspond à $\frac{^-C}{A}$;
– la pente correspond à $\frac{^-A}{B}$.

Tracer une droite

On procède différemment pour tracer une droite selon la forme d'équation dont on dispose.

1) Voici les étapes à suivre pour tracer une droite à partir de son équation sous la forme fonctionnelle.

Exemple : $y = 2x + 3$

Étape	Démarche
1. À partir de l'ordonnée à l'origine, placer un autre point en utilisant la pente de la droite.	
2. Tracer la droite passant par ces points.	

2) Voici les étapes à suivre pour tracer une droite à partir de son équation sous la forme symétrique.

Exemple : $\frac{x}{3} + \frac{y}{-2} = 1$

Étape	Démarche
1. À partir des valeurs de l'abscisse à l'origine et de l'ordonnée à l'origine de la droite (les dénominateurs dans la forme symétrique de l'équation), placer les coordonnées à l'origine dans un plan cartésien.	
2. Tracer la droite passant par ces points.	

3) Voici les étapes à suivre pour tracer une droite à partir de son équation sous la forme générale.

Exemple : $4x - 8y + 16 = 0$

Étape	Démarche	
1. Déterminer l'ordonnée à l'origine de la droite en calculant la valeur de y lorsque $x = 0$. Déterminer l'abscisse à l'origine de la droite en calculant la valeur de x lorsque $y = 0$.	$4(0) - 8y + 16 = 0$ $^-8y = {}^-16$ $y = 2$ $4x - 8(0) + 16 = 0$ $4x = {}^-16$ $x = {}^-4$	<table><tr><th>x</th><th>y</th></tr><tr><td>0</td><td>2</td></tr><tr><td>-4</td><td>0</td></tr></table>
2. Placer les coordonnées à l'origine dans un plan cartésien et tracer la droite passant par ces points.		

Les positions relatives de deux droites

On détermine la position relative de deux droites à partir de leurs représentations graphiques ou de leurs équations.

Les droites parallèles

Deux droites parallèles ne se coupent jamais. Cette propriété géométrique se manifeste algébriquement par le fait que deux droites parallèles ont la même pente.

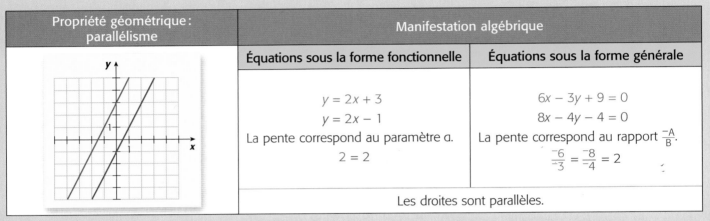

Propriété géométrique : parallélisme	Manifestation algébrique	
	Équations sous la forme fonctionnelle	**Équations sous la forme générale**
	$y = 2x + 3$ $y = 2x - 1$ La pente correspond au paramètre a. $2 = 2$	$6x - 3y + 9 = 0$ $8x - 4y - 4 = 0$ La pente correspond au rapport $\frac{-A}{B}$. $\frac{-6}{-3} = \frac{-8}{-4} = 2$
	Les droites sont parallèles.	

Remarque : Des droites parallèles qui ont la même ordonnée à l'origine sont des droites confondues.

Les droites perpendiculaires

Deux droites perpendiculaires se coupent à angle droit. Cette propriété géométrique se manifeste algébriquement par le fait que le produit des pentes de deux droites perpendiculaires, non parallèles aux axes, est égal à $^-1$.

Propriété géométrique : perpendicularité	Manifestation algébrique	
	Équations sous la forme fonctionnelle	**Équations sous la forme générale**
	$y = {}^-5x - 4$ $y = 0{,}2x + 2$ La pente correspond au paramètre a. $(^-5) \cdot (0{,}2) = {}^-1$	$x - 5y + 10 = 0$ $10x + 2y - 8 = 0$ La pente correspond au rapport $\frac{-A}{B}$. $\left(\frac{-1}{-5}\right) \cdot \left(\frac{-10}{2}\right) = {}^-1$
	Les droites sont perpendiculaires.	

Remarque : La médiatrice d'un segment est la droite perpendiculaire qui passe par le milieu de celui-ci. On utilise la manifestation algébrique des droites perpendiculaires pour déterminer l'équation d'une médiatrice.

Mise en pratique

1. Soit les six droites tracées dans les plans cartésiens ci-dessous.

①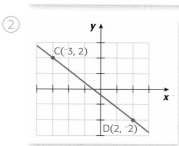

③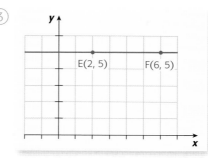

⑤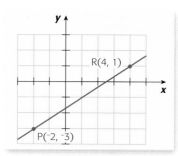

②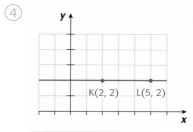

④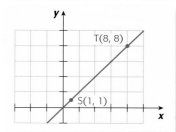

⑥

a) Quelle est la pente de chaque droite?

b) Détermine la forme fonctionnelle de l'équation de chaque droite.

c) Relève au moins deux erreurs qui peuvent être commises lorsqu'on calcule la pente d'une droite.

2. L'ordonnée à l'origine de la droite **MN** est 9. Sachant que l'accroissement des abscisses du point **M** au point **N** est de $^-8$ et que l'accroissement des ordonnées du point **M** au point **N** est de 4, trace la droite **MN** dans un plan cartésien.

3. Voici trois droites décrites à l'aide d'une équation sous la forme générale.

① $3x - 4y + 12 = 0$ ② $2x + 8y + 24 = 0$ ③ $^-12x + y - 30 = 0$

a) Détermine les coordonnées à l'origine de chaque droite.

b) Trace chaque droite dans un plan cartésien.

c) Observe les droites que tu as tracées en **b**. Indique ensuite un moyen rapide de déterminer, à partir de la forme générale de son équation, si la pente d'une droite est positive ou négative.

4. Vérifie si le point **H**(7, 3) appartient à la droite qui passe par les points **E**(3, 4) et **F**($^-5$, 6).

5. Exprime les équations des droites suivantes sous la forme fonctionnelle, puis sous la forme symétrique.

a) $x - 8y - 6 = 0$

b) $11x + 3y - 33 = 0$

c) $4x - 6y + 9 = 0$

d) $^-0,5x + 9,7y + 19,4 = 0$

6. Détermine l'équation des droites suivantes sous la forme générale.

a)
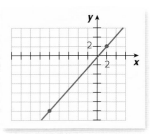

c)
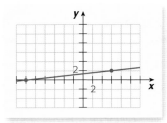

b)
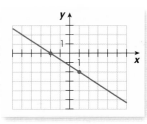

d)
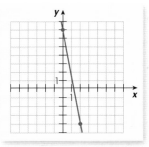

7. Dans quelle forme d'équation (générale, symétrique ou fonctionnelle) trouve-t-on un ou des paramètres qui correspondent directement à :

a) la pente ?   **b)** l'abscisse à l'origine ?   **c)** l'ordonnée à l'origine ?

8. Détermine la forme symétrique de l'équation d'une droite ayant les caractéristiques suivantes.

a) Une pente de $\frac{3}{2}$ et une abscisse à l'origine de $\frac{4}{3}$

b) Une pente de $\frac{-3}{4}$ et une ordonnée à l'origine de $\frac{5}{2}$

9. Détermine le nombre opposé de l'inverse multiplicatif de :

a) $^-3$ **c)** $\frac{3}{4}$ **e)** $\frac{6}{5}$ **g)** $\frac{19}{21}$

b) 4   **d)** $\frac{-2}{3}$ **f)** 3,2   **h)** $^-0{,}5$

> On utilise parfois l'expression « l'opposé de l'inverse » pour décrire la relation qui existe entre les pentes de deux droites perpendiculaires. Cette expression signifie que la pente de l'une des droites perpendiculaires est le nombre opposé de l'inverse multiplicatif de la pente de l'autre droite.

10. Soit les six nombres suivants.

6          $^-4$ $^-12$ $^-8$ 8   4

En utilisant une seule fois chacun de ces nombres en guise de paramètre (A, B ou C) de la forme générale de l'équation d'une droite, crée les équations :

a) de deux droites parallèles ;   **b)** de deux droites perpendiculaires.

11. Voici neuf équations de droites.

① $y = {}^-3x + 4$ ④ $2x + 4y - 3 = 0$ ⑦ $y = 2x + 5$

② $4x - 2y - 4 = 0$ ⑤ $y = {}^-3x + 1$ ⑧ $4x - 3y - 9 = 0$

③ $y = \frac{3}{4}x - 1$ ⑥ $y = \frac{x}{2} - 9$ ⑨ $4x + 3y + 6 = 0$

Détermine les paires d'équations qui décrivent :

a) des droites parallèles ;

b) des droites perpendiculaires.

12. Trouve la valeur de k qui fait en sorte que les droites d'équations $3x - 2y - 5 = 0$ et $kx - 6y + 1 = 0$ sont :

a) parallèles ;　　　　　　　　　　**b)** perpendiculaires.

13. Vrai ou faux ?

a) La droite passant par les points $(0, 3)$ et $(10, 12)$ est parallèle confondue à la droite passant par les points $({}^-20, {}^-15)$ et $({}^-10, {}^-6)$.

b) La droite d'équation $\frac{x}{3} + \frac{y}{4} = 1$ ne croise pas la droite d'équation $y = \frac{{}^-4}{3}x$.

c) L'équation $y = \frac{m}{n}x + m$, où m et n sont des nombres positifs différents, représente une droite perpendiculaire à la droite d'équation $nx + my = 0$.

14. Alban et Yolaine ont décrit la droite tracée dans le plan cartésien ci-contre à l'aide d'une équation sous la forme générale.

Voici l'équation que chacun d'eux a proposée.

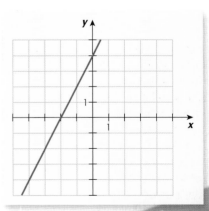

Alban

$6x - 3y + 12 = 0$

Yolaine

$2x - y + 4 = 0$

a) Est-ce que les équations proposées par Alban et Yolaine représentent la droite tracée dans le plan ?

b) Est-il possible que deux équations différentes, exprimées sous la forme fonctionnelle ou symétrique, décrivent la même droite ? Explique ta réponse.

15. Quelle est l'équation exprimée sous la forme générale de la droite :

a) qui passe par le point **P**(6, 7) et qui est parallèle à la droite d'équation $y = 4x + 5$?

b) qui passe par le point **R**($^-$3, 5) et qui est perpendiculaire à la droite d'équation $y = \frac{1}{2}x - 3$?

16. Soit le triangle rectangle **ABC** tracé dans le plan cartésien ci-dessous.

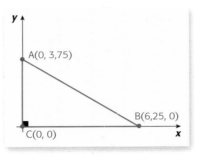

Détermine la forme générale de l'équation de la médiatrice de l'hypoténuse de ce triangle.

17. Rima veut solidifier un balcon avec un support en métal. Le seul endroit où elle peut fixer ce support au mur de la maison se trouve à 45 cm sous le balcon. Pour assurer la solidité du balcon, le support doit avoir une pente de $\frac{2}{3}$.

Étant donné que le balcon est perpendiculaire au mur, de quelle longueur doit être le support dont Rima aura besoin?

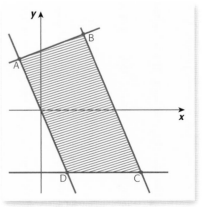

18. Dans le cadre d'un projet de préservation d'un parc naturel, un organisme de conservation de la nature propose de clôturer une partie du parc afin de préserver les éléments naturels des écosystèmes. Le quadrilatère qui modélise la zone à protéger est représenté dans le plan cartésien ci-contre, où les axes sont gradués en mètres. Les coordonnées des sommets du quadrilatère sont **A**($^-$20, 50), **B**(40, 74), **C**(x, $^-$60) et **D**(24, $^-$60).

a) Détermine la valeur de x afin que la zone à protéger soit un trapèze.

b) La zone à protéger est-elle un trapèze rectangle? Justifie ta réponse.

c) Le centre d'interprétation est situé au point (65, 26). Se trouve-t-il à l'intérieur ou à l'extérieur de la zone à protéger?

La bonne combinaison

Situation de communication

Le traitement de certaines maladies nécessite parfois la prise de plusieurs médicaments. Pour optimiser l'effet thérapeutique des médicaments et pour prévenir leurs effets secondaires chez les patients, les pharmacologues étudient les effets de certaines combinaisons de substances actives dans différents médicaments.

À la suite de la réalisation de sa recherche, un pharmacologue a pu déterminer la quantité nécessaire de deux substances actives, U et V, pour optimiser l'effet thérapeutique des médicaments A et B lorsque ces derniers sont pris au cours d'un même traitement.

Le tableau ci-dessous indique la quantité des substances actives U et V présentes dans les comprimés des médicaments A et B ainsi que la quantité quotidienne nécessaire pour obtenir un effet optimal.

	Comprimé du médicament A	Comprimé du médicament B	Quantité quotidienne nécessaire
Substance active U	120 mg	300 mg	960 mg
Substance active V	25 mg	80 mg	235 mg

Depuis la publication des résultats de cette recherche, on prescrit davantage la prise simultanée des médicaments A et B. Les ordonnances les plus fréquentes sont pour des périodes de 10 et de 14 jours.

Suggère aux compagnies pharmaceutiques une quantité de comprimés par flacon, tant pour le médicament A que pour le médicament B, qui fait en sorte que, pour les ordonnances les plus fréquentes, on ne gaspille aucun comprimé.

Environnement et consommation

Le fait de jeter des produits pharmaceutiques inutilisés ou périmés à la poubelle ou dans le réseau d'aqueduc peut présenter un risque pour l'environnement et avoir des effets néfastes sur les humains et les animaux. Au Canada, selon les résultats de l'Enquête sur les ménages et l'environnement de 2006, 40 % des ménages ne connaissent aucune solution sécuritaire pour éliminer les médicaments et les jettent avec leurs déchets.

Nomme une conséquence environnementale de l'élimination des médicaments dans le réseau d'aqueduc. Selon toi, de quelle façon sécuritaire peut-on se départir de produits pharmaceutiques inutilisés ou périmés?

Inéquation du premier degré à deux variables

C'est payant de récupérer

Les jours de collecte d'ordures et de récupération, Louis-Thomas circule dans son quartier afin de ramasser des objets ou des métaux qu'il peut revendre à des ferrailleurs. Aujourd'hui, il a surtout ramassé de l'aluminium.

Lorsqu'il vend de l'aluminium, Louis-Thomas obtient 3 $ par kilogramme pour l'aluminium de qualité supérieure et 2 $ par kilogramme pour les retailles d'aluminium.

Louis-Thomas ne connaît pas la masse de chaque type d'aluminium qu'il a vendu aujourd'hui, mais il a reçu 36 $.

A Si x représente la masse d'aluminium de qualité supérieure, en kilogrammes, et y, la masse des retailles d'aluminium, en kilogrammes, quelle équation représente toutes les masses possibles des deux types d'aluminium que Louis-Thomas a vendus?

B Représente graphiquement l'équation que tu as déterminée en **A**.

C Est-il possible que Louis-Thomas ait vendu:
1) 8 kg d'aluminium de qualité supérieure et 6 kg de retailles?
2) 9 kg d'aluminium de qualité supérieure et 4 kg de retailles?
Justifie tes réponses.

La semaine dernière, lorsqu'il est allé vendre de l'aluminium, Louis-Thomas a reçu un montant inférieur à 36 $.

D Nomme un couple de valeurs possibles pour les masses d'aluminium de chaque type qui résulterait en un montant inférieur à 36 $.

E Quelle est l'inéquation du premier degré à deux variables qui représente la situation où Louis-Thomas reçoit moins que 36 $ pour son aluminium?

F Dans la représentation graphique faite en **B**, identifie l'**ensemble-solution de l'inéquation du premier degré à deux variables** trouvée en **E**.

G Est-ce que les coordonnées des points situés sur la droite tracée en **B** font partie de l'ensemble-solution de l'inéquation trouvée en **E**? Propose une façon de tenir compte de ta réponse dans la représentation graphique de l'ensemble-solution de l'inéquation.

Fait divers

L'aluminium ne se dégrade pas lorsqu'il est recyclé, c'est-à-dire qu'une nouvelle boîte en aluminium peut être faite à partir d'un matériau 100 % recyclé. L'aluminium est le seul matériau d'emballage qui possède cette caractéristique. Il est donc très convoité par les ferrailleurs.

Ensemble-solution d'une inéquation du premier degré à deux variables

Ensemble des couples de valeurs qui vérifient l'inéquation.

La semaine suivante, Louis-Thomas vend de nouveau l'aluminium qu'il récupère et reçoit un montant supérieur à 54 $.

H Quelle est l'inéquation qui décrit cette situation?

I Donne un couple de valeurs possibles pour les masses d'aluminium vendues.

J Parmi les représentations graphiques ci-dessous, laquelle représente l'ensemble-solution de l'inéquation déterminée en **H**?

①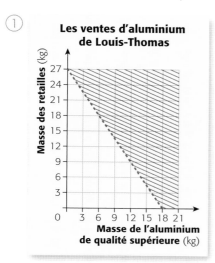

②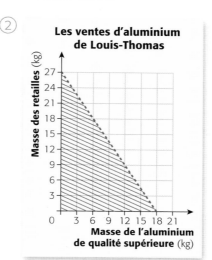

③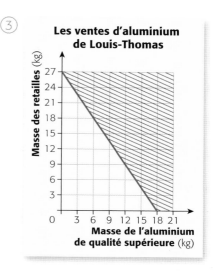

K Décris de quelle façon on peut utiliser les coordonnées d'un point pour représenter graphiquement l'ensemble-solution d'une inéquation.

L Détermine l'inéquation qui a comme ensemble-solution chacune des deux autres représentations graphiques.

Ai-je bien compris?

1. Traduis chacune des situations suivantes par une inéquation.

   a) Le résultat de Vincent est au moins égal à celui de Bruno.

   b) Martine a au plus le triple de l'âge de Marianne.

2. a) Laquelle des inéquations ci-dessous a comme ensemble-solution la représentation graphique ci-contre?

   ① $2x + 6y - 8 > 0$

   ③ $x - 3y + 12 \leq 0$

   ② $y < \dfrac{x}{3} + 4$

   ④ $y \geq {}^-3x + 4$

   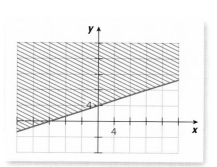

   b) Représente graphiquement l'ensemble-solution des trois autres inéquations.

La pesée

Dans le cadre de leur cours de science et technologie, des élèves doivent déterminer la masse d'un cube vert et celle d'un cube bleu sans défaire les montages de cubes que leur remet leur enseignant. Les cubes de même couleur ont la même masse.

Camille reçoit les deux montages ci-contre.

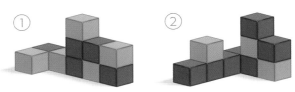

À l'aide d'une balance, elle détermine que la masse du premier montage est de 100 g.

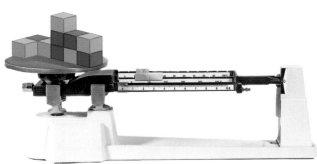

Soit b, la masse d'un cube bleu, en grammes, et v, la masse d'un cube vert, en grammes.

A Quelle équation traduit toutes les valeurs possibles de b et de v ?

B Représente graphiquement l'équation déterminée en **A**. Dans ce contexte, qu'ont en commun tous les points appartenant à cette droite ?

C Explique pourquoi il est nécessaire de déterminer la masse du deuxième montage pour pouvoir calculer la masse d'un cube bleu et celle d'un cube vert.

Camille a déterminé que la masse du deuxième montage est de 108 g.

D Quelle équation traduit la deuxième pesée de Camille ? Représente-la graphiquement dans le même plan cartésien qu'en **B**.

E Vérifie algébriquement que les coordonnées du point de rencontre des droites tracées en **B** et en **D** correspondent à la solution du système d'équations modélisant les deux pesées de Camille.

F Décris deux montages de cubes bleus et verts qui ne permettraient pas à Camille de déterminer la masse d'un cube bleu et celle d'un cube vert.

Renaud reçoit un seul montage composé de cubes rouges et de cubes noirs. Son enseignant lui a précisé que le cube noir a une masse trois fois plus grande que celle du cube rouge. Après avoir effectué sa pesée, Renaud modélise la situation en désignant par r la masse d'un cube rouge, en grammes, et par n la masse d'un cube noir, en grammes.

$$\begin{cases} 3n = r \\ 6r + 2n = 78 \end{cases}$$

G Décris le montage de cubes que Renaud a reçu. Quelle est sa masse?

H Explique pourquoi la première équation que Renaud propose est incorrecte et corrige-la.

I Représente graphiquement les équations du système qui modélise correctement la situation. Peux-tu déterminer la masse exacte d'un cube rouge à partir de ta représentation graphique? Justifie ta réponse.

J À l'aide de la **méthode de comparaison**, détermine:
1) la masse d'un cube rouge; **2)** la masse d'un cube noir.

TIC

À l'aide d'une calculatrice à affichage graphique, il est possible d'ajuster la fenêtre d'affichage de façon à mettre en évidence la partie du graphique où se trouve le point de rencontre des deux droites. Pour en savoir plus, consulte la page 262 de ce manuel.

Méthode de comparaison

Méthode algébrique de résolution d'un système d'équations qui consiste à isoler la même variable dans les deux équations et à former une équation à une variable.

Ai-je bien compris?

1. Voici la représentation graphique de deux systèmes d'équations. Quelle est la solution de chacun d'eux?

a)
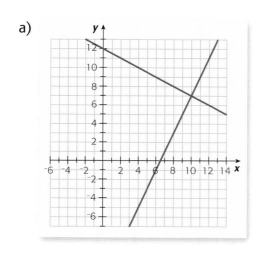

b)
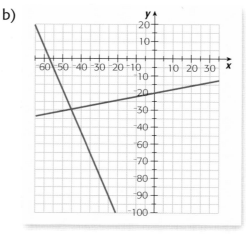

2. Utilise la méthode de comparaison pour résoudre chacun des systèmes d'équations suivants.

a) $\begin{cases} y = 2x - 6 \\ y = 8 \end{cases}$

b) $\begin{cases} x + y = 10 \\ x - y = 7 \end{cases}$

c) $\begin{cases} x + y = 8 \\ 2x + 2y = 16 \end{cases}$

Volley-ball de plage

Résolution algébrique d'un système d'équations : méthode de substitution

Un terrain réglementaire de volley-ball de plage est deux fois plus long que large, et son périmètre est de 48 m. Voici deux façons de modéliser les relations entre les dimensions d'un terrain de volley-ball de plage.

1re modélisation : équation à une variable	2e modélisation : système d'équations à deux variables
Soit x, la largeur du terrain. $2x$ x On a : $2x + 2(2x) = 48$	Soit x, la largeur du terrain, et y, sa longueur. y x On a : $\begin{cases} 2x + 2y = 48 \\ y = 2x \end{cases}$

A Montre que ces deux modélisations sont équivalentes. Explique comment on peut passer du système d'équations à deux variables à l'équation à une variable.

B Quelles sont les dimensions d'un terrain réglementaire de volley-ball de plage? Remplace les valeurs que tu as trouvées dans le contexte afin de valider ta réponse.

Il est également possible de modéliser cette situation par le système suivant.

$$\begin{cases} 2x + 2y = 48 \\ x = \dfrac{y}{2} \end{cases}$$

Méthode de substitution

Méthode algébrique de résolution d'un système d'équations qui consiste à isoler une variable dans une des équations, puis à substituer à cette variable l'expression algébrique qui correspond à la variable isolée dans la seconde équation.

C Transforme ce système en une équation à une variable (y) à l'aide de la **méthode de substitution**. Trouve les dimensions du terrain et assure-toi que celles-ci sont identiques à celles trouvées en **B**.

À la finale féminine des championnats canadiens de volley-ball de plage, 48 points ont été marqués au cours de la première manche. La différence entre les pointages des deux équipes qui s'affrontaient n'était que de deux points.

D Traduis cette situation par un système d'équations du premier degré à deux variables.

E Détermine le pointage final de la première manche à l'aide de la méthode de substitution.

La finale masculine du tournoi a été remportée en trois manches. Au total, les champions canadiens ont marqué 70 points. Ils ont marqué 45 points dans les deux premières manches et 43 dans les deux dernières.

F Soit x, le nombre de points marqués par les gagnants dans la première manche, y, le nombre de points marqués par les gagnants dans la deuxième manche, et z, le nombre de points marqués par les gagnants dans la troisième manche. Traduis cette situation par un système de trois équations du premier degré à trois variables.

G À l'aide de la méthode de substitution, détermine le nombre de points marqués par les gagnants à chacune des trois manches.

H Selon toi, à quelle condition est-il possible de résoudre un système d'équations du premier degré à plus de deux variables ? Explique ta réponse.

Ai-je bien compris?

1. Un filet de volley-ball est 9,5 fois plus long que large. La différence entre sa longueur et sa largeur est de 8,5 m.

   a) Traduis algébriquement, par un système d'équations à deux variables, les relations entre les dimensions du filet.

   b) Résous algébriquement, à l'aide de la méthode de substitution, le système d'équations que tu as trouvé en **a**.

2. Résous les systèmes d'équations suivants à l'aide de la méthode de substitution.

   a) $\begin{cases} 3x = y \\ x - 2y = 20 \end{cases}$

   b) $\begin{cases} 40x + 10y = 20 \\ x = y - 2 \end{cases}$

   c) $\begin{cases} x + y = 5 \\ 2x - 3y = 50 \end{cases}$

   d) $\begin{cases} 2x - 3y = 20 \\ 5x = 100 \end{cases}$

À contre-courant

Résolution algébrique d'un système d'équations: méthode de réduction

Les Démones, un équipage féminin de bateau-dragon, s'entraînent pour les prochains championnats mondiaux. Aujourd'hui, l'équipage s'exerce sur une rivière où il y a un courant constant. Voici une illustration de la situation.

Aller	Retour
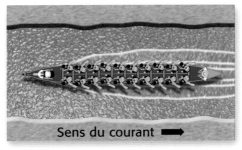	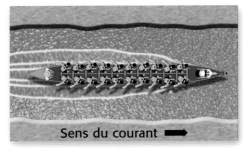
Sens du courant ➡	Sens du courant ➡

La vitesse moyenne se calcule en divisant la distance parcourue par le temps de parcours.

$$v = \frac{d}{t}$$

À l'aller, à contre-courant, le bateau-dragon parcourt 2 km en 40 minutes. Au retour, pour parcourir la même distance dans le sens du courant, avec la même cadence et la même intensité, le bateau-dragon met 6 minutes.

A Exprime, en kilomètres par heure, la vitesse moyenne à laquelle se déplace le bateau-dragon:

1) à contre-courant;   **2)** dans le sens du courant.

B La vitesse moyenne à laquelle l'équipage propulse le bateau-dragon, en kilomètres par heure, est représentée par b et la vitesse du courant, en kilomètres par heure, par c. Lequel des systèmes d'équations suivants modélise cette situation? Justifie ta réponse.

① $\begin{cases} b + c = 20 \\ b - c = 3 \end{cases}$ ② $\begin{cases} 20b + 20c = 2 \\ 3b - 3c = 2 \end{cases}$

Additionner membre à membre

Former une nouvelle équation dont le membre de gauche correspond à la somme des membres de gauche de chacune des équations de départ, et le membre de droite, à la somme des membres de droite de chacune des équations de départ.

C Quelle équation obtient-on quand on **additionne membre à membre** les deux équations du système identifié en **B**?

D À l'aide de ta réponse en **C**, détermine d'abord la valeur de b et ensuite la valeur de c. À quoi correspond cette solution dans cette situation?

E Reprends le système d'équations que tu as identifié en **B** et soustrais la seconde équation, membre à membre, de la première. En résolvant l'équation ainsi obtenue, arrives-tu à la même solution qu'en **D**?

Au moment de la sélection de l'équipage, 50 candidates étaient présentes. Seulement la moitié des candidates de moins de 30 ans et le tiers des candidates de 30 ans et plus ont été retenues. L'équipage des Démones est constitué de 22 femmes.

Le système d'équations suivant, où x représente le nombre de femmes âgées de moins de 30 ans et y, le nombre de femmes âgées de 30 ans et plus, modélise cette situation.

$$\begin{cases} x + y = 22 \\ 2x + 3y = 50 \end{cases}$$

Fait divers

Un équipage de bateau-dragon se compose de 22 membres : 20 pagayeurs, un batteur qui donne le tempo et un barreur qui garde la ligne de course.

F En additionnant ou en soustrayant les deux équations de ce système membre à membre, est-il possible de former une équation à une variable? Explique pourquoi.

En multipliant ou en divisant les deux membres d'une équation d'un système par un même facteur, on obtient un système d'équations équivalent à celui-ci. Voici quatre systèmes équivalents au système d'équations initial, c'est-à-dire à celui qui modélise la sélection des membres de l'équipage.

① $\begin{cases} {}^-2x - 2y = {}^-44 \\ 2x + 3y = 50 \end{cases}$ ③ $\begin{cases} x + y = 22 \\ {}^-4x - 6y = {}^-100 \end{cases}$

② $\begin{cases} 3x + 3y = 66 \\ 2x + 3y = 50 \end{cases}$ ④ $\begin{cases} x + y = 22 \\ x + \dfrac{3y}{2} = 25 \end{cases}$

G Pour chacun de ces systèmes :

1) indique l'équation du système initial qui a été multipliée et le facteur par lequel elle a été multipliée;

2) détermine s'il est possible, en additionnant ou en soustrayant les équations membre à membre, d'obtenir une équation à une variable.

H Trouve un autre système d'équations équivalent à celui ci-dessous qu'il serait facile de résoudre à l'aide de la **méthode de réduction**.

$$\begin{cases} x + y = 22 \\ 2x + 3y = 50 \end{cases}$$

I Selon toi, peut-on résoudre algébriquement à l'aide des méthodes de comparaison, de substitution et de réduction n'importe quel système d'équations du premier degré à deux variables ? Explique ton raisonnement.

Point de repère

La méthode du pivot de Gauss

Considéré comme l'un des plus grands mathématiciens de tous les temps, Carl Friedrich Gauss (1777-1855) a défini une méthode pour résoudre un système de n équations du premier degré à n variables. Cette méthode, encore utilisée aujourd'hui, consiste à transformer un système en un système équivalent plus facile à résoudre. Lorsque cette méthode est appliquée pour résoudre un système d'équations du premier degré à deux variables, on l'appelle la méthode de réduction. Il s'agit de la méthode programmée dans les calculatrices scientifiques pour résoudre des systèmes d'équations à plusieurs variables.

Ai-je bien compris ?

1. Résous les systèmes d'équations suivants à l'aide de la méthode de réduction.

   a) $\begin{cases} 2x + y = 15 \\ x - y = 12 \end{cases}$

   b) $\begin{cases} 40x + 10y = 80 \\ 40x - 20y = 50 \end{cases}$

   c) $\begin{cases} x + y = 5 \\ 2x + 5y = 10 \end{cases}$

   d) $\begin{cases} 2x - 3y = 2 \\ 2x + 3y = 42 \end{cases}$

2. Pour entrer au cinéma Bellevue, un adulte et un enfant doivent débourser 14,50 $. Une famille composée de deux adultes et de trois enfants doit débourser 34 $.

   a) Traduis algébriquement cette situation par un système d'équations à deux variables.

   b) Résous algébriquement ce système d'équations à l'aide de la méthode de réduction.

   c) Quel est le prix d'un billet pour un adulte et le prix d'un billet pour un enfant au cinéma Bellevue ?

Faire le point

Les inéquations du premier degré à deux variables

Une inéquation du premier degré à deux variables est un énoncé mathématique comportant une relation d'inégalité et deux variables. Résoudre une inéquation consiste à déterminer les couples de valeurs que peuvent prendre les variables pour que l'inégalité soit vraie.

La représentation graphique de l'ensemble-solution d'une inéquation

L'ensemble-solution d'une inéquation du premier degré à deux variables compte une infinité de couples de valeurs. La région du plan qui représente graphiquement l'ensemble-solution est nommée le «demi-plan».

Exemple : Voici les étapes à suivre pour déterminer l'ensemble-solution de l'inéquation $x + 2y < 100$.

TIC

Il est possible de représenter graphiquement l'ensemble-solution d'une inéquation à l'aide d'une calculatrice à affichage graphique. Pour en savoir plus, consulte la page 263 de ce manuel.

Étape	Démarche
1. Remplacer le signe d'inégalité par un signe d'égalité et tracer la droite. Si le signe d'inégalité est strict (< ou >), cette droite doit être en tirets.	$x + 2y = 100$ 	x	y	 	0	50	 	100	0	
2. Choisir un point-test et remplacer ses coordonnées dans l'inéquation.	Pour faciliter les calculs, lorsque la droite ne passe pas par l'origine, on choisit souvent l'origine du plan cartésien comme point-test : $0 + 2(0) < 100$ Puisque $0 < 100$, l'origine fait partie de la région à hachurer.
3. Hachurer la région correspondant à l'ensemble-solution selon la conclusion obtenue à l'étape **2.**	

Remarque : En contexte, l'ensemble-solution d'une inéquation doit tenir compte des valeurs pouvant être prises par les variables.

Les systèmes d'équations du premier degré à deux variables

Deux relations d'égalité du premier degré qu'on impose simultanément à deux variables forment un système d'équations du premier degré à deux variables. Pour modéliser une situation à l'aide d'un système d'équations, on doit d'abord définir les variables, puis poser les équations.

La représentation graphique des équations du système permet, entre autres, de déterminer son nombre de solutions.

Système d'équations	Représentation graphique	Nombre de solutions
$\begin{cases} y = 2x - 4 \\ y = {}^-x + \dfrac{7}{2} \end{cases}$	Droites sécantes	Solution unique
$\begin{cases} y = x + 2 \\ y = x - 1 \end{cases}$	Droites parallèles distinctes	Aucune solution
$\begin{cases} y = \dfrac{{}^-x}{2} + 2 \\ 2y = {}^-x + 4 \end{cases}$	Droites parallèles confondues	Infinité de solutions

La résolution graphique d'un système d'équations du premier degré à deux variables

Résoudre un système d'équations consiste à déterminer les valeurs des deux variables qui vérifient simultanément les deux équations.

Exemple : Une tirelire, remplie de pièces de 1 $ et de 2 $, contient 90 $. Il y a en tout 55 pièces de monnaie. Combien de pièces de 1 $ et de pièces de 2 $ y a-t-il dans la tirelire ?

Pièges et astuces

Lorsque les variables de la situation sont discrètes, il est possible de représenter la situation par des droites continues. Il faut alors faire preuve de prudence dans l'interprétation de la solution en contexte.

Étape	Démarche
1. Définir les variables et modéliser la situation à l'aide d'un système d'équations.	x : nombre de pièces de 1 \$ $\begin{cases} x + 2y = 90 \\ x + y = 55 \end{cases}$ y : nombre de pièces de 2 \$
2. Représenter graphiquement les équations et déterminer les coordonnées du point de rencontre des droites.	Les coordonnées du point de rencontre sont (20, 35).
3. Valider la solution dans les deux équations et ensuite **dans le contexte**.	$\begin{cases} x + 2y = 90 \\ x + y = 55 \end{cases} \Rightarrow \begin{cases} 20 + 2(35) = 90 \\ 20 + 35 = 55 \end{cases}$ **Il y a bien 55 pièces en tout et un montant de 90 \$.**
4. Retourner au contexte et répondre à la question.	La tirelire contient 20 pièces de 1 \$ et 35 pièces de 2 \$.

Remarque : La représentation graphique d'un système d'équations ne permet pas toujours de déterminer avec précision les coordonnées du point de rencontre des deux droites.

La résolution algébrique d'un système d'équations du premier degré à deux variables

Pour résoudre algébriquement un système d'équations du premier degré à deux variables, il faut le transformer pour obtenir une équation à une variable. Pour ce faire, on peut employer les méthodes de comparaison, de substitution et de réduction.

La méthode de comparaison

Exemple : Le billet pour une voiture et un adulte à bord d'un traversier coûte 28,25 \$. Le billet pour deux voitures et quatre adultes coûte 68 \$. Combien coûte le billet pour une voiture à bord de ce traversier ?

Étape	Démarche	
1. Définir les variables et modéliser la situation par un système d'équations.	x : tarif pour une voiture (en \$) $\begin{cases} x + y = 28,25 \\ 2x + 4y = 68 \end{cases}$ y : tarif pour un adulte (en \$)	
2. Isoler une même variable dans les deux équations.	$\begin{cases} x = 28,25 - y \\ x = 34 - 2y \end{cases}$	
3. **Comparer** les deux expressions algébriques pour former une équation à une variable et résoudre cette équation.	$x = x$ $28,25 - y = 34 - 2y$ $y = 5,75$	
4. Remplacer la valeur trouvée en **3** dans les deux équations initiales du système pour déterminer et valider la valeur de l'autre variable.	$x + y = 28,25$ $x + 5,75 = 28,25$ $x = 22,50$	$2x + 4y = 68$ $2x + 4(5,75) = 68$ $2x = 45$ $x = 22,50$
5. Retourner au contexte et répondre à la question.	Le billet pour une voiture à bord du traversier coûte 22,50 \$.	

La méthode de substitution

Exemple: Samedi, il a fait 12 degrés de moins que dimanche. La température moyenne de ces deux jours a été de $^-5$ °C. Quelle température a-t-il fait samedi et dimanche?

Étape	Démarche
1. Définir les variables et modéliser la situation par un système d'équations.	s: température enregistrée samedi (en °C) d: température enregistrée dimanche (en °C) $\begin{cases} s = d - 12 \\ \dfrac{s+d}{2} = {}^-5 \end{cases}$
2. Au besoin, isoler une variable dans l'une des deux équations.	$\begin{cases} s = d - 12 \\ \dfrac{s+d}{2} = {}^-5 \end{cases}$
3. **Substituer** à cette variable, dans l'autre équation, l'expression algébrique qui correspond à la variable isolée.	$\dfrac{(d-12)+d}{2} = {}^-5$ $2d - 12 = {}^-10$ $2d = 2$ $d = 1$
4. Remplacer la valeur trouvée en **3** dans les deux équations initiales du système pour déterminer et valider la valeur de l'autre variable.	$s = d - 12$ $s = 1 - 12$ $s = {}^-11$ $\qquad\qquad$ $\dfrac{s+d}{2} = {}^-5$ $s + 1 = {}^-10$ $s = {}^-11$
5. Retourner au contexte et répondre à la question.	Il a fait $^-11$ °C samedi et 1 °C dimanche.

La méthode de réduction

Exemple: Dans un club vidéo, la location de trois films et de deux jeux vidéo coûte 20 $. La location de deux films et de cinq jeux vidéo coûte 25,25 $. Combien coûte la location d'un film et de deux jeux vidéo?

Étape	Démarche
1. Définir les variables et modéliser la situation par un système d'équations.	x: coût de location d'un film (en $) y: coût de location d'un jeu vidéo (en $) $\begin{cases} 3x + 2y = 20 \\ 2x + 5y = 25{,}25 \end{cases}$
2. Former un système d'équations équivalent dont les deux équations s'expriment sous la forme $x + by = c$ et dans lequel les coefficients d'une variable sont opposés (ou égaux).	$2 \cdot (3x + 2y = 20)$ $^-3 \cdot (2x + 5y = 25{,}25)$ $\Leftrightarrow$ $\begin{cases} 6x + 4y = 40 \\ ^-6x - 15y = {}^-75{,}75 \end{cases}$
3. **Réduire** en additionnant (ou en soustrayant) membre à membre les deux équations et résoudre l'équation.	$+\begin{array}{r} 6x + 4y = 40 \\ ^-6x - 15y = {}^-75{,}75 \\ \hline ^-11y = {}^-35{,}75 \\ y = 3{,}25 \end{array}$
4. Remplacer la valeur trouvée en **3** dans les deux équations initiales du système pour déterminer et valider la valeur de l'autre variable.	$3x + 2y = 20$ $3x + 2(3{,}25) = 20$ $3x = 13{,}5$ $x = 4{,}5$ $\qquad$ $2x + 5y = 25{,}25$ $2x + 5(3{,}25) = 25{,}25$ $2x = 9$ $x = 4{,}5$
5. Retourner au contexte et répondre à la question.	La location d'un film coûte 4,50 $ et celle d'un jeu vidéo, 3,25 $. La location d'un film et de deux jeux vidéo coûte donc 11 $.

Mise en pratique

1. Soit les situations suivantes.

   ① Michel a payé au moins 200 $ pour deux chemises et trois pantalons.

   ② Claude a obtenu, au plus, huit points de plus que Daniel à l'examen d'histoire.

   ③ Lynn a écrit au moins vingt paragraphes de plus que Frank.

   ④ Cette semaine, Madelyn prévoit consacrer jusqu'à 10 heures à ses devoirs de français et de mathématique.

   a) Traduis chacune des situations par une inéquation du premier degré à deux variables.

   b) Pour chaque inéquation trouvée en **a**, nomme deux couples de valeurs possibles pour les variables en jeu.

2. Représente graphiquement l'ensemble-solution des inéquations suivantes.

   a) $y \leq {}^{-}4x - 5$

   b) $y > 0{,}2x + 1{,}2$

   c) $2x + 5y + 20 \geq 0$

   d) $\frac{x}{-4} + \frac{y}{4} > 1$

3. Résous graphiquement chacun des systèmes d'équations suivants.

   a) $\begin{cases} y = x - 4 \\ y = 2 - x \end{cases}$

   $x - 5 = y$

   b) $\begin{cases} x + y = 5 \\ x - y = {}^{-}7 \end{cases}$

   $x + 7 = y$

   c) $\begin{cases} x + 2y = 2 \\ x + y = 3 \end{cases}$

   d) $\begin{cases} 3x - 6y = 0 \\ 4x + y = 3 \end{cases}$

   e) $\begin{cases} x + 3y = {}^{-}1 \\ 2x + 6y + 2 = 0 \end{cases}$

   f) $\begin{cases} 2x + y = {}^{-}5 \\ 3x - y = {}^{-}5 \end{cases}$

   ## Pièges et astuces

   Afin de valider la solution d'un système d'équations, il faut s'assurer que les valeurs trouvées pour les variables vérifient chacune des équations du système.

4. Un train quitte la gare et roule vers l'ouest à 75 km/h. Deux heures plus tard, un second train quitte la même gare sur une voie parallèle et roule vers l'ouest à 125 km/h.

   Soit t, le temps écoulé, en heures, depuis le départ du premier train, et d, la distance parcourue par chaque train en kilomètres. Représente graphiquement cette situation et détermine le moment où le train le plus rapide dépassera le plus lent si leur vitesse demeure constante.

5. Représente graphiquement les équations d'un système du premier degré à deux variables qui a une solution unique et dont les deux droites ont :

a) des abscisses à l'origine différentes et des ordonnées à l'origine différentes ;

b) la même abscisse à l'origine, mais des ordonnées à l'origine différentes ;

c) des abscisses à l'origine différentes, mais la même ordonnée à l'origine ;

d) la même abscisse à l'origine et la même ordonnée à l'origine.

6. Résous chacun des systèmes d'équations suivants à l'aide de la méthode de substitution.

a) $\begin{cases} y = x + 15 \\ 2y = 3x - 12 \end{cases}$
  d) $\begin{cases} x = \dfrac{y}{3} \\ 6x + y = 9 \end{cases}$
  g) $\begin{cases} y + 10 = x \\ x + 5 = 2y - 6 \end{cases}$

b) $\begin{cases} y = 4x \\ 5x + 2y = 26 \end{cases}$
  e) $\begin{cases} y + 3 = x - 5 \\ y + 2 = 2x - 6 \end{cases}$
  h) $\begin{cases} 2x + 3y = 5 \\ y = \dfrac{x + 5}{3} \end{cases}$

c) $\begin{cases} x + 3y = 12 \\ y = {}^-x + 5 \end{cases}$
  f) $\begin{cases} \dfrac{x}{2} = y - \dfrac{3}{4} \\ 2x - 3y = 5 \end{cases}$
  i) $\begin{cases} x + 2 = 4y + 12 \\ x = 5 - y \end{cases}$

7. Voici des systèmes d'équations du premier degré à trois variables. Trouve leur solution.

a) $\begin{cases} x - y + z = 5 \\ x - 2y = 2 \\ 2z + 1 = 7 \end{cases}$
  b) $\begin{cases} p + q + 2r = 1 \\ 2p - q + r = {}^-1 \\ 3p + q + r = 4 \end{cases}$

8. Résous chacun des systèmes d'équations suivants à l'aide de la méthode de réduction.

a) $\begin{cases} 2x + y = 5 \\ x - y = 7 \end{cases}$
  d) $\begin{cases} x + 5y = 20 \\ 5x + y = 52 \end{cases}$
  g) $\begin{cases} 0,05x + 0,10y = 2 \\ x + y = 37 \end{cases}$

b) $\begin{cases} x + y = {}^-4 \\ x + 3y = 8 \end{cases}$
  e) $\begin{cases} 2x + 2y = 12 \\ 3x - 5y = 26 \end{cases}$
  h) $\begin{cases} 3x + y - 2 = 0 \\ 2x - 2y + 6 = 0 \end{cases}$

c) $\begin{cases} \dfrac{x}{2} + \dfrac{y}{4} = 1 \\ {}^-x + y = 9 \end{cases}$
  f) $\begin{cases} 6x - 4y = {}^-10 \\ 3x + 2y = {}^-3 \end{cases}$
  i) $\begin{cases} \dfrac{x}{3} + \dfrac{y}{4} = 1 \\ 8x + 6y = 24 \end{cases}$

9. Voici quatre systèmes d'équations.

① $\begin{cases} 5x - 3y = 19 \\ 2x - 6y = 22 \end{cases}$
  ③ $\begin{cases} y = {}^-6x \\ 2y = 8x - 10 \end{cases}$

② $\begin{cases} 0,2x + 0,7y = 1,5 \\ 0,3x + 0,2y = 1 \end{cases}$
  ④ $\begin{cases} \dfrac{x}{3} + \dfrac{y}{4} = {}^-1 \\ 2x + y = {}^-8 \end{cases}$

Pour chacun de ces systèmes d'équations :

a) donne la méthode de résolution algébrique la plus efficace pour le résoudre ;

b) détermine la solution.

10. Dans le cadre d'un cours de science et technologie, Nicolas et Jasmine doivent déterminer la masse d'un cube rouge et la masse d'un cube vert. Ils disposent de ces montages et d'une balance.

Voici les systèmes d'équations qui modélisent les pesées de Nicolas et Jasmine, où x représente la masse d'un cube rouge et y représente la masse d'un cube vert.

Nicolas

$$\begin{cases} x + 3y = 530 \\ 3x + y = 910 \end{cases}$$

Jasmine

$$\begin{cases} x + 3y = 230 \\ 3x + y = 910 \end{cases}$$

Qui a commis une erreur au moment de la pesée? Justifie ta réponse.

11. Détermine les valeurs de x et de y dans les mesures d'angles suivantes.

a)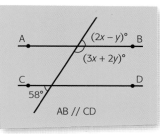

AB // CD

b)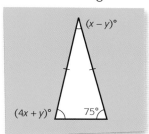

12. Voici six équations.

① $4x + 2y = 20$ ③ $2x + y = 10$ ⑤ $x - 3y = 12$

② $6x + 3y = 5$ ④ $5x - 15y = {}^-60$ ⑥ $2x - 6y = 24$

À partir de ces six équations seulement, forme deux systèmes d'équations :

a) qui n'ont aucune solution ;   **b)** qui ont une infinité de solutions.

13. Sans l'aide d'une représentation graphique, détermine si chaque système d'équations a une solution unique, s'il n'a aucune solution ou s'il a une infinité de solutions.

a) $\begin{cases} 3x + y = 4 \\ 6x + 2y = 8 \end{cases}$

c) $\begin{cases} x + 5y = 9 \\ x - y = 3 \end{cases}$

e) $\begin{cases} \dfrac{x}{6} + \dfrac{y}{3} = 1 \\ \dfrac{x}{2} + y = 1 \end{cases}$

b) $\begin{cases} 4x - 2y = 0 \\ 2x - y = 3 \end{cases}$

d) $\begin{cases} x + 2y - 7 = 0 \\ 3x + 6y - 14 = 0 \end{cases}$

f) $\begin{cases} 3x + 5y = 9 \\ 6x + 10y = 18 \end{cases}$

14. Un système d'équations du premier degré à deux variables qui a pour solutions (0, 3) et (2, 4) a-t-il nécessairement d'autres solutions ? Justifie ta réponse.

15. Le système d'exploitation d'un ordinateur remplace la main du pointeur de la souris par une flèche lorsque le pointeur est dans la région définie par $2x + 3y - 15 > 0$. Si le centre de l'écran est l'origine d'un plan cartésien, quelle apparence a le pointeur lorsqu'il occupe les positions suivantes ?

a) (4, 0) **b)** (5, 3) **c)** (0, 5)

16. Un petit avion met deux heures et demie pour aller de Québec à Gaspé avec un vent arrière de 20 km/h. Le vol de retour, contre le vent qui souffle toujours à 20 km/h, dure trois heures. Soit v, la vitesse de l'avion lorsqu'il ne vente pas, et d, la distance parcourue par l'avion entre Québec et Gaspé.

a) Modélise cette situation par un système d'équations.

b) Combien de temps faut-il pour effectuer le voyage entre Québec et Gaspé à bord de ce même avion lorsqu'il ne vente pas ?

17. Lorsqu'on suspend une masse à l'extrémité d'un ressort, celui-ci s'allonge. Pour une même masse, l'allongement varie selon le ressort utilisé.

Le ressort A ci-contre mesure 8 cm. Ce ressort s'allonge de 1 cm pour chaque masse de 100 g qu'on suspend à son extrémité. Le ressort B mesure 5 cm et s'allonge de 1 cm pour chaque masse de 75 g qu'on suspend à son extrémité.

Il est possible de suspendre une même masse à ces deux ressorts de façon qu'ils soient de même longueur, une fois allongés. Quelle est cette masse ?

18. Pour se rendre à ses entraînements de baseball, Xavier transporte les balles dans un bac. Le bac contient 24 balles et le tout pèse 4 kg. Si on enlève 7 balles, la masse totale du bac et des balles restantes est de 3 kg.

a) Sans trouver la masse d'une balle ou du bac vide, détermine la masse :

1) de deux bacs identiques contenant chacun 24 balles ;

2) d'un bac contenant 10 balles.

b) Formule une autre question à laquelle il est possible de répondre sans trouver la masse d'un bac vide ou d'une balle.

c) Soit b, la masse d'une balle exprimée en kilogrammes, et c, la masse du bac vide exprimée en kilogrammes. Modélise cette situation par un système d'équations.

d) Détermine la masse du bac et la masse d'une balle.

19. On peut résoudre algébriquement un système d'équations à l'aide des méthodes de comparaison, de substitution et de réduction. Toutefois, certains soutiennent qu'il n'existe que deux méthodes : la méthode de substitution et la méthode de réduction. Explique quels peuvent être leurs arguments pour soutenir leur position.

20. La mémoire d'un ordinateur conserve toutes les données sous forme numérique, car il n'existe pas de méthode pour stocker directement les caractères. Chaque caractère possède donc son équivalent en code numérique. Le plus connu de ces codes est le code ASCII. Voici les codes utilisés pour transformer un caractère sous forme numérique.

- Les codes 48 à 57 représentent respectivement les chiffres 0 à 9.
- Les codes 65 à 90 représentent chacune des lettres majuscules.
- Les codes 97 à 122 représentent chacune des lettres minuscules.

Utilise ces données pour déterminer et écrire le mot de deux lettres et le mot de trois lettres qui sont décrits ci-dessous.

a) La somme des deux codes formant ce mot est 225, et le deuxième code est supérieur de trois au premier code.

b) La somme des trois codes formant ce mot est 208, la somme des deux premiers codes est 141, tandis que la somme des deux derniers est 132.

Fait divers

ASCII est un acronyme pour *American Standard Code for Information Interchange* (Code américain pour l'échange d'informations). La norme ASCII a été inventée par l'américain Bob Bemer en 1961. Il s'agit d'une norme informatique de codage de caractères.

21. Une entreprise de torréfaction conçoit un mélange de café maison à partir de deux sortes de grains : les grains Java, à 14,89 $ le kilogramme, et les grains Sumatra, à 12,25 $ le kilogramme. Le torréfacteur prépare 50 kg de mélange maison et son coût est de 13,99 $ le kilogramme.

Sur les sacs de café du mélange maison, le torréfacteur doit indiquer le pourcentage de chaque sorte de grains qu'il a utilisée. Qu'inscrira-t-il ?

Environnement et consommation

Le commerce équitable repose sur l'achat de denrées ou d'articles produits par des paysans réunis en petites coopératives qui respectent l'environnement. En accordant à ces paysans un revenu raisonnable pour leur travail, le commerce équitable leur permet de se nourrir, d'éduquer leurs enfants et de se doter de services communautaires.

Les produits équitables offerts au Canada incluent le café, le thé, le sucre, le chocolat, les bananes, le riz, le coton, l'huile d'olive, des articles d'artisanat et des ballons de soccer. En 2007, plus de 7 millions de personnes vivaient de cette forme de commerce.

Selon toi, pourquoi certaines entreprises annoncent-elles volontiers qu'elles vendent des produits équitables ?

Consolidation

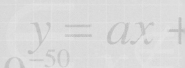

1. Dans un plan cartésien, les coordonnées du point milieu **M** du segment **CD** sont (⁻6, 4). Si les coordonnées du point **D** sont (4, 9), quelles sont les coordonnées du point **C**?

2. a) Quelles sont les coordonnées du point **P** qui partage le segment **UV**, d'extrémités **U**(0, 0) et **V**(4, 8), en segments de rapport 1 : 3 à partir de **U**?

   b) Quelles sont les coordonnées du point **N** situé au cinquième du segment **JK**, d'extrémités **J**(2, 3) et **K**(12, 8), à partir de **K**?

3. Vrai ou faux? Justifie tes réponses.

   a) L'équation $2x - 5 = 0$ décrit une droite horizontale.

   b) L'équation $y - 4 = 0$ décrit une droite verticale.

   c) La pente d'une droite horizontale est zéro.

   d) Il est impossible d'exprimer l'équation d'une droite verticale sous la forme fonctionnelle.

4. Trouve la valeur de k qui fait en sorte que les droites d'équations $3x - 2y - 5 = 0$ et $kx - 6y + 1 = 0$ sont:

   a) parallèles;

   b) perpendiculaires.

5. Le triangle des Bermudes a comme sommets la ville de Miami, la ville de San Juan et les Bermudes. Luis a tracé ce triangle sur une carte placée dans le plan cartésien ci-dessous, gradué en kilomètres, en plaçant l'origine sur Miami.

   Calcule le périmètre du triangle des Bermudes.

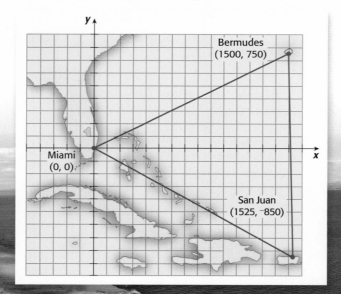

6. Une entreprise construit des motocyclettes et des scooters. En une semaine, elle peut construire un maximum de 400 véhicules au total.

  a) Définis les variables et traduis cette situation par une inéquation.

  b) Dans un plan cartésien, représente graphiquement l'ensemble-solution de l'inéquation déterminée en **a**.

  c) Est-ce que tous les points appartenant au demi-plan tracé en **b** sont des solutions dans ce contexte? Justifie ta réponse.

7. Calcule la pente de la médiane **AM** du triangle **ABC**, de sommets **A**(1, 5), **B**(⁻4, 9) et **C**(8, ⁻3).

8. Soit le système d'équations suivant : $\begin{cases} x + y = 4 \\ \blacksquare x + 2y = \blacksquare \end{cases}$

  a) Remplace les cartons de couleur par les valeurs appropriées afin de former un système :

   1) qui n'a aucune solution ;

   2) qui a une infinité de solutions ;

   3) qui a une solution unique.

  b) Représente graphiquement chacun des systèmes que tu as formés en **a**.

9. Trois droites sont décrites par les équations suivantes.

  ① $y = \frac{1}{3}x - 2$ ② $x - y = 4$ ③ $x + 3y = 4$

  Quelles sont les coordonnées des sommets du triangle que déterminent ces droites lorsqu'on les trace dans un plan cartésien?

10. Quelle est l'équation de la droite :

  a) parallèle à la droite d'équation $2x - 3y + 1 = 0$ et qui passe par le point **P**(1, ⁻2)?

  b) perpendiculaire à la droite d'équation $y = {}^-6x + 4$ et qui a la même ordonnée à l'origine que la droite d'équation $y = 8x - 3$?

  c) parallèle à la droite d'équation $3x - 12y + 16 = 0$ et qui a la même abscisse à l'origine que la droite d'équation $14x - 13y - 52 = 0$?

  d) perpendiculaire à la droite d'équation $\frac{x}{2} + \frac{y}{-2} = 1$ et qui passe par l'origine?

11. Axe de symétrie

Soit les points A(6, 6) et B(⁻2, 0) d'un plan cartésien.

a) Prouve que le point P(8, ⁻5) appartient à la médiatrice de $\overline{AB}$.

b) Trouve les coordonnées d'un autre point qui appartient à cette médiatrice.

12. Fort Bragg

Fort Bragg, une petite ville de Californie, constitue un attrait touristique important aux États-Unis, notamment en raison de la vue spectaculaire qu'elle offre sur l'océan Pacifique.

Le tronçon de l'autoroute 1 qui passe par cette ville doit être réparé. On a représenté la ville et ses environs dans le plan cartésien ci-dessous, gradué en kilomètres. Le tronçon de la route qui doit être réparé est dessiné en bleu. Ses extrémités sont les points A(3, 2) et B(3,5, 5,5).

Le gouvernement fédéral s'engage à réparer les $\frac{4}{5}$ de la route, soit toute la partie qui se trouve au sud de l'emplacement du site historique **C**. La municipalité, quant à elle, se chargera de la partie qui se trouve au nord de ce site.

En considérant que la réparation de un mètre de route coûte 790 $, rédige une soumission détaillée à la municipalité pour l'exécution de ces travaux.

13. Point milieu

On a représenté un triangle rectangle **ABC** dans un plan cartésien.

Démontre que le point milieu de l'hypoténuse d'un triangle rectangle est équidistant des trois sommets.

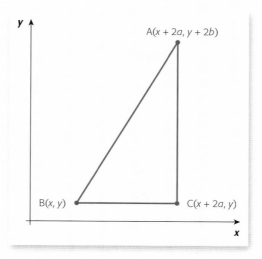

14. Central Park

On a représenté le Central Park de New York dans le plan cartésien ci-dessous où les axes sont gradués en mètres. Vérifie si le Central Park est rectangulaire.

Fait divers

Ouvert au public en 1859, le Central Park a été dessiné par les architectes-paysagistes Frederick Law Olmsted (1822-1903) et Calvert Vaux (1824-1895). Monsieur Olmsted a aussi réalisé les plans du parc du Mont-Royal, à Montréal, en 1876.

15. Coïncidences?

Soit le trapèze **RSTU** tracé dans le plan cartésien ci-dessous.

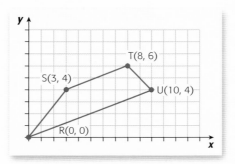

a) Vérifie si le segment reliant le milieu des côtés non parallèles du trapèze est parallèle à ses bases.

b) Trace un triangle quelconque dans un plan cartésien et utilise-le pour prouver l'affirmation suivante.

> Le segment reliant les points milieu de deux côtés d'un triangle est parallèle au troisième côté, et sa mesure est égale à la moitié de celle du troisième côté.

16. Déduction archéologique

Un archéologue calcule le diamètre d'une assiette à partir d'un morceau de celle-ci. Il lui suffit de faire coïncider l'origine d'un plan cartésien avec un point de la circonférence de l'assiette, puis de déterminer les coordonnées de deux autres points de la circonférence.

Voici le morceau d'assiette qu'il a trouvé, puis placé sur un plan cartésien gradué en centimètres.

Sachant que le point de rencontre des médiatrices des **cordes** d'un cercle correspond au centre de celui-ci, détermine le diamètre de l'assiette lorsqu'elle était intacte.

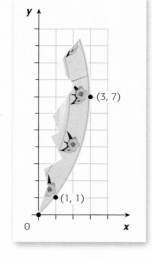

> **Corde**
>
> Segment reliant deux points de la circonférence d'un cercle ou d'un disque.

17. Dirigée par un satellite

Louise roule sur l'autoroute 640. Elle doit se rendre à la gare de Rosemère.
Alors qu'elle emprunte la sortie du boulevard Labelle pour rejoindre le chemin
de la Grande-Côte, son GPS routier affiche l'image ci-dessous.

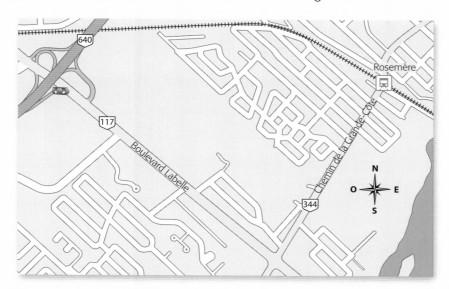

En supposant que l'endroit où se trouve la voiture de Louise est l'origine d'un
plan cartésien gradué en kilomètres, les coordonnées du point d'intersection
des routes 117 et 344 sont (1,15, ⁻1,05) et celles de la gare de Rosemère
sont (1,85, 0).

Hier, en suivant le même trajet, Louise est parvenue à l'intersection du
boulevard Labelle et du chemin de la Grande-Côte en trois minutes.
Combien de temps mettra-t-elle à se rendre à la gare à partir de sa position
actuelle si elle roule à la même vitesse moyenne qu'hier?

Fait divers

Le désormais
populaire GPS
(*Global Positioning
System*) a initiale-
ment été conçu
pour le Département
de la Défense des
États-Unis. Il est
constitué d'au moins
24 satellites en orbite à une altitude d'environ
20 200 km. Pour situer précisément n'importe
quel point sur la surface de la Terre, le récepteur
GPS calcule les temps de transmission des
signaux que lui envoient au moins quatre
satellites du système. Il est ensuite en mesure
de déterminer sa distance par rapport à chacun
de ces satellites en résolvant un système d'au
moins quatre équations à quatre inconnues.

18. Les chèvres de monsieur Bisson

Monsieur Bisson élève des chèvres dont le lait sert à la production de fromage. Il sait que ses chèvres ont besoin de 250 g de protéines par jour et que, bien qu'elles mangent beaucoup d'herbe et de foin, la moulée représente leur seul apport en protéines. Une chèvre mange 1 kg de moulée chaque jour.

Voici la teneur en protéines des deux ingrédients de la moulée.

Ingrédient	Teneur en protéines (pour 100 g de l'ingrédient)
Maïs	9 g
Soya	44 g

Explique à monsieur Bisson comment il peut préparer, à partir de ces deux ingrédients, un mélange de 100 kg de moulée qui répondra aux besoins en protéines de ses chèvres.

19. Du centre aux extrémités

Les coordonnées du point milieu **M** du segment **AB** sont (3, 4). Les coordonnées du point **T** situé au tiers du segment **AB** à partir de **A** sont (⁻3, 1). Quelles sont les coordonnées des extrémités du segment **AB** ?

20. Évacuation d'urgence

Une échelle de secours de 6,25 m compte 9 barreaux qui la partagent en 10 parties isométriques.

Le plan cartésien ci-dessous est gradué en mètres et présente cette échelle, dont l'extrémité supérieure est appuyée exactement sous une fenêtre située à 6 m du sol.

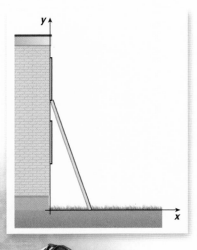

a) Quelles sont les coordonnées de l'extrémité inférieure de l'échelle ?

b) Quelles sont les coordonnées du cinquième barreau à partir de l'extrémité inférieure de l'échelle ?

c) Arrivée à un certain barreau de l'échelle, une pompière a gravi le quart de la distance qu'il reste à gravir. Quelles sont les coordonnées de ce barreau ?

21. Seuil de rentabilité

Avant d'augmenter leur production, les entreprises doivent déterminer les bénéfices que rapporteront d'éventuels investissements. Une entreprise fabrique des câbles HDMI. Ses coûts fixes de production s'élèvent actuellement à 10 000 $ par mois, et chaque câble HDMI coûte 8 $ à produire. Les câbles HDMI se vendent 10 $ chacun.

a) Détermine le nombre de câbles HDMI que l'entreprise doit vendre pour atteindre son seuil de rentabilité, soit l'égalité entre les coûts et les revenus.

b) Quels sont les coûts de production et les revenus lorsque l'entreprise atteint son seuil de rentabilité?

L'achat d'une nouvelle machine ferait passer les coûts fixes à 50 000 $ par mois, mais les câbles HDMI coûteraient seulement 5 $ à produire.

c) En supposant que l'entreprise vend en moyenne 15 000 câbles HDMI par mois, devrait-elle acheter la nouvelle machine?

22. Parc Jarry

On a représenté le parc Jarry de Montréal dans le plan cartésien ci-dessous, où les graduations sont en mètres.

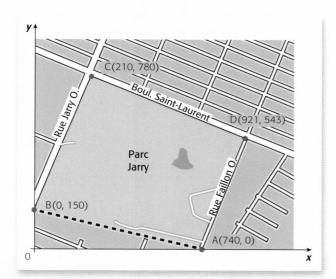

Quelle est l'aire du parc Jarry?

23. Du pareil au même

Jules, Ariane et Vera ont présenté des réponses différentes quand leur enseignante leur a demandé de déterminer les coordonnées du point milieu de $\overline{AB}$, d'extrémités $A(x_1, y_1)$ et $B(x_2, y_2)$.

Jules	Ariane	Vera
$M\left(x_1 + \dfrac{\Delta x}{2}, y_1 + \dfrac{\Delta y}{2}\right)$	$M\left(x_2 - \dfrac{\Delta x}{2}, y_2 - \dfrac{\Delta y}{2}\right)$	$M\left(\dfrac{x_1 + x_2}{2}, \dfrac{y_1 + y_2}{2}\right)$

Leur enseignante a accepté les trois réponses. Explique pourquoi.

24. Deux couleurs

Une agricultrice a testé un insecticide biologique sur une partie de son champ de maïs. Elle a vaporisé cet insecticide sur la zone délimitée par le tireté bleu, perpendiculaire à la route principale. La zone qu'elle a vaporisée apparaît en bleu dans le plan cartésien ci-contre, qui représente les alentours de la ferme.

Si la route principale passe par l'origine et par le point (150, 100), quelle inéquation décrit la zone où l'agricultrice a vaporisé l'insecticide?

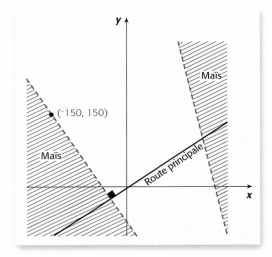

25. La grande évasion

Pendant la Seconde Guerre mondiale, dans la nuit du 24 au 25 mars 1944, 76 prisonniers de guerre du Stalag Luft III, une prison allemande située près de Berlin, ont tenté de s'évader par un tunnel qu'ils ont mis près d'un an à creuser. Le soir de l'évasion, les prisonniers ont constaté que la sortie du tunnel, au lieu d'être dissimulée dans la forêt, se trouvait plutôt à l'orée de celle-ci, à la vue des gardiens.

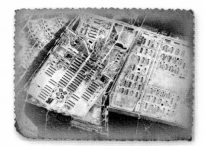

Le Stalag Luft III, photo prise en 1944.

Pour planifier leur évasion, les prisonniers ont probablement supposé que les clôtures principale et mitoyenne, représentées dans le plan cartésien ci-contre, étaient perpendiculaires. Ils ont ensuite calculé la longueur que devait avoir leur tunnel, à partir de leur supposition que les clôtures étaient perpendiculaires, pour que sa sortie soit dans la forêt.

Montre que les prisonniers avaient raison de supposer que les clôtures principale et mitoyenne étaient perpendiculaires, mais que le tunnel qu'ils ont creusé n'était pas parallèle à la clôture mitoyenne.

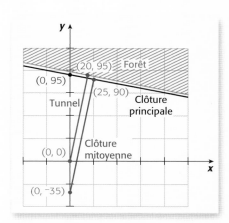

26. Centre de distribution

Les bénévoles d'un nouveau centre de distribution de denrées situé entre les villes de Tanout et de Niamey, au Niger, doivent fournir la longitude et la latitude de l'emplacement du centre au pilote d'avion qui est en route pour livrer de la nourriture et des médicaments.

Sur la carte ci-dessous, on peut voir la route qui relie Niamey à Tanout ainsi que la longitude et la latitude de ces deux villes. Le centre de distribution se trouve sur cette route et est trois fois plus près de Tanout que de Niamey.

La longitude et la latitude sont les coordonnées d'un point sur la Terre. Elles s'expriment en degrés (°) et en minutes ('). Il y a 60 minutes dans un degré.

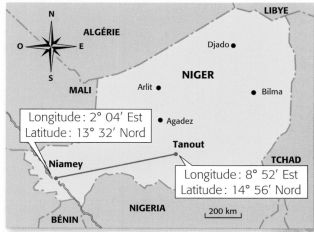

Fournis la longitude et la latitude du centre de distribution de denrées au pilote d'avion.

27. Une solution en or

Lorsqu'il atteint un degré élevé de pureté, l'or est un métal très malléable. C'est pour cette raison qu'en joaillerie on travaille davantage avec des alliages, c'est-à-dire des mélanges d'or et d'autres métaux plus durs et moins dispendieux. Le carat (ct) est une mesure de pureté de l'or. On considère que de l'or 24 ct est de l'or pur. Un alliage 1 ct est un alliage dont $\frac{1}{24}$ de la masse est composé d'or pur.

Juanita est finissante dans une école de design de bijoux. Ses enseignants l'ont choisie pour représenter le Québec à une compétition internationale de jeunes designers-joailliers. Pour le bracelet qu'elle désire fabriquer, Juanita a besoin de 180 g d'un alliage 14 ct.

Voici les quantités d'alliage d'or dont elle dispose dans son atelier.

Alliage 18 ct: 100 g   Alliage 14 ct: 30 g

Alliage 10 ct: 95 g   Alliage métallique sans or: 250 g

Propose deux façons différentes de produire l'alliage nécessaire à la réalisation de son bracelet.

28. À pied dans le quartier

Dans le cadre d'un projet de revitalisation urbaine, une ville désire aménager une avenue piétonnière perpendiculaire à la rue Montmartre. La nouvelle avenue piétonnière relierait l'épicerie et la bibliothèque à la rue Montmartre, où se trouvent une chocolaterie et un restaurant.

Voici une carte du quartier placée dans un plan cartésien gradué en mètres. La rue Dollar est située sur l'axe des abscisses, et l'emplacement de la future avenue piétonnière est indiqué en tirets verts. La chocolaterie, le restaurant et la bibliothèque sont représentés respectivement par les points **C**(100, 0), **R**(300, 250) et **B**(300, 40).

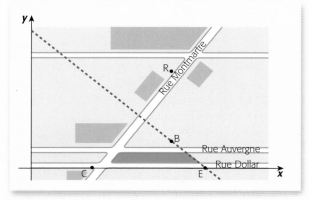

Selon ce plan, quelle sera la distance à parcourir pour se rendre de l'épicerie **E** à la rue Montmartre par l'avenue piétonnière?

29. Zone mystère

Représente l'intersection des ensembles-solutions des trois inéquations suivantes dans un plan cartésien.

① $y \leq 3x$ ② $12x + 6y - 60 \leq 0$ ③ $y \geq {}^{-}0,5x - 2$

30. Faire autrement

Vanessa affirme qu'elle peut déterminer la pente et l'ordonnée à l'origine d'une droite à partir de deux de ses points en résolvant un système d'équations du premier degré à deux variables. Explique son raisonnement en prenant comme exemple la droite qui passe par les points (3, 4) et (6, 6).

31. Libre sur mon vélo

Elias est abonné au système de vélos en libre-service de Montréal. Il marche sur le boulevard De Maisonneuve et aperçoit la station de vélos située sur la place Émilie-Gamelin. La carte du quartier a été placée dans le plan cartésien ci-contre, dont les axes sont gradués en mètres. Le boulevard De Maisonneuve est supporté par la droite d'équation $8x - 5y - 400 = 0$ et la station de vélos est située au point (290, 190).

Quelle est la plus courte distance qu'Elias devra parcourir pour se rendre à la station de vélos située sur la place Émilie-Gamelin à partir du boulevard De Maisonneuve?

32. Simulateur de vol

Les simulateurs de vol sont conçus par des ingénieurs en aérospatiale pour permettre aux pilotes d'apprendre à faire face à diverses situations sans s'exposer aux dangers qui y sont souvent associés.

Dans le cadre de ta formation de pilote d'hélicoptère, tu es aux commandes d'un simulateur de vol. Tu dois accomplir plusieurs tâches de façon à aiguiser tes réflexes et à te familiariser avec les instruments sophistiqués de l'hélicoptère.

Aujourd'hui, tu as pour mission d'aller récupérer une importante pièce de métal triangulaire qui s'est détachée du réservoir d'essence d'une fusée peu après son décollage. La pièce se trouve sur le sol.

Tu vois l'image ci-contre dans le viseur.

L'origine du système d'axes du viseur correspond à l'emplacement d'un câble d'acier au bout duquel se trouve un puissant aimant. Tu dois faire descendre le câble d'acier de façon à ce que l'aimant se fixe sur le centre de gravité de la pièce pour que celle-ci demeure stable pendant le vol.

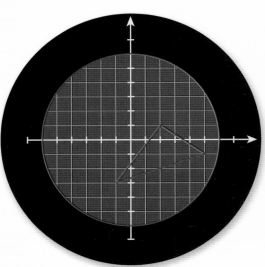

Afin de réussir ta mission, propose une manoeuvre à effectuer qui permet de déplacer l'origine du système d'axes jusqu'au centre de gravité de la pièce.

> Le centre de gravité d'un triangle correspond au point d'intersection des médianes de ce triangle.

Environnement et consommation

Un débris spatial est un objet résiduaire d'une mission spatiale. Il peut s'agir de boulons, d'outils, de morceaux de tôle, de modules de la station spatiale ou même de satellites devenus désuets. Ces débris se déplacent à une vitesse de 6 km/s, en orbite autour de la Terre. Depuis quelques années, le nombre de débris connaît une croissance fulgurante, si bien qu'on estime aujourd'hui à plus d'un demi-million le nombre de débris plus grands qu'une pièce de 10 ¢ en orbite autour de la Terre. Ces débris représentent un danger pour les satellites toujours en marche et pour la station spatiale.

Selon toi, quelles mesures doit-on prendre pour limiter le nombre de débris spatiaux? Qui a la responsabilité de prendre ces mesures?

Le monde du travail

L'aérospatiale

L'aérospatiale est une discipline scientifique qui comprend les techniques de l'aéronautique et celles de l'astronautique. Elle a trait à tous les types d'aéronefs, soit les avions, les hélicoptères, les navettes spatiales et les fusées. C'est un domaine vaste qui requiert l'expertise de travailleurs provenant de plusieurs secteurs et dans lequel techniciens et ingénieurs travaillent en étroite collaboration. Le Québec est l'un des plus grands acteurs de l'industrie aérospatiale dans le monde.

Les tâches des techniciens en aérospatiale sont très variées et touchent principalement la fabrication, l'entretien ou la réparation des composants d'aéronefs, de même que la programmation de machines-outils à commande numérique. Pour leur part, les ingénieurs en aérospatiale travaillent davantage en recherche et développement. Leurs compétences sont mises à profit dans la conception et la mise au point de véhicules et de systèmes aérospatiaux. Ils supervisent et coordonnent les étapes de mise à l'essai, d'évaluation, d'installation et de mise en marche de ces véhicules et systèmes. Ce sont eux qui, en cas de défectuosités des structures et d'accidents, doivent rédiger un rapport et faire des recommandations pour apporter des mesures correctives.

De façon générale, les gens qui travaillent dans le domaine de l'aérospatiale doivent posséder un sens des responsabilités aigu, une grande capacité d'adaptation, une bonne capacité d'analyse, un esprit d'initiative et de la persévérance. Ils doivent également aimer le travail d'équipe. Pour devenir technicienne ou technicien en aérospatiale, il faut d'abord obtenir un diplôme d'études collégiales, soit en avionique, en techniques de construction aéronautique ou en entretien d'aéronefs, par exemple. Ceux qui souhaitent devenir ingénieurs en aérospatiale doivent faire des études universitaires et obtenir un baccalauréat ou une maîtrise avec une spécialisation en aéronautique ou en génie aérospatial.

Les principaux employeurs en aérospatiale sont les fabricants d'aéronefs et d'engins spatiaux, les transporteurs aériens, la fonction publique, les instituts de recherche et les établissements d'enseignement.

 ## Des sentiers bien planifiés

Situation-problème

Les parcs nationaux ont comme mandat d'administrer et de développer des territoires naturels et des équipements touristiques tout en assurant la protection permanente du territoire. Pour cette raison, on attribue à certaines zones naturelles une protection particulière en empêchant toute présence humaine. Ces zones protégées sont appelées «zones de revitalisation».

Tu es responsable de la planification de l'aménagement du parc naturel Les Grandes Chutes, et la directrice du parc décide de te confier un nouveau mandat. Tu dois développer deux nouveaux secteurs de canot-camping, les secteurs ouest et est, situés entre des zones de revitalisation, et aménager un sentier menant aux splendides chutes Kerouac, et ce, à partir de chacun de ces secteurs.

Voici les détails du projet.

- Il y aura 24 sites de camping en tout pour les deux secteurs de canot-camping.

- Les sites comprendront une table de pique-nique, un foyer et de l'espace pour une tente moyenne. Ils doivent être à distance égale les uns des autres.

- Un réseau de deux sentiers reliera les secteurs de canot-camping aux chutes Kerouac. Chaque sentier doit être aménagé de façon à minimiser la longueur totale du réseau.

- Il faudra tenir compte de la disposition des zones de revitalisation. Il est possible de bâtir des ponts de rondins sur la rivière, mais il n'est pas possible de faire passer les sentiers dans les zones de revitalisation.

La directrice du parc te fournit deux cartes détaillées du parc Les Grandes Chutes sur lesquelles elle a superposé un plan cartésien gradué en mètres. Puisque le parc national qui accueille ce projet se situe loin des routes, tous les matériaux doivent être acheminés par hélicoptère. Par souci d'économie, tu décides de faire livrer les matériaux au point d'intersection des deux nouveaux sentiers pédestres.

Tu dois fournir à la directrice du parc les coordonnées du point central des 24 sites à aménager dans les deux secteurs de canot-camping, en tenant compte de l'espace disponible dans chaque secteur pour le nombre total de sites. Tu dois aussi fournir les coordonnées du point de livraison des matériaux nécessaires à la construction des sites et des sentiers.

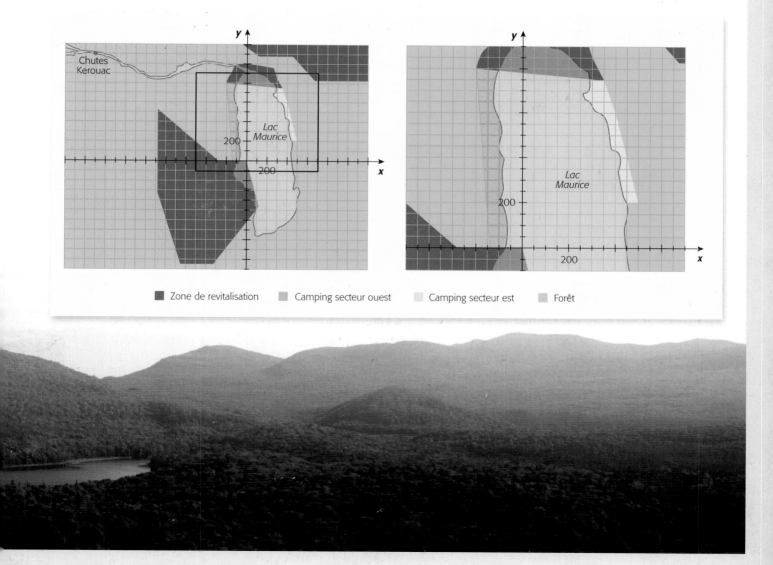

Problèmes

1. Augmentation à prévoir

Un musée fournit des espaces de stationnement à ses visiteurs durant ses heures d'ouverture. Le tarif du stationnement est affiché comme suit :

> ### Stationnement
>
> Chaque demi-heure : 2 $
>
> Moins de 30 minutes : gratuit
>
> Maximum par jour : 10 $

La direction du musée veut modifier le tarif du stationnement de la façon suivante :

- chaque période de 15 minutes coûte 1 $;
- le stationnement est gratuit pour une durée de moins de 15 minutes ;
- le maximum par jour augmente de 4 $.

a) Quelle règle permet de calculer le nouveau prix en fonction de la durée de stationnement ?

b) Si les visiteurs du musée laissent leur voiture en moyenne 2 h 15 min dans le stationnement, quelle sera la différence pour un visiteur entre le tarif actuel et le nouveau tarif pour cette durée moyenne ?

2. Quatre droites, quatre côtés

Les quatre équations de droites suivantes déterminent un quadrilatère.

$$y = \frac{-x}{2} + 5 \qquad x - y = {}^-3 \qquad y = x - 2 \qquad x + 2y + 12 = 0$$

a) De quel type de quadrilatère s'agit-il ? Justifie ta réponse.

b) Quel est le périmètre de ce quadrilatère ?

3. Une gemme végétale

Un joaillier vient de recevoir un bloc d'ambre en forme de prisme droit à base rectangulaire qu'il veut tailler pour en faire des pendentifs. Les expressions algébriques représentant les dimensions du bloc d'ambre, en centimètres, sont $4x + 8$, $2x + 4$ et $5x + 10$.

Quelle expression algébrique représente le rapport entre le volume et l'aire totale du bloc d'ambre ?

4. À l'ombre!

En voyage à Paris, par un bel après-midi ensoleillé, Charles-Étienne et Simon-Pierre entreprennent d'utiliser une technique ingénieuse pour déterminer la hauteur de la tour Eiffel.

Pour être efficace, cette technique exige que les différentes mesures soient prises dans un court délai.

Simon-Pierre mesure d'abord Charles-Étienne ainsi que son ombre alors que celui-ci se tient bien droit. Charles-Étienne mesure 143 cm et son ombre mesure 108 cm.

Ils mesurent ensuite la distance entre deux «pieds» de la tour (125 m) ainsi que l'ombre de la tour (182 m).

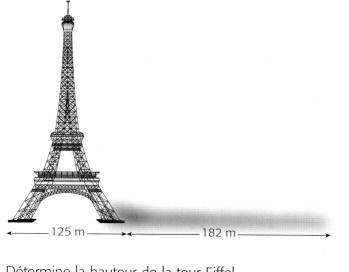

Détermine la hauteur de la tour Eiffel que calculent Charles-Étienne et Simon-Pierre à partir de ces données.

Étant donné la distance qui sépare la Terre du Soleil, on considère que les rayons du soleil sont parallèles entre eux, à un moment donné en un endroit donné.

Fait divers

Érigée de 1887 à 1889 à Paris sous la direction de Gustave Eiffel, la tour qui porte son nom devait plutôt être construite à Barcelone pour l'Exposition universelle de 1888. Les dirigeants barcelonais ont toutefois rejeté le projet, car ils trouvaient que le design de la tour ne cadrait pas avec l'architecture de la ville.

Cette tour, la plus haute du monde à l'époque, a finalement été le pôle d'attraction de l'Exposition universelle de Paris en 1889.

Ingénieur de formation et entrepreneur, Gustave Eiffel a révolutionné la construction de structures métalliques. Il a construit de nombreux ponts et viaducs en plus de participer à la réalisation de la statue de la Liberté.

5. Point de rencontre

Un parc a la forme d'un parallélogramme. Lin et Nahn traversent ce parc par les sentiers $\overline{AC}$ et $\overline{BD}$ qui suivent les diagonales du parc.

Prouve que si Lin et Nahn se rencontrent, c'est qu'ils auront tous deux franchi la moitié de la distance qu'ils avaient à parcourir pour traverser le parc.

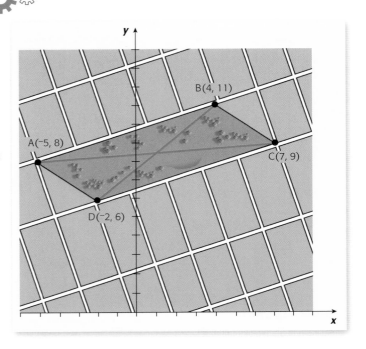

6. Une bande au centre

Les déplacements d'une bille de billard se font en ligne droite. Les angles formés par une bande et la trajectoire de la bille, avant et après le contact avec cette bande, sont isométriques.

Les dimensions du tapis de jeu de la table ci-dessous sont de 244 cm sur 122 cm.

Pierre veut frapper la bille blanche pour qu'elle entre en contact avec la bande, puis qu'elle poursuive sa trajectoire jusqu'à la poche centrale. La position initiale de la bille blanche est **B**(60, 20).

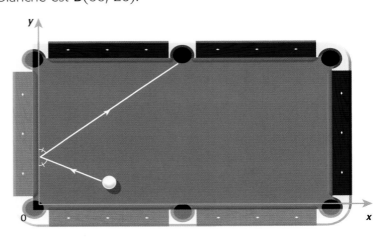

a) Quelle est la pente de la trajectoire que Pierre doit faire suivre à la bille pour réussir son coup?

b) Quelle distance la bille parcourra-t-elle avant de tomber dans la poche si Pierre réussit son coup?

7. Rabais croissant

Lors des soldes, les commerçants adoptent différentes stratégies pour liquider leur stock. À la boutique de sports Point de match, on a affiché la publicité ci-contre.

À l'aide d'une représentation graphique, propose une stratégie d'achat qui permet de maximiser le rabais obtenu.

Obtenez

25% DE RABAIS
sur un achat
de 50 $ ou moins

30% DE RABAIS
sur tout achat
de plus de 50 $
et de moins de 100 $

40% DE RABAIS
sur tout achat
de 100 $ ou plus

8. Art japonais

Plusieurs étapes de pliage sont nécessaires afin de réaliser un pingouin de papier selon la technique de l'origami. Voici un schéma représentant une de ces étapes. Dans ce schéma, les segments **AB** et **DC** sont parallèles, et les points **A**, **E** et **C** ainsi que les points **B**, **E** et **D** sont alignés.

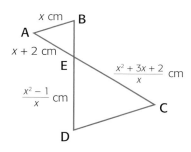

Fait divers

L'origami est le nom de l'art japonais du pliage du papier. Traditionnellement, on représentait des animaux et des objets de la vie courante du Japon. De nos jours, d'autres pliages ont été développés pour représenter une réalité plus occidentale.

a) Les triangles sont-ils semblables? Justifie ta réponse.

b) Quel expression algébrique représente le périmètre de cette figure?

9. **Géométrie, quand tu nous tiens...**

Le parallélogramme **ABCD** est représenté dans le plan cartésien ci-contre, où l'équation de la droite supportant le segment **AD** est $5x + 6y + 2 = 0$ et celle de la droite supportant le segment **BD** est $\dfrac{x}{\frac{-4}{3}} + \dfrac{y}{2} = 1$.

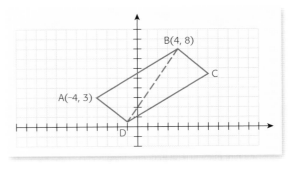

a) Quelles sont les coordonnées du point **C** ?

b) Quelle est l'aire de ce parallélogramme ?

c) Les triangles **ABD** et **CDB** sont-ils isométriques ? Justifie ta réponse.

10. **Le minimalisme**

Le minimalisme est un courant artistique dont les œuvres sont composées de formes simples et totalement dépouillées d'éléments superflus. Le papillon ci-contre est une illustration minimaliste.

Voici un plan cartésien dans lequel on a représenté les ailes du papillon.

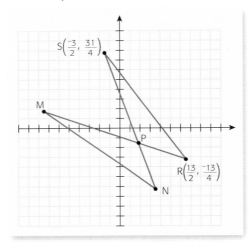

Dans ce graphique :

– le point **P** est situé au tiers du segment **RM** à partir du point **R** ;

– les points **S**, **P** et **N** sont alignés ;

– l'équation de la droite supportant le segment **MR** est $5x + 14y + 13 = 0$;

– l'équation de la droite supportant le segment **MN** est $y = \dfrac{-8x}{11} - \dfrac{163}{44}$.

Est-ce que les triangles formant les ailes du papillon sont isométriques ? Justifie ta réponse.

Énigmes

1 La suite de nombres suivante compte huit termes en tout.

0, 2, 5, 7, 8, 9, 11, ▬

Quel est le terme manquant?

2 Trois interrupteurs sont sur le mur d'un couloir. Chacun d'eux commande une des trois ampoules situées dans la pièce d'à côté. Comment peut-on associer chacun des interrupteurs à l'ampoule qu'il commande s'il n'est possible d'entrer dans la pièce qu'une seule fois?

3 On a écrit des chiffres de 0 à 9 sur les deux faces de quatre cartons. Voici une face de chacun de ces cartons.

| 2 | 4 | 5 | 1 |

Quels cartons faut-il minimalement retourner pour vérifier la proposition suivante? «Si une carte affiche un 4, alors l'autre face affiche nécessairement un 1.»

4 Comment peut-on couper un gâteau en huit morceaux isométriques en seulement trois coups de couteau?

5 Isabelle demande à Stéphanie l'âge de ses trois filles.

Stéphanie:	La multiplication de leurs trois âges est égale à 36.
Isabelle:	Je ne peux pas savoir quel est leur âge.
Stéphanie:	La somme de leurs âges est égale à l'adresse de la maison qui se situe en face de la nôtre.
Isabelle:	Je ne vois toujours pas.
Stéphanie:	L'aînée aime les robes.
Isabelle:	Ah, maintenant je sais!

Quel est l'âge des trois filles?

Outils technologiques

La calculatrice à affichage graphique

La calculatrice à affichage graphique permet, entre autres, de représenter graphiquement des fonctions et d'obtenir de nombreux renseignements sur ces fonctions. Les touches du menu graphique se trouvent directement sous l'écran de la calculatrice. En voici une description.

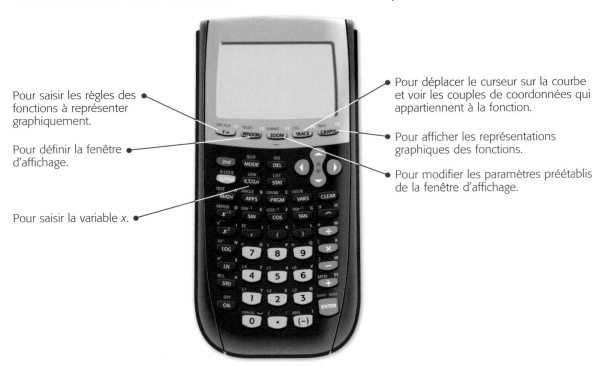

Pour saisir les règles des fonctions à représenter graphiquement.

Pour définir la fenêtre d'affichage.

Pour saisir la variable *x*.

Pour déplacer le curseur sur la courbe et voir les couples de coordonnées qui appartiennent à la fonction.

Pour afficher les représentations graphiques des fonctions.

Pour modifier les paramètres préétablis de la fenêtre d'affichage.

Afficher la représentation graphique d'une fonction

1 Appuyer sur [Y=] et saisir la règle de la fonction.

Remarque : Il est possible de représenter jusqu'à dix fonctions simultanément.

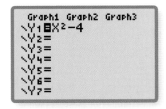

2 Appuyer sur [WINDOW] et définir la fenêtre d'affichage.

Ne pas changer la valeur du *X*res.

3 Appuyer sur [GRAPH] pour afficher la courbe.

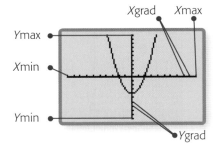

Dégager les propriétés d'une fonction

La calculatrice permet également, à partir du menu «Calculs»,
de dégager plusieurs propriétés d'une fonction telles que
ses extremums et ses coordonnées à l'origine.

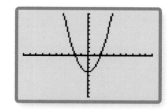

Les extremums

Voici les étapes pour trouver le minimum de la fonction $f(x) = x^2 - 4$.

1 Appuyer sur **2nd**, puis **TRACE** pour accéder au menu
«Calculs». Sélectionner ensuite «3 : minimum» et
appuyer sur **ENTER**.

2 Préciser ensuite l'intervalle dans lequel le minimum se trouve.

1) Avec les touches ◄ et ►,
déplacer le curseur sur
la courbe à gauche du
minimum et appuyer
sur **ENTER**. Cela permet
de fixer la borne inférieure.

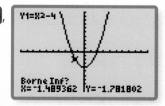

2) De la même
façon, fixer la
borne supérieure
en déplaçant le
curseur sur la
courbe à droite
du minimum.

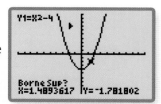

3) Appuyer de nouveau sur **ENTER**.
La valeur initiale (c'est-à-dire
une approximation de la valeur
recherchée) est alors fixée
et le minimum de la fonction
s'affiche à l'écran.

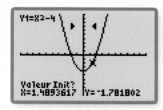

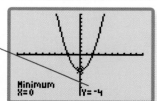

L'ordonnée à l'origine et les abscisses à l'origine

1 Pour trouver l'ordonnée à l'origine de la
fonction $f(x) = x^2 - 4$, accéder au menu
«Calculs». Sélectionner ensuite «1 : valeur»,
saisir 0 et appuyer sur **ENTER**.
On obtient $y = {}^-4$.

2 Pour trouver les abscisses à l'origine de la
fonction $f(x) = x^2 - 4$, accéder au menu
«Calculs». Sélectionner ensuite «2 : zéro»,
fixer les bornes inférieure et supérieure
d'une abscisse à la fois, et appuyer sur **ENTER**.
On obtient tour à tour $x = {}^-2$ et $x = 2$.

Afficher la table de valeurs d'une fonction

① Appuyer sur Y= et saisir la ou les règles de la fonction.

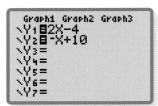

② Appuyer sur 2nd, puis WINDOW pour accéder au menu «Définir table». Saisir ensuite la valeur du début de la table et le pas.

↳ ● Ne pas changer «Valeurs» et «Calculs».

③ Accéder au menu «Table» en appuyant sur 2nd, puis GRAPH. S'il y a plus d'une règle saisie dans Y=, les valeurs associées à toutes les fonctions s'afficheront. S'il y a plus de deux règles, on accède aux autres tables de valeurs en déplaçant le curseur avec les flèches.

Afficher la représentation graphique d'une fonction partie entière

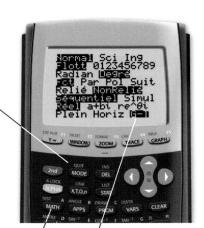

① Puisque la représentation graphique d'une fonction partie entière n'est pas continue, il faut sélectionner le mode «NonRelié» dans le menu MODE.

② Pour remplacer le mode «Relié» par le mode «NonRelié», déplacer le curseur à l'aide des flèches et sélectionner «NonRelié» en appuyant sur ENTER.

③ Pour afficher la table de valeurs et la représentation graphique dans le même écran, sélectionner «G-T» en procédant de la même façon qu'en ②.

④ Accéder au menu Y=. Pour saisir une fonction partie entière, il faut:

1) appuyer sur MATH ;

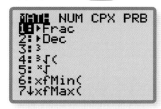

2) déplacer le curseur sur «NUM» à l'aide de la flèche de droite et sélectionner «5 : partEnt(» ;

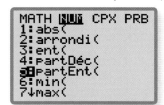

3) compléter la règle. Ici, ajouter «*X*» et fermer la parenthèse.

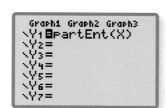

5 Appuyer sur GRAPH.

Remarque : La calculatrice n'affiche pas les extrémités des segments de la fonction partie entière. On peut changer le pas de la table de valeurs dans «Définir table» pour déduire les extrémités fermées et les extrémités ouvertes.

Observer l'effet des paramètres multiplicatifs *a* et *b* sur la représentation graphique d'une fonction partie entière

1 Appuyer sur Y= et saisir la règle d'une fonction de base et celle d'une fonction partie entière dont la valeur d'un paramètre varie.

2 Appuyer sur GRAPH pour afficher les graphiques.

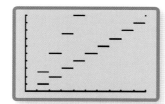

3 Accéder au menu «Table» en appuyant sur 2nd, puis GRAPH pour afficher la table des valeurs.

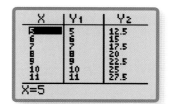

Vérifier que des expressions algébriques sont équivalentes

1 Appuyer sur Y= et associer chacune des expressions algébriques à une fonction.

Remarque : Lors de la saisie d'une expression rationnelle, il faut mettre des parenthèses au numérateur et au dénominateur.

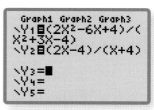

2 Afficher la table de valeurs en appuyant sur 2nd, puis GRAPH.

3 Si les valeurs prises par Y_1 et Y_2 sont les mêmes pour les valeurs affichées, à l'exception des restrictions, les expressions algébriques devraient être équivalentes.

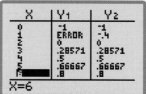

4 Au besoin, déplacer le curseur sur les valeurs de *X* à l'aide des flèches pour vérifier l'équivalence.

Résoudre un système d'équations du premier degré à deux variables à l'aide de la représentation graphique

Voici les étapes pour trouver la solution de $\begin{cases} 8x - y = {}^-10 \\ 5x + y = 62 \end{cases}$.

1 Isoler y dans les deux équations.

2 Appuyer sur ⬚ et saisir les deux équations.

3 Appuyer sur ⬚ pour obtenir le graphique.

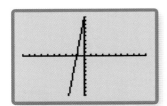

Remarque : Puisque la fenêtre d'affichage de la calculatrice est, par défaut, un plan cartésien gradué de $^-10$ à 10 sur les deux axes, la solution de ce système d'équations n'apparaît pas.

4 Appuyer sur ⬚ et définir la fenêtre d'affichage. Ensuite, appuyer sur ⬚ pour vérifier si le point de rencontre des deux droites apparaît dans la fenêtre d'affichage. Répéter cette étape jusqu'à ce que la solution du système d'équations s'affiche.

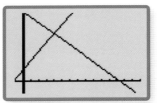

5 Appuyer sur ⬚ et sur ⬚ pour accéder au menu « Calculs ». Sélectionner ensuite « 5 : intersect » et appuyer sur ⬚.

6 Sélectionner ensuite les deux équations et fournir une approximation du point de rencontre.

1) Déplacer le curseur vers le haut ou le bas et appuyer sur ⬚ pour sélectionner la droite représentant l'une des équations du système.

2) Répéter la même opération pour sélectionner l'autre droite.

3) Déplacer le curseur près du point de rencontre et appuyer sur ⬚. Les coordonnées du point de rencontre s'affichent alors à l'écran.

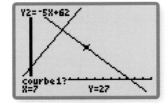
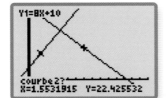
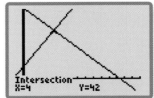

La solution du système est (4, 42).

Représenter graphiquement l'ensemble-solution d'une inéquation

Voici les étapes pour tracer le demi-plan qui correspond à l'ensemble-solution de l'inéquation $y \geq \frac{3x}{4} - 3$.

1 Appuyer sur [STAT PLOT / Y=] et saisir l'équation de la droite frontière du demi-plan.

2 Déplacer le curseur sur «\», à gauche du Y_1.

3 Appuyer sur [ENTER] pour sélectionner «hachurer la zone supérieure».

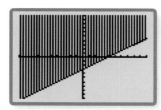

4 Appuyer sur [TABLE / GRAPH] pour afficher le demi-plan.

Le tableur

L'interface

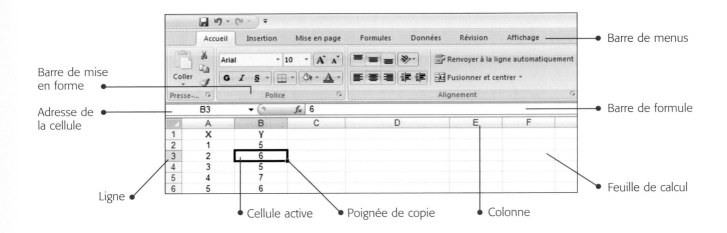

Barre de menus

Barre de mise en forme

Adresse de la cellule

Barre de formule

Feuille de calcul

Ligne

Cellule active

Poignée de copie

Colonne

Effectuer des opérations sur des expressions algébriques

Le fait de pouvoir copier des formules dans le tableur permet d'effectuer des opérations sur des expressions algébriques et aussi de substituer facilement aux variables plusieurs valeurs successives. Voici la marche à suivre pour entrer une formule dans une cellule.

1) Cliquer sur une cellule pour l'activer.

2) Entrer le symbole «=».

3) Saisir la formule.

4) Appuyer sur la touche «Entrée» pour valider la formule.

Pour copier la formule dans d'autres cellules de la colonne, saisir la poignée de copie et tirer vers le bas.

Cellule insérée dans la formule

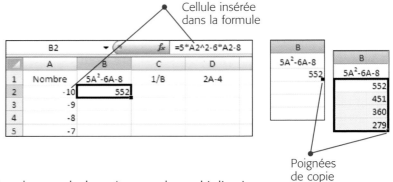

Poignées de copie

Remarque : Dans une formule, on doit utiliser les symboles «*» pour la multiplication, «/» pour la division et « ^ » pour l'exponentiation.

Le traceur de courbes

L'interface

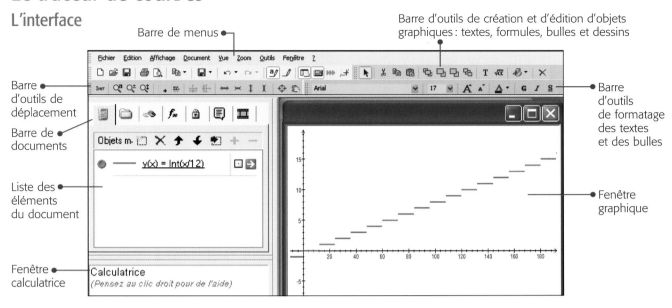

Barre de menus

Barre d'outils de création et d'édition d'objets graphiques : textes, formules, bulles et dessins

Barre d'outils de déplacement

Barre de documents

Barre d'outils de formatage des textes et des bulles

Liste des éléments du document

Fenêtre graphique

Fenêtre calculatrice

La barre de documents et la liste

La barre de documents permet de créer de nouveaux objets mathématiques qui seront ajoutés au graphique. On peut aussi voir et modifier les objets mathématiques créés, tout en ayant accès à de l'information complémentaire sur tous les objets du graphique.

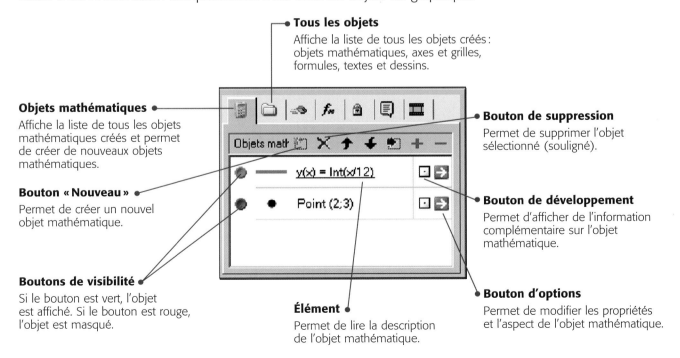

Tous les objets

Affiche la liste de tous les objets créés : objets mathématiques, axes et grilles, formules, textes et dessins.

Objets mathématiques

Affiche la liste de tous les objets mathématiques créés et permet de créer de nouveaux objets mathématiques.

Bouton « Nouveau »

Permet de créer un nouvel objet mathématique.

Boutons de visibilité

Si le bouton est vert, l'objet est affiché. Si le bouton est rouge, l'objet est masqué.

Élément

Permet de lire la description de l'objet mathématique.

Bouton de suppression

Permet de supprimer l'objet sélectionné (souligné).

Bouton de développement

Permet d'afficher de l'information complémentaire sur l'objet mathématique.

Bouton d'options

Permet de modifier les propriétés et l'aspect de l'objet mathématique.

Créer une fonction et le graphique correspondant

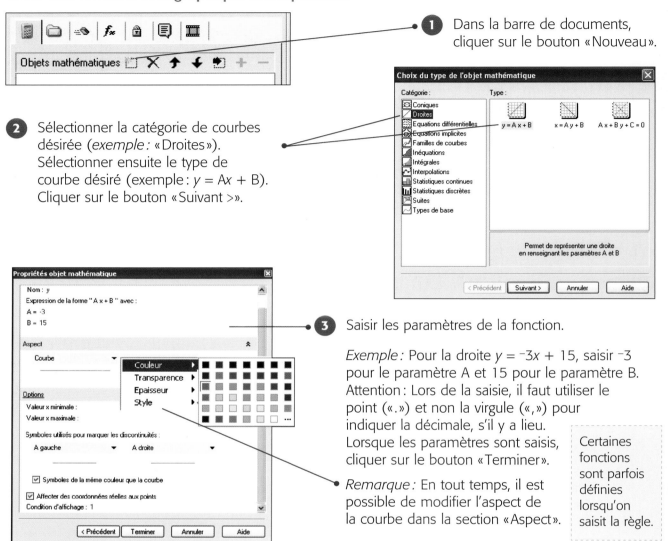

1 Dans la barre de documents, cliquer sur le bouton «Nouveau».

2 Sélectionner la catégorie de courbes désirée (*exemple :* «Droites»). Sélectionner ensuite le type de courbe désiré (exemple : $y = Ax + B$). Cliquer sur le bouton «Suivant >».

3 Saisir les paramètres de la fonction.

Exemple : Pour la droite $y = {}^-3x + 15$, saisir $^-3$ pour le paramètre A et 15 pour le paramètre B. Attention : Lors de la saisie, il faut utiliser le point («.») et non la virgule («,») pour indiquer la décimale, s'il y a lieu. Lorsque les paramètres sont saisis, cliquer sur le bouton «Terminer».

Remarque : En tout temps, il est possible de modifier l'aspect de la courbe dans la section «Aspect».

Certaines fonctions sont parfois définies lorsqu'on saisit la règle.

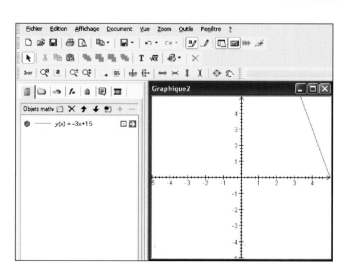

On obtient la courbe associée à la règle (exemple : $y = 3x + 15$). Pour tracer de nouvelles courbes sur le même plan cartésien, répéter les étapes 1 à 3.

Modifier l'aspect d'un graphique

1 Sélectionner «Propriétés…» dans le menu «Vue» (ou cliquer sur le bouton de droite de la souris dans la zone du graphique et sélectionner «Propriétés vue…»).

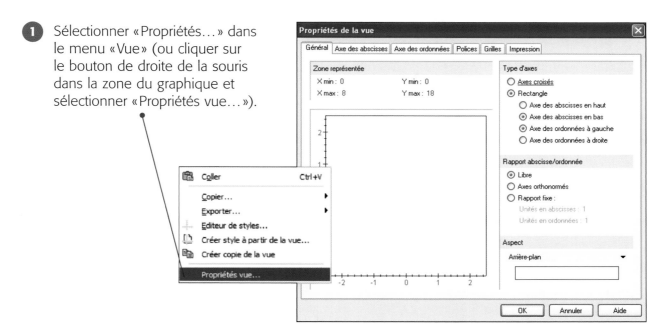

2 Cliquer sur l'onglet correspondant à l'élément dont on veut modifier l'aspect et indiquer les modifications souhaitées.

3 Utiliser, s'il y a lieu, l'outil «T» de la barre d'outils de création et d'édition d'objets graphiques pour ajouter un titre au graphique.

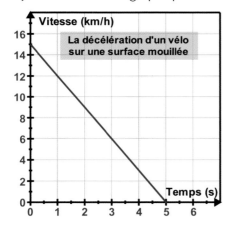

Voici le plan cartésien et la droite obtenue à la page précédente et dont on a modifié l'aspect.

Remarque: Pour modifier l'aspect d'un objet mathématique, double-cliquer sur l'élément correspondant dans la liste.

Représenter graphiquement une fonction partie entière

Voici la façon de procéder pour représenter une fonction partie entière à l'aide du traceur de courbes.

1 Sous l'onglet «Objets mathématiques», cliquer sur le bouton «Nouveau». Dans la catégorie «Types de base», sélectionner le type de courbe désiré. Pour une fonction partie entière, sélectionner «Courbe du type $y = f(x)$». Cliquer sur le bouton «Suivant >».

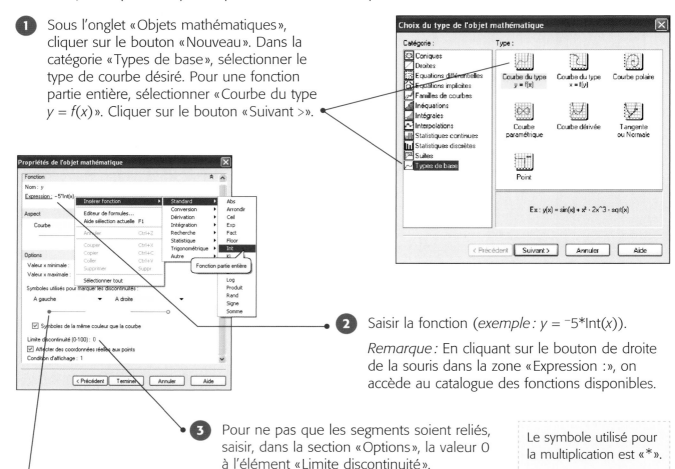

2 Saisir la fonction (*exemple*: $y = {}^-5*\text{Int}(x)$).

Remarque: En cliquant sur le bouton de droite de la souris dans la zone «Expression :», on accède au catalogue des fonctions disponibles.

3 Pour ne pas que les segments soient reliés, saisir, dans la section «Options», la valeur 0 à l'élément «Limite discontinuité».

Le symbole utilisé pour la multiplication est «*».

4 Dans la section «Options», à l'élément «Symboles utilisés pour marquer les discontinuités», sélectionner le point ouvert et le point fermé, à gauche ou à droite, selon le cas.

5 Cliquer sur le bouton «Terminer».

6 Au besoin, modifier les paramètres de l'affichage en cliquant sur le bouton de droite de la souris dans la zone du graphique en sélectionnant «Propriétés vue...» afin d'améliorer la lisibilité du graphique.

Voici la représentation graphique de la fonction partie entière saisie.

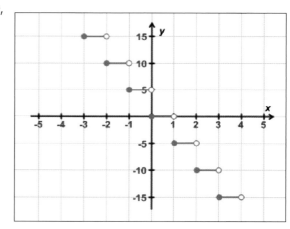

Observer l'effet d'un paramètre sur la représentation graphique d'une fonction

Tracer plusieurs courbes d'une famille de fonctions dans un même plan cartésien permet d'observer l'effet d'un paramètre sur la représentation graphique d'une fonction.

1 Sélectionner l'onglet «Paramètre» dans la barre de documents et saisir un paramètre (*exemple :* a = 1).

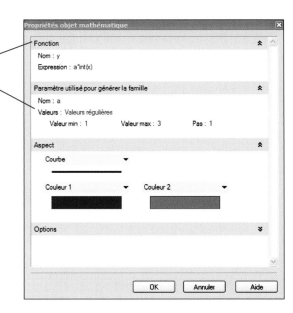

2 Cliquer sur le bouton «Nouveau», puis sélectionner la catégorie «Familles de courbes». Choisir un type de courbe (*exemple :* «Famille courbes du type $y = f(x)$»).

3 Saisir la fonction (*exemple :* a*int(x) et spécifier les bornes (*exemple :* 1 et 3) et le pas dans la zone «Paramètre utilisé pour générer la famille».

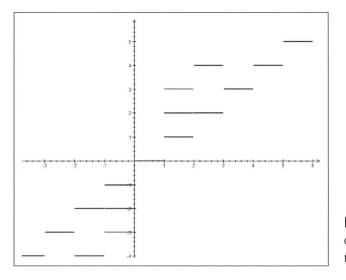

La famille de courbes obtenue permet d'observer l'effet d'un paramètre sur la représentation graphique de la fonction.

Le logiciel de géométrie dynamique
L'interface

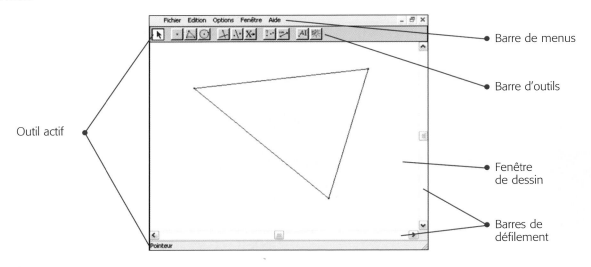

- Barre de menus
- Barre d'outils
- Outil actif
- Fenêtre de dessin
- Barres de défilement
- Pointeur

La barre d'outils

La principale particularité du logiciel vient du fait que les icones des boutons changent en fonction de l'outil sélectionné. Afin d'obtenir les outils relatifs à un icone, il suffit de maintenir le curseur enfoncé sur celui-ci.

Par exemple, l'icone « Droite perpendiculaire » prend un autre aspect si on choisit l'outil « Bissectrice », et demeure ainsi tant qu'on ne choisit pas un nouvel outil.

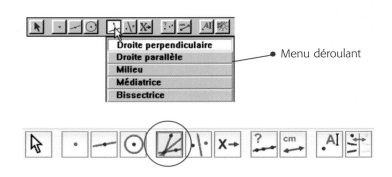

- Menu déroulant
  - **Droite perpendiculaire**
  - **Droite parallèle**
  - **Milieu**
  - **Médiatrice**
  - **Bissectrice**

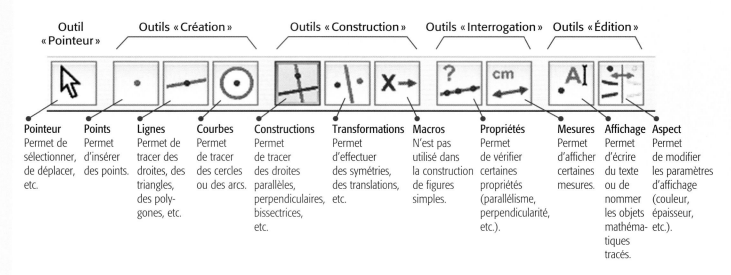

Outil « Pointeur »	Outils « Création »			Outils « Construction »			Outils « Interrogation »		Outils « Édition »	

Pointeur
Permet de sélectionner, de déplacer, etc.

Points
Permet d'insérer des points.

Lignes
Permet de tracer des droites, des triangles, des polygones, etc.

Courbes
Permet de tracer des cercles ou des arcs.

Constructions
Permet de tracer des droites parallèles, perpendiculaires, bissectrices, etc.

Transformations
Permet d'effectuer des symétries, des translations, etc.

Macros
N'est pas utilisé dans la construction de figures simples.

Propriétés
Permet de vérifier certaines propriétés (parallélisme, perpendicularité, etc.).

Mesures
Permet d'afficher certaines mesures.

Affichage
Permet d'écrire du texte ou de nommer les objets mathématiques tracés.

Aspect
Permet de modifier les paramètres d'affichage (couleur, épaisseur, etc.).

Construire un triangle rectangle

Le logiciel de géométrie dynamique permet de construire un triangle défini comme étant rectangle.

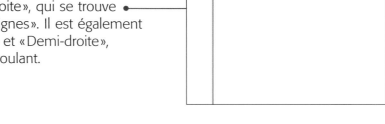

1 Tracer une droite à l'aide de l'outil « Droite », qui se trouve dans le menu déroulant du bouton « Lignes ». Il est également possible d'utiliser les outils « Segment » et « Demi-droite », qu'on trouve dans le même menu déroulant.

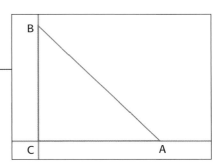

2 À l'aide de l'outil « Droite perpendiculaire », qui se trouve dans le menu déroulant du bouton « Constructions », tracer une deuxième droite, perpendiculaire à la première, en passant par un point de la droite tracée en **1**.

3 Placer un point sur chacune des droites. À l'aide de l'outil « Triangle », qui se trouve dans le menu déroulant du bouton « Lignes », tracer un triangle ayant comme sommets chacun de ces points et l'intersection des deux droites. Nommer les sommets.

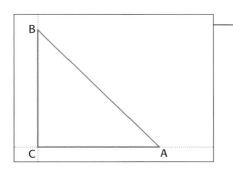

4 En utilisant l'outil « Cacher/Montrer », qui se trouve dans le menu déroulant du bouton « Aspect », cliquer sur les deux droites initiales ayant servi à construire le triangle (elles deviendront tiretées, puis disparaîtront si on sélectionne un nouvel outil).

Remarque : L'outil « Cacher/Montrer » permet de cacher et d'afficher, en alternance, les différents objets qui ont servi à construire une figure. Même cachés, les objets font toujours partie de la figure (ou de la construction).

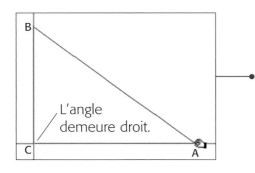

5 De cette façon, même lorsqu'on déplace un des sommets à l'aide de l'outil « Pointeur », l'angle demeure droit, car il a été construit à partir de droites perpendiculaires.

Vérifier si deux triangles rectangles sont semblables

Le logiciel de géométrie dynamique permet de constater qu'une droite parallèle à un des côtés d'un triangle détermine deux triangles semblables.

1 Construire un triangle rectangle à l'aide de deux droites perpendiculaires et d'un segment (qui constituera l'hypoténuse), et nommer ses sommets.

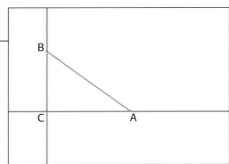

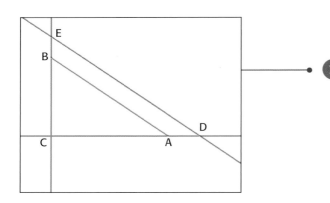

2 Sélectionner l'outil «Droite parallèle» dans le menu déroulant du bouton «Constructions» et tracer une droite parallèle au côté **AB** et passant par un point sur chacune des droites perpendiculaires. Nommer les sommets du nouveau triangle ainsi formé.

3 À l'aide de l'outil «Mesure d'angle», qui se trouve dans le menu déroulant du bouton «Mesures», mesurer les angles aigus des triangles.

Les triangles sont semblables, car ils respectent la condition minimale de similitude AA.

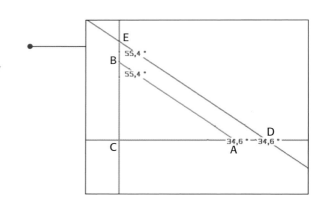

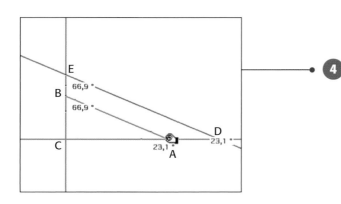

4 En reprenant l'outil «Pointeur» et en déplaçant un sommet, le logiciel de géométrie dynamique redessine les droites, mais en conservant toujours leurs propriétés initiales (parallélisme et perpendicularité). Les triangles demeurent donc semblables.

Le logiciel de géométrie dynamique permet aussi de constater que la hauteur relative à l'hypoténuse détermine des triangles rectangles semblables.

1 Construire un triangle rectangle **ABC**.

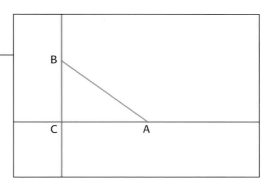

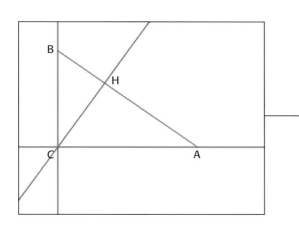

2 Sélectionner l'outil «Droite perpendiculaire» et tracer la hauteur **H** relative à l'hypoténuse.

3 Ensuite, à l'aide de l'outil «Distance ou longueur», qui se trouve dans le menu déroulant du bouton «Mesures», mesurer les segments.

Dans l'exemple ci-contre, on obtient la proportion suivante : $\dfrac{6,00}{9,00} \approx \dfrac{3,33}{4,99}$

(L'imprécision est due aux chiffres significatifs.)

Puisque les deux paires de cathètes des triangles rectangles sont proportionnelles, ceux-ci sont semblables. Ils respectent la condition minimale de similitude CAC.

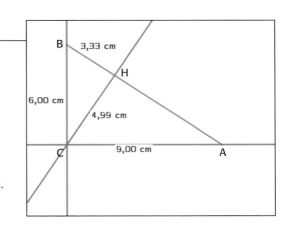

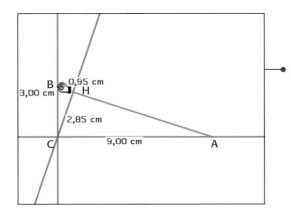

4 En déplaçant ensuite un des sommets, on remarque que les longueurs des segments en question demeurent proportionnelles.

Dans cet exemple : $\dfrac{3,00}{9,00} = \dfrac{0,95}{2,85}$

Vérifier si un triangle est équilatéral, isocèle ou scalène

Le logiciel de géométrie dynamique permet de vérifier si un triangle est équilatéral, isocèle ou scalène.

1 Sélectionner l'outil «Montrer les axes» dans le menu déroulant du bouton «Aspect». Sélectionner l'outil «Grille» dans le même menu déroulant et déplacer la souris sur un des axes pour que la grille apparaisse.

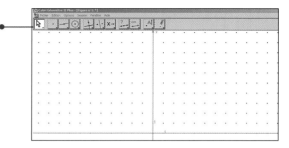

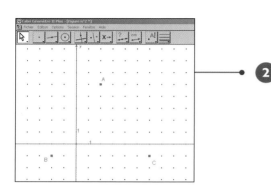

2 Sélectionner l'outil «Point» dans le menu déroulant du bouton «Points» et placer les points **A**(2, 5), **B**(⁻2, ⁻1) et **C**(6, ⁻1) dans le plan cartésien. À l'aide de l'outil «Nommer» dans le menu déroulant du bouton «Affichage», nommer les points **A**, **B** et **C**.

3 Vérifier les coordonnées des points placés avec l'outil «Coordonnées» dans le menu déroulant du bouton «Mesures».

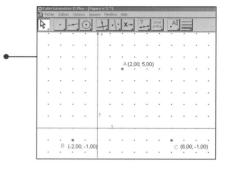

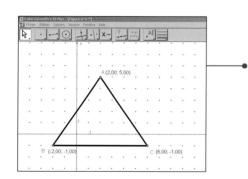

4 Tracer les segments $\overline{AB}$, $\overline{AC}$ et $\overline{BC}$ en utilisant l'outil «Segment» dans le menu déroulant du bouton «Lignes».

5 Sélectionner l'outil «Distance ou longueur» dans le menu déroulant du bouton «Mesures» et cliquer sur chacun des trois segments pour afficher leur longueur.

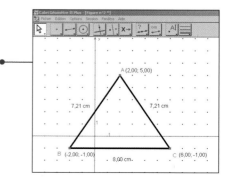

Le triangle **ABC** est isocèle.

Graphisme, notation et symboles

$\mathbb{N}$	L'ensemble des nombres naturels	k	Le rapport de similitude
$\mathbb{Z}$	L'ensemble des nombres entiers	$A \cap B$	L'ensemble des éléments qui appartiennent à la fois à A et à B
$\mathbb{Q}$	L'ensemble des nombres rationnels	$A \cup B$	L'ensemble des éléments qui appartiennent à A ou à B
$\mathbb{Q}'$	L'ensemble des nombres irrationnels	∞	L'infini
$\mathbb{R}$	L'ensemble des nombres réels	$\in$	… est élément de…
$\blacksquare^*$	La notation qui indique l'absence du zéro dans les ensembles de nombres $\mathbb{N}$, $\mathbb{Z}$, $\mathbb{Q}$ et $\mathbb{R}$	$f(x)$	L'image de x par la fonction f
$\blacksquare_+$	La notation qui indique les nombres positifs des ensembles de nombres $\mathbb{Z}$, $\mathbb{Q}$, $\mathbb{Q}'$ et $\mathbb{R}$	$|x|$	La valeur absolue de x
$\blacksquare_-$	La notation qui indique les nombres négatifs des ensembles de nombres $\mathbb{Z}$, $\mathbb{Q}$, $\mathbb{Q}'$ et $\mathbb{R}$	$[x]$	Le plus grand entier inférieur ou égal à x
a^2	Le carré de a	Dom f	Le domaine de la fonction f
a^3	Le cube de a	Ima f	L'image de la fonction f
$\sqrt{a}$	La racine carrée de a	Max f	Le maximum de la fonction f
$\sqrt[3]{a}$	La racine cubique de a	Min f	Le minimum de la fonction f
π	La constante « pi » $\pi \approx 3,1416$	$\angle$ **A**	L'angle **A**
$=$	… est égal à…	m $\angle$ **A**	La mesure de l'angle **A**
$\approx$	… est approximativement égal à…	$\overline{\text{AB}}$	Le segment **AB**
$\cong$	… est isométrique à…	m $\overline{\text{AB}}$	La mesure du segment **AB**
$\sim$	… est semblable à…	$\triangle$**ABC**	Le triangle **ABC**
$\Leftrightarrow$	… est équivalent à…	$[a, b]$	L'intervalle fermé a, b
$/\!/$	… est parallèle à…	$]a, b[$	L'intervalle ouvert a, b
$\perp$	… est perpendiculaire à…	**P**(a, b)	Le point **P** de coordonnées a et b
$\neq$	… n'est pas égal à…	$a : b$	Le rapport de a à b
$<$	… est inférieur à…	(a, b)	Le couple a b
$\leq$	… est inférieur ou égal à…	$d(\textbf{A}, \textbf{B})$	La distance de **A** à **B**
$>$	… est supérieur à…	Δx	L'accroissement des abscisses
$\geq$	… est supérieur ou égal à…	Δy	L'accroissement des ordonnées

Index

Sources

Photographies

p. **2**: (maison) Andreas Weber/iStockphoto; (escalier) Liane Cary/age fotostock/MaXx Images; (ampoule) Jon Schulte/iStockphoto; (voitures) Patrick Herrera/iStockphoto; (triage) © Peter Essick/Aurora Photos/Corbis; (vélo) Rubén Hidalgo/iStockphoto; (éoliennes) Greg Randles/iStockphoto • p. **3**: (usine) manfredxy@yahoo.de/iStockphoto; (bouteilles) Beata Becla/iStockphoto; (récupération) Dejan Ristovski/iStockphoto; (mécanisme de montre) Konstantin Inozemtsev/iStockphoto • p. **5**: h. © recordum, Austria, www.recordum.com; b. Jean-Claude Gamache (www.jcgamache.com) • p. **6**: Robert Hadfield/iStockphoto • p. **8-9**: R. Michaud/GREMM • p. **10**: Otmar Smit/Shutterstock • p. **11**: J. Joyce/zefa/Corbis • p. **12**: AVTG/iStockphoto • p. **13**: Alfred Wimmer/iStockphoto • p. **17**: Bob Krist/Corbis • p. **18**: Skip Odonnell/iStockphoto • h. limagier-photo. com; b. Davidenko Pavel/iStockphoto • p. **20**: (chaudière) Australian travel and food photographer/iStockphoto; (sigle) Petr Vaclavek/Shutterstock • p. **21**: (Oresme) BNF; (glaçons) Eugene Bochkarev/Shutterstock • p. **22**: (Tour de France) Stefano Rellandini/Reuters/Corbis; (podium) AP Photo/Bas Czerwinski • p. **23**: Christina Richards/Shutterstock • p. **24**: Jill Chen/iStockphoto • p. **26**: Veronika Vasilyuk/Shutterstock • p. **27**: ballyscanlon/Getty Images • p. **28**: Jacob Wackerhausen/iStockphoto • p. **29**: Igor Gladki/Shutterstock • p. **30**: mauritius images/MaXx Images • p. **31**: Jason Vandehey/Shutterstock • p. **35**: h. Alex Nikada | Photography/iStockphoto; b. Gouvernement du Québec, ministère des Transports, 2008 • p. **36**: Studio Zipper/iStockphoto • p. **37**: Sean Locke/iStockphoto • p. **38**: Fertnig Photography/iStockphoto • p. **39**: Sarah Musselman/iStockphoto • p. **40-41**: © Tim Wright/Corbis • p. **41**: Wayne Eastep/Getty Images • p. **42**: Matej Pribelsky/iStockphoto • p. **43**: h. riekephotos/Shutterstock; b. Mark Goddard/iStockphoto • p. **44**: h. Murat Koc/iStockphoto; b. Jeff Thrower (WebThrower)/Shutterstock • p. **45**: Lacroix/iStockphoto • p. **49**: © Philippe Renault/Hemis/Corbis • p. **50**: Mike Flippo/Shutterstock • p. **51**: BananaStock/MaXx Images • p. **52**: Olga Kushcheva/Shutterstock • p. **53**: h. Mike Clarke/iStockphoto; b. Springboard, Inc./iStockphoto • p. **54**: thumb/Shutterstock • p. **55**: Paul Kline/iStockphoto • p. **56**: Kay Ransom/iStockphoto • p. **57**: Jill Fromer/iStockphoto • p. **58**: h. Huchen Lu/iStockphoto; b. Keith Lawson/Bettmann/Corbis • • p. **59**: © Joel W. Rogers/CORBIS • p. **60**: AP Photo/David Duprey/Presse canadienne • p. **61**: h. Tony Sanchez/iStockphoto; b. Brand X Pictures/MaXx Images • p. **62**: h. Zhorov Igor Vladimirovich/Shutterstock; b. Bart Sadowski/iStockphoto • p. **63**: Doug Baines/Shutterstock • p. **64**: Stephen Morris/iStockphoto • p. **66**: Don Bayley/iStockphoto • p. **67**: © Visuals Unlimited/Corbis • p. **68-69**: Mitchell Funk/Getty Images • p. **69**: h. hfng/Shutterstock; b. DeshaCAM/Shutterstock • p. **70**: © Plush Studios/Blend Images/Corbis • p. **71**: Tischenko Irina/Shutterstock• p. **72**: Serg64/Shutterstock • p. **73**: © Tomas Rodriguez/Corbis • p. **74**: Luchschen/Shutterstock • p. **76**: © Rubens Abboud/MaXx Images • p. **77**: Lars Christensen/Shutterstock • p. **80**: © Corbis • p. **81**: Susana Guzmán/iStockphoto • p. **83**: Olivier Le Queinec/Shutterstock • p. **84**: Jean-Claude Gamache • p. **86**: Jorge Delgado/iStockphoto • p. **90**: Bank of Canada/Banque du Canada • p. **91**: Kolganov Igor/Shutterstock • p. **92**: h. Verena Matthew/iStockphoto; b. zxvisual/iStockphoto • p. **93**: Paul Koznik Nature Photography • p. **94**: Kati Molin/Shutterstock • p. **95**: Andy Piatt/Shutterstock • p. **96**: h. Alexan66/Shutterstock; b. Yokosuka boy/Shutterstock • p. **97**: Andy Piatt/Shutterstock • p. **98**: Jeffrey Coolidge/Getty Images • p. **103**: olly/Shutterstock • p. **104**: g. Wendy Conway/iStockphoto; d. Stéphane Durand • p. **105**: Rob Bouwman/Shutterstock • p. **106**: Larry Larimer/Brand X/Corbis • p. **107**: Shaun Lowe/iStockphoto • p. **108**: h. digitalife/Shutterstock; b. Ingram Publishing/MaXx Images • p. **109**: h. Ariusz Nawrocki/Shutterstock; b. Emilia Stasiak/Shutterstock • p. **110**: PiccoloNamek/Wikipedia • p. **111**: Dic Liew/Shutterstock • p. **112**: J. Helgason/Shutterstock • p. **113**: Sergio Pitamitz/Corbis • p. **114**: Cousin_Avi/Shutterstock • p. **115**: Chris Schmidt/iStockphoto • p. **116**: Jupiterimages/Getty Images • p. **117**: © Eduardo Ripoll/MaXx Images • p. **118**: Dwight Smith/iStockphoto • p. **119**: © Schlegelmilch/Corbis • p. **120**: h. Nice One Productions/Corbis; b. Ju-Lee/iStockphoto • p. **121**: Steven Allan/iStockphoto • p. **122**: h. Aliaksandr Niavolin/iStockphoto; b. Carmen Martínez Banús/iStockphoto • p. **123**: (autos) silvano audisio/Shutterstock; (grenouille) Sascha Burkard/Shutterstock; (mouche) Studio Araminta/Shutterstock • p. **124-125**: Mark Mainz/Getty Images • p. **125**: h. Terrance Emerson/iStockphoto; b. © Liane Cary/MaXx Images • p. **126**: TheBand/Shutterstock • p. **127**: © Bartlomiej Zborowski/epa/Corbis • p. **129**: Henryk Sadura/Shutterstock • p. **130**: Andrei Contiu/iStockphoto • p. **131**: Plesea Petre/iStockphoto • p. **133**: Peter Cade/Getty Images • p. **134**: Andrei Pavlov/Shutterstock • p. **138**: Serghei Velusceac/iStockphoto • p. **139**: Oliver Kessler/iStockphoto • p. **140**: Norman Pogson/iStockphoto • p. **141**: iStockphoto • p. **142**: David P. Lewis/Shutterstock • p. **143**: Photo by Adam Rogers/UNCDF • p. **144**: Amanda Hall/Robert Harding World Imagery/Corbis • p. **145**: Kae Horng Mau/iStockphoto • p. **146**: Louie Schoeman/Shutterstock • p. **149**: Dariusz Sas/Shutterstock • p. **151**: Bettman/Corbis • p. **153**: ADV/Shutterstock • p. **154**: Alan Goulet/iStockphoto • p. **156**: Rafa Irusta/Shutterstock • p. **157**: Richard Johnswood • p. **158**: Jann Lipka/Getty Images • p. **159**: Rick Barrentine/Corbis • p. **160**: Steve Everts/iStockphoto • p. **162**: Martin Cerny/iStockphoto • p. **163**: Derris Lanier/iStockphoto • p. **167**: Ljiljana Pavkov/iStockphoto • p. **168**: Dainis Derics/Shutterstock • p. **171**: Elnur Amikishiyev/iStockphoto • p. **173**: Nancy Brammer/iStockphoto • p. **175**: Irina Igumnova/iStockphoto • p. **176**: Bibliothèque des Arts Décoratifs, Paris, France/Archives

---

Légende: p: page h: haut b: bas c: centre g: gauche d: droite